科学出版社“十四五”普通高等教育研究生规划教材
航空宇航科学与技术教材出版工程

湍流模式理论

Theory of Turbulence Modelling

符 松 王 亮 著

科 学 出 版 社
北 京

内 容 简 介

本书分为两部分：第一部分（第1~4章）阐述湍流模式的理论基础，根据对湍流现象的最新认识，阐明目前常用湍流模式的建立、模式常数的标定、模式在不同情况下的修正形式及应用范例；第二部分（第5~9章）阐述湍流模式的现代发展，着重从现代湍流理论和理性力学方法的角度介绍复杂流动湍流模式、可压缩湍流模式、雷诺平均/大涡模拟混合方法、边界层流动转捩模式理论等的建立方法。

本书体系新颖，内容来自作者长期从事人才培养、学术研究和工程应用的经验和体会，主要作为力学、航空宇航科学与技术、动力工程及工程热物理、环境科学与工程、核工程与核技术等有关专业的研究生学位课程教材，也可作为从事计算流体力学、飞行器气动设计、推进与动力装置等工程设计研究人员的参考用书。

图书在版编目（CIP）数据

湍流模式理论／符松，王亮著．—北京：科学出版社，2023.3

航空宇航科学与技术教材出版工程

ISBN 978-7-03-074639-9

Ⅰ．①湍…　Ⅱ．①符…　②王…　Ⅲ．①湍流理论一高等学校一教材　Ⅳ．①O357.5

中国国家版本馆 CIP 数据核字（2023）第016409号

责任编辑：徐杨峰／责任校对：谭宏宇
责任印制：黄晓鸣／封面设计：殷　靓

科学出版社 出版
北京东黄城根北街16号
邮政编码：100717
http：//www.sciencep.com
南京展望文化发展有限公司排版
广东虎彩云印刷有限公司印刷
科学出版社发行　各地新华书店经销

*

2023年3月第　一　版　开本：787×1092　1/16
2025年1月第八次印刷　印张：11 3/4
字数：268 000

定价：70.00元

（如有印装质量问题，我社负责调换）

航空宇航科学与技术教材出版工程
专家委员会

航空宇航科学与技术教材出版工程
编写委员会

丛 书 序

我在清华园中出生，旧航空馆对面北坡静置的一架旧飞机是我童年时流连忘返之处。1973 年，我作为一名陕北延安老区的北京知青，怀揣着一张印有西北工业大学航空类专业的入学通知书来到古城西安，开始了延绵 46 年矢志航宇的研修生涯。1984 年底，我在美国布朗大学工学部固体与结构力学学门通过 Ph. D 的论文答辩，旋即带着在 24 门力学、材料科学和应用数学方面的修课笔记回到清华大学，开始了一名力学学者的登攀之路。1994 年我担任该校工程力学系的系主任。随之不久，清华大学委托我组织一个航天研究中心，并在 2004 年成为该校航天航空学院的首任执行院长。2006 年，我受命到杭州担任浙江大学校长，第二年便在该校组建了航空航天学院。力学学科与航宇学科就像一个交互传递信息的双螺旋，记录下我的学业成长。

以我对这两个学科所用教科书的观察：力学教科书有一个推陈出新的问题，航宇教科书有一个宽窄适度的问题。20 世纪 80~90 年代是我国力学类教科书发展的鼎盛时期，之后便只有局部的推进，未出现整体的推陈出新。力学教科书的现状也确实令人扼腕叹息：近现代的力学新应用还未能有效地融入力学学科的基本教材；在物理、生物、化学中所形成的新认识还没能以学科交叉的形式折射到力学学科；以数据科学、人工智能、深度学习为代表的数据驱动研究方法还没有在力学的知识体系中引起足够的共鸣。

如果说力学学科面临着知识固结的危险，航宇学科却孕育着重新洗牌的机遇。在军民融合发展的教育背景下，随着知识体系的涌动向前，航宇学科出现了重塑架构的可能性。一是知识配置方式的融合。在传统的航宇强校（如哈尔滨工业大学、北京航空航天大学、西北工业大学、国防科技大学等），实行的是航宇学科的密集配置。每门课程专业性强，但知识覆盖面窄，于是必然缺少融会贯通的教科书之作。而 2000 年后在综合型大学（如清华大学、浙江大学、同济大学等）新成立的航空航天学院，其课程体系与教科书知识面较宽，但不够健全，即宽失于泛、窄不概全，缺乏军民融合、深入浅出的上乘之作。若能够将这两类大学的教育名家聚集于一堂，互相切磋，是有可能纲举目张，塑造出一套横跨航空和宇航领域，体系完备、粒度适中的经典教科书。于是在郑耀教授的热心倡导和推动下，我们聚得 22 所高校和 5 个工业部门（航天科技、航天科工、中航、商飞、中航发）的数十位航宇专家为一堂，开启“航空宇航科学与技术教材出版工程”。在科学出版社的大力促进下，为航空与宇航一级学科编纂这套教科书。

考虑到多所高校的航宇学科，或以力学作为理论基础，或由其原有的工程力学系改造而成，所以有必要在教学体系上实行航宇与力学这两个一级学科的共融。美国航宇学科之父冯·卡门先生曾经有一句名言：“科学家发现现存的世界，工程师创造未来的世界……而力学则处在最激动人心的地位，即我们可以两者并举！”因此，我们既希望能够表达航宇学科的无垠、神奇与壮美，也得以表达力学学科的严谨和博大。感谢包为民先生、杜善义先生两位学贯中西的航宇大家的加盟，我们这个由 18 位专家（多为两院院士）组成的教材建设专家委员会开始使出十八般武艺，推动这一出版工程。

因此，为满足航宇课程建设和不同类型高校之需，在科学出版社盛情邀请下，我们决心编好这套丛书。本套丛书力争实现三个目标：一是全景式地反映航宇学科在当代的知识全貌；二是为不同类型教研机构的航宇学科提供可剪裁组配的教科书体系；三是为若干传统的基础性课程提供其新貌。我们旨在为移动互联网时代，有志于航空和宇航的初学者提供一个全视野和启发性的学科知识平台。

这里要感谢科学出版社上海分社的潘志坚编审和徐杨峰编辑，他们的大胆提议、不断鼓励、精心编辑和精品意识使得本套丛书的出版成为可能。

是为总序。

2019 年于杭州西湖区求是村、北京海淀区紫竹公寓

前　言

湍流模式理论是与工程应用联系最密切的湍流研究，也是当代计算流体力学软件产业的理论支撑。自20世纪60~70年代，随着计算机计算的发展，学者们开始建立了多种形式的工程湍流模式，尽管这些模式有一定的经验性和局限性，但在湍流的数值计算中仍发挥了不可或缺的作用。半个世纪以来的研究显著加强了湍流模式的理论基础，再加上湍流直接数值模拟和大涡模拟的发展，可以说，目前人们已能较准确地模拟各种复杂的湍流流动。同时，湍流模拟的方法在理论上也形成了一个较完整的体系。近年来，国外已出版过多种关于湍流模式理论的专著，国内则缺乏系统论述该主题的教材。鉴于此，我们立足国内外的最新研究成果，包括作者及其学生多年来的研究工作，撰写了这本兼具系统性与新颖性的湍流模式理论教材。

本书也是前辈教授章光华老师及作者在清华大学多年来为力学、航空宇航、动力工程及工程热物理、水动力学、核工程与核技术等专业的研究生及研究人员所开设的“湍流模拟及其应用”课程的讲授内容。本书讨论湍流模式研究的核心、主流问题，为读者进入该领域研究提供可靠准确的信息。书中还包含了新近有学术价值的模式研究成果和思想，如雷诺平均/大涡模拟混合方法、边界层转捩模式理论等，为研究人员的进一步工作提供了一个理论基础。

本书分为两部分。第一部分(第1~4章)为基础部分，阐述湍流模式的理论基础与基本模式理论，根据对湍流现象的认识，阐明目前常用湍流模式的建立、模式常数的标定、模式在不同情况下的修正形式以及典型应用范例。第二部分(第5~9章)阐述湍流模式的现代发展，着重讨论从现代湍流理论和理性力学方法建立复杂流动的湍流模式、可压缩湍流模式、雷诺平均/大涡模拟混合方法、边界层流动转捩模式理论等。

本书主要作为力学、航空宇航科学与技术、动力工程及工程热物理、水动力学、核工程与核技术等有关专业的研究生学位课程教材，也可作为上述各专业教师及从事流体力学、空气动力学数值模拟和运载工具优化设计的研究人员或工程师的参考用书。

作者衷心感谢前辈同事章光华教授及学生王辰、郭阳、金林辉、肖良华等，他们与作者多年合作，为发展湍流和转捩模式理论做出了重要的贡献，充实了本书的内容。我们还要感谢科学出版社的徐杨峰编辑，他为本书的加工与整理花费了大量的时间和精力。陆培森、赵洲源和王天洋对本书的清稿和定稿付出了辛勤的努力，使本书得以及时交付出版。

我们欢迎使用本书的教师、学生和各方面的研究及设计人员对本书提出宝贵的批评意见,以便今后不断加以充实和改进。

2022 年 3 月于北京清华园

目录

第1章 导 论

本章主要介绍湍流模式理论的发展历史、湍流的物理特性、湍流的起因及数值模拟湍流的基本条件。

学习要点：

(1) 了解湍流模式理论的发展历史及其在当代计算流体力学软件中的核心作用；

(2) 理解湍流的起因及物理特性；

(3) 理解数值模拟湍流的基本条件。

1.1 湍流模式研究发展回顾

自从雷诺(O. Reynolds)[1]提出应用时间平均概念研究湍流运动以来，工程应用中的湍流问题研究一直延续着雷诺平均的方法，通过求解描述湍流运动平均值的流体动力学方程——雷诺平均方程，获取流体运动中重要参数的平均值，如速度、压力、温度、密度、浓度，以及脉动速度的关联值，速度-温度的关联值等。这些湍流运动中的平均值参数对于大气、环境、海洋、动力、能源、机械、航空航天等学科与工程的研究具有十分重要的意义，雷诺平均方法至今仍是人们研究湍流运动特别是解决工程湍流问题的主要手段。然而，由于雷诺方程中脉动速度关联项 $\overline{u_i u_j}$ ——雷诺应力(Reynolds stress)的出现，使得方程本身不封闭，建立封闭的雷诺应力模式即成为湍流模式研究的中心课题。

早在一百多年前，法国科学家Boussinesq[2]就曾提出涡黏性假设来描述湍流的平均运动，这一假设的依据是湍流场中有效黏性系数与扩散系数大幅提高的事实，其原因则是由于湍流场中涡的存在。根据Boussinesq假设，普朗特(Prandtl)[3]在湍流边界层实验的基础上，提出了估算涡黏性系数的混合长度模式理论，从而建立了描述湍流平均场的封闭的雷诺平均方程。普朗特认为，湍流的涡黏性系数与湍流涡团的“混合”长度及速度尺度密切相关，大尺度的涡团及运动速度导致涡黏性系数的增加。普朗特混合长度模式成功地描述了边界层湍流及简单剪切湍流的平均参数特性，使湍流模式研究具有了重要的实际应用价值，并在理论上加深了人们对湍流的理解。

冯·卡门(von Kármán)[4]在混合长度理论的基础上，进一步揭示了边界湍流的对数律关系,确定了对数律中的系数——卡门常数。研究表明,卡门对数律在近壁湍流中(如管流、槽流)具有一定的普遍性,使湍流涡团的混合长度与湍流场中的几何尺度有机地联系在一起,并为人们建立近壁湍流模式——壁函数定律提供了理论依据。

随着人们对湍流认识的逐步加深,人们认识到涡黏性系数的确立与湍流运动的历史参数有密切的联系,涡黏性系数模式应当建立在湍流的输运方程基础上。为此,Spalart 和 Allmaras[5]提出的一方程输运模式,Launder 和 Spalding[6]提出的二方程输运模式,进一步发展了涡黏性模式理论,其中二方程模式已被广泛应用于工程湍流计算中。

然而,现代湍流模式理论研究始于我国著名科学家周培源。周培源[7]首先提出,湍流的模式理论必须立足于描述雷诺应力输运方程,通过封闭雷诺应力输运方程来获取雷诺应力信息。对雷诺应力输运方程的封闭亦称为二阶矩封闭模式。

二阶矩封闭模式理论的优越性在于它对雷诺应力的输运、生成、再分配、耗散等机制都有明确的描述与定义,并克服了涡黏性模式中涡黏性系数各向同性、雷诺应力与应变率张量的线性关系假设、在非惯性系中不能有效反映科里奥利力对湍流场影响,以及不能反映湍流场中逆梯度扩散现象的局限性。因此,二阶矩模式理论具有描述复杂湍流运动的潜力与前景,具有重要的理论与应用价值,也使其成为当今湍流模式研究的核心。

在对雷诺应力输运方程的研究中,周培源[8]指出了建立脉动压力与应变率关联项模式的重要性,并提出了通过泊松方程来封闭该项的途径。这一思想至今对二阶矩封闭模式研究仍有指导意义。德国学者 Rotta[9,10]在对均匀湍流的模化研究中,进一步提出了衰减湍流的各向同性回归理论,首次为压力应变率关联项赋予了重要的物理意义,使人们对雷诺应力在衰减过程中各分量间的相互作用有了新的认识。基于各向同性回归理论建立的压力应变率关联项模式亦被称为 Rotta 模式。

周培源与 Rotta 的开创性工作为自 20 世纪 70 年代以来随着计算机科学迅猛发展而变得十分活跃的计算流体力学与湍流模式研究奠定了基础。在对剪切湍流的研究中,Naot[11]发现了平均速度梯度对压力应变率关联的重要影响,进而提出了后来被 Gibson 和 Launder[12]所完善的湍流生成各向同性模式(IP 模式)。Launder 等[13]还首次应用低阶泰勒展开的方法,应用流体力学的基本原理建立了具有理性力学意义的准各向同性模式(QI 模式),使二阶矩模式研究脱离了对某个具体实验的纯粹依赖性而具有一定的普适意义。

应用理性力学方法建立湍流模式代表了 20 世纪 80 年代二阶矩湍流模式研究的主流,其基础则是 Schumann[14]与 Lumley[15]提出的可实现性原理,即湍流模式在理论上必须保证各湍流量在物理上有意义。并且,Lumley 首次应用可实现性原理建立了三阶速度关联项模式。然而,这一原理提出的最大意义是使湍流压力—应变率模式的研究进入了一个新的领域——非线性模式。Shih 等[16]和符松等[17]应用可实现性原理分别成功地提出了非线性的压力-应变率模式,使湍流非线性的本质在模式中得到了反映。非线性二阶矩封闭模式的提出也促使人们重新思考涡黏系数模式中的 Boussinesq 假设的局限性,从而建立了一系列的非线性涡黏系数模式,克服了线性模式中的一些重要缺陷。

湍流模式研究的发展还得益于与其他相关学科的交叉,特别值得一提的是重整化群理论与概率密度函数方法的应用开辟了湍流模式研究的新思路。Yakhot 和 Orszag[18]应用重整化群方法为 $k-\varepsilon$ 模式提供了重要的理论基础。Rubinstein 与 Barton[19]进一步建立了重整化群的二阶矩模式。Howarth 和 Pope[20]的研究表明,应用概率密度函数方法构造二阶矩模式不仅自动满足可实现性原理,同时也反映了湍流的非线性特性。湍流快速畸变理论、Durbin 和 Zeman[21]提出的亥姆霍兹方程模式、非惯性系湍流模式准则等,都极大地丰富了湍流模式研究。

进入 21 世纪来,大规模并行数值计算技术发展迅速,基于二阶精度数值格式的计算流体力学(computational fluid dynamics, CFD)软件广泛应用于工程实际,基于雷诺平均的湍流模式理论 RANS 也日臻成熟,成为工程设计的常用工具。美国波音公司的首席工程师 Spalart 和 CFX 商业软件公司的 Menter 分别发展并完善了 Spalart - Allmars(SA)一方程模式[22]和剪切应力输运(shear stress transfer, SST)二方程模式[23]。这两个线性涡黏性模式成为当代 CFD 软件的主力湍流模式,能够较为准确地预测无分离或小分离的"定常"湍流。然而,这些模式在流动大分离区会高估涡黏性,且无法分辨不同尺度的涡结构,所得气动参数精度不足。由于具有更高精度的大涡模拟方法仍局限于有限雷诺数(小于 10^6)的湍流研究,为满足工程应用的急迫需求,人们发展了兼顾计算精度和效率的雷诺平均/大涡模拟混合方法(hybrid RANS/LES method, HRLM)为大规模的复杂工程计算服务。HRLM 的典型代表为由 Spalart 提出的基于 SA 模式的脱落涡模拟(detached-eddy simulation, DES)方法[24,25],以及由 Menter 和 Egorov 提出的基于 SST 模式的尺度自适应模拟(scale-adaptive simulation, SAS)方法[26]。此外,对于中等雷诺数(10^6 量级)区间出现的边界层转捩为主要特征的流动,基于完全湍流假设的模式理论失效。Menter 等[27]为此发展了适用于低马赫数流动的 $\gamma - Re_\theta$ 转捩模式并安装于其商业软件 ANSYS;王亮和符松[28]根据高超声速流动失稳特性,提出了基于 SST 湍流模式的 $k - \omega - \gamma$ 三方程转捩模式理论,具有较宽马赫数和不同失稳模态的适用范围。

图 1.1 列出了湍流模式研究里程碑的代表人物。应当指出的是,直接数值模拟对湍

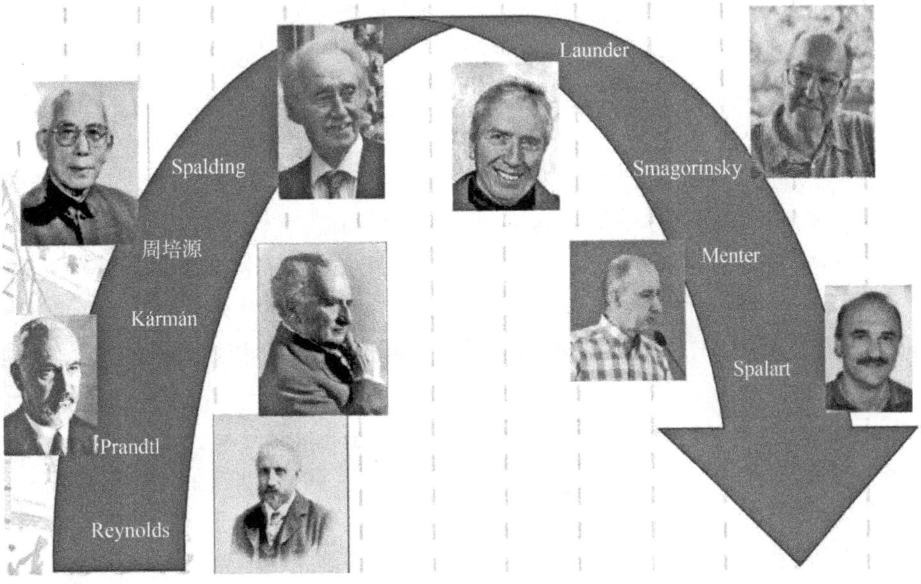

图 1.1 湍流模式研究里程碑的代表人物

流模拟正在发挥越来越大的作用。直接数值模拟尽管仍难应用于实际的工程问题计算，但它对人们了解一些简单的湍流运动机理具有重要意义，其充分发展直槽湍流数据库目前已成功地应用于构造低雷诺数模式。直接数值模拟的发展毫无疑问将进一步为湍流模式的发展提供依据。

1.2 湍流的物理特性

一个湍流模式的合理与否，不在于其数学表达形式的简单或复杂，也不在于其要求求解的方程的多少，而在于它是否能够反映湍流运动的物理特性。研究湍流模式，首先要研究的是湍流运动的物理机制与本质特性，然后在正确的物理认识上建立适当的数学模式。因此，在讨论湍流模式本身之前，对湍流的运动特性进行简单讨论是十分有必要的。

许多人也许都注意到，当把水龙头从小到大慢慢拧开时，初始时水流是清晰明亮而又稳定的，随着水龙头的逐步放大，水流会出现抖动，并逐渐加剧，最后出现紊乱的运动。用流体力学的观点来描述，水流则是历经了层流、失稳、湍流这三种形式。可以说，湍流是自然界与工程应用中最常见的一种流动形式。然而，迄今人们尚难对湍流给以一个准确的定义，但一般认为湍流具有如下一些主要特征。

不规则性：在所有的湍流运动中，流体粒子的运动都带有不规则性或随机性。这一特性使得人们应用确定论方法研究湍流十分困难，尽管近几年这方面的研究取得了一些进展（如直接数值模拟），统计方法在可预见的将来仍是解决湍流问题的主要手段。

三维有旋性：一般来说湍流都是三维有旋的，以高强度的涡量脉动为主要表征之一。从这个意义上说，涡量动力学在湍流的描述中具有十分重要的作用。如果速度脉动仅是二维的话，湍流场中的随机涡量脉动是不可能得以维持的。因为二维流场中不存在产生涡量的涡拉伸机制。因此，湍流的三维性与有旋性是内在相关的。无旋流动可以说都不是湍流。例如，海洋表面上的随机波不是湍流，因为它是无旋的。然而，以统计角度看，流场的平均速度则可以是二维或一维以及无旋的。对工程设计人员来说，流动的长期效应往往是主要的，研究湍流的平均物理量因而不仅可以大大简化湍流问题，同时也具有重要的应用意义。

扩散性：湍流脉动导致快速混合，提高动量、热量及质量的传递速率。看起来随机但并不展示脉动速度在周围流体中扩散的流动不能算是湍流。例如喷气飞机的长长的尾迹不是湍流，尽管它产生的初期是湍流。就应用来说，湍流的扩散性是其最重要的特性：它可以防止边界层在机翼表面在大攻角时的分离（当然攻角不能太大）；它提高所有机械中的传热速率；它提高油-气混合的速率进而提高燃烧效率；它同时也使物体运动的阻力增加。

耗散性：由于流体黏性的存在，湍流的脉动导致动能的损失与内能的提高。进一步说，这是由于黏性切应力对流体做功所产生的必然结果。因此，湍流的维持必须有连续不断的能量输入，否则，湍流将快速衰减。黏性损失很小的随机运动、水波、声波等不是湍流，实际上，湍流与随机波的主要区别在于前者是耗散性的。

多尺度特性：湍流场中的涡有着众多的尺度（图 1.2）。通过对脉动速度进行傅里叶

分析可以得出宽广的频率范围。一般来说,大尺度的涡团对应于低频,小尺度涡团对应于高频。这里所谓的尺度为涡团的几何尺度,即通常所说的长度尺度。涡团同样也存在着时间尺度、速度尺度。

图 1.2 大气环境中的众多尺度的涡

1.3 湍流的起因

1.3.1 大雷诺数条件

对于初始流动为层流,其湍流的产生机制在不同流动场合差别很大,但可以说所有湍流产生的先决条件是流动的雷诺数必须足够大。雷诺数多大才算大? 这一问题亦与具体的流动形态有关。例如,在光滑管流中,临界雷诺数为 2 300 左右,若管壁的粗糙度较大,临界雷诺数则可大幅降低,而在平面混合层中的临界雷诺数则与管流的值又有很大差别。但是,不管在哪种流动情况下,雷诺数必须大过一定值才导致层流的失稳。小雷诺数意味着流体的黏性力占主导地位,流动中的不稳定因素会因黏性作用而耗散消失。实际上,大雷诺数条件亦是湍流得以维持的基本原因之一。

1.3.2 剪切层流的不稳定性

在大雷诺数情况下,小扰动的出现极易受流体的剪切作用而失稳放大。Kelvin－Helmhotz(K－H)理论形象而准确地描述了这一流动失稳过程。如图 1.3 所示,将剪切层流[图 1.3(a)]简化成具有两个均匀速度 v_1、v_2 的平行流[图 1.3(b)],并进一步将参照系建立于以速度 $(v_1+v_2)/2$ 运动的坐标系上,因而可得图 1.3(c)所示的流动形态。假设流场中有小扰动存在[图 1.3(d)],旋涡即可产生,其机制是:由小扰动而获得速度增加的域,压力必定下降(伯努利定律),因此 u^+ 对应于 p^-,由于连续流体的质量守恒,正方向的速度提高必然伴随反方向的速度也提高,因而,反方向亦有 $-u^+$、p^+。同时,压力差 $(p^+ - p^-)$ 导致正、负 y 方向的速度的产生,因而形成涡。实际上,理论和实验都表明,流场最不稳定的区域在速度剖面的拐点处,即速度梯度具有最大值的区域。

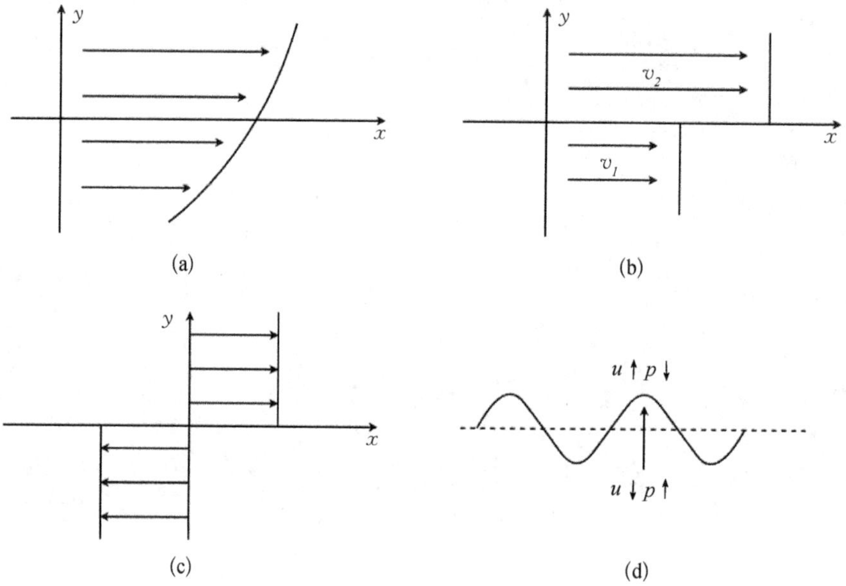

图 1.3　K-H 失稳相关示意图

1.3.3　湍流过渡区

层流中的小扰动在雷诺数足够大时,它的维持发展导致涡量在三维空间的增加。从流体力学教科书中可知,涡量 $(\omega = \nabla \times u)$ 的运动方程为(不可压流动)

$$\frac{\mathrm{D}\omega_i}{\mathrm{D}t} = \omega_j \frac{\partial u_i}{\partial x_j} + \nu \nabla^2 \omega_i \tag{1.1}$$

该方程右边的第一项对于涡量产生与发展有重要意义。例如,对于 $i=1$,有

$$\omega_j \frac{\partial u_1}{\partial x_j} = \omega_1 \frac{\partial u_1}{\partial x_1} + \omega_2 \frac{\partial u_1}{\partial x_2} + \omega_3 \frac{\partial u_1}{\partial x_3} \tag{1.2}$$

若初始层流仅存在 $\partial u_1/\partial x_2 \neq 0$,且 $\omega_1 = \omega_2 = 0$,则式(1.2)自然为零。假设在某一时刻由于小扰动的出现产生 ω_2,式(1.2)中的 $\omega_2 \partial u_1/\partial x_2$ 有值,即 ω_2 与 $\partial u_1/\partial x_2$ 相互作用产生 ω_1。这一相互作用称为涡的*倾斜效应*,它使层流速度剖面出现倾斜变形(图 1.4)。同时,由于 ω_1 被诱导产生,它通过与速度的拉伸($\partial u_1/\partial x_1$)相互作用而得到进一步加强。式(1.2)中的 $\omega_1 \partial u_1/\partial x_1$ 即反映了这种涡的*拉伸效应*,即涡通过主流的拉伸做功而得到进一步加强。同样道理,小扰动 ω_2 的出现亦导致新的 ω_3 的产生,而新产生的涡量又进一步诱

发其他涡分量的产生，它们都通过涡的拉伸而不断发展。因此，倾斜效应与拉伸效应的叠加使得当初的不稳定涡源产生后迅速发展成复杂的三维涡，而这些发展后交织在一起的涡即为湍流，发展的早期阶段为湍流的过渡区。涡的充分发展形成充分发展湍流，此时，涡的产生和耗散达到平衡。

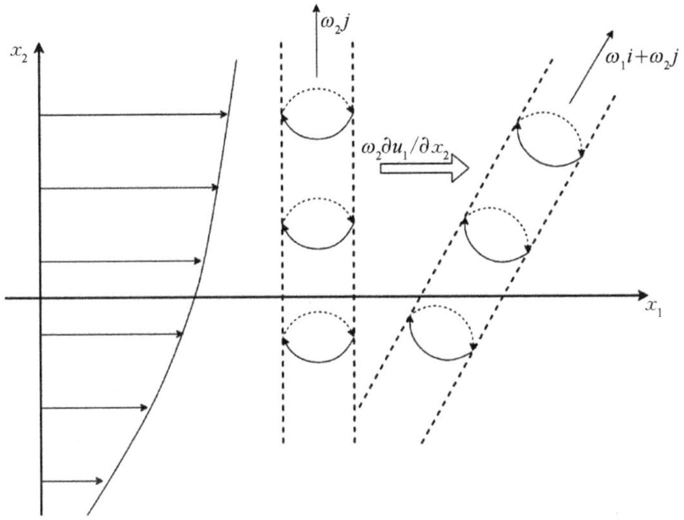

图 1.4　涡的倾斜效应示意图

1.3.4　湍流能量阶梯与小尺度脉动的各向同性

涡旋的拉伸机理同样代表着大尺度脉动从均流剪切中获取能量的过程。在涡的拉伸过程中，涡的角动量 $\omega^2 r$ 可认为守恒，但流体旋转运动中的动能却随着 r 的降低而提高（因 $\partial u_1/\partial x_1 > 0$），均流场对涡拉伸实际做功从而把能量输入脉动运动。由于拉伸总是导致涡的尺度下降（即涡管变细），拉伸机制因而实际上显示能量从大尺度输入小尺度脉动的过程。湍流能量的这一传递过程称为湍流的能量阶梯。能量在输送至最小尺度脉动运动时转化为热能。这种能量的传递过程可以是逐级发生，也可以是越级发生。

由前面分析可知，某一方向的涡可诱导出另两方向的涡，从物理概念来说，这些诱导出来的涡的尺度应小于上一涡的尺度，而这些同样也诱导出新的涡。随着涡的不断产生，涡的尺度也越来越小，其方向性在统计意义上也将越来越模糊。如图 1.5 所示，假设初始的大尺度脉动涡方向为 y，在经过几个阶梯的能量输运之后，所产生的小尺度涡在统计上已不具方向性。因此，一般地说，小尺度脉动各向同性（或称区域各向同性）。

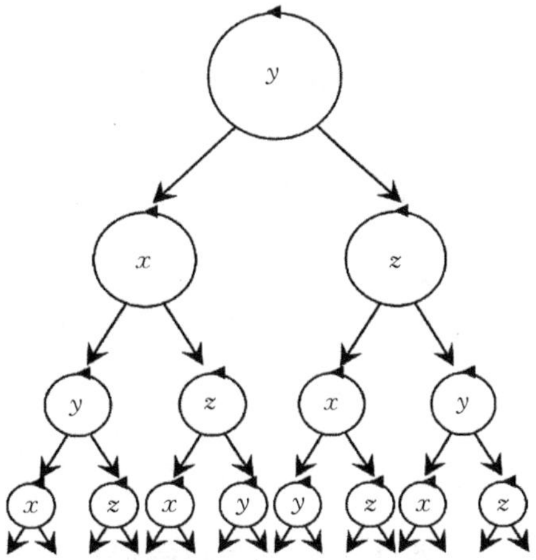

图 1.5　脉动涡方向示意图

1.4 数值模拟湍流的基本条件

数值求解湍流运动的出发点是 Navier - Stokes(N - S)方程,然而该方程立足流体的连续介质假设。由于湍流小尺度的存在,我们必须证明湍流的小尺度仍然比流体的分子运动尺度——自由程足够大。

1.4.1 最小涡旋尺度估计

前面提到,湍流在经过能量阶梯后将能量在最小尺度耗散成热能,因而,湍流能量的耗散率(ε)实际上仅与大尺度涡的拉伸过程有关,仅需用大尺度来描述。这样,取

$$\varepsilon = f(u,\ l) \tag{1.3}$$

其中,u 和 l 为大尺度的特征速度与长度。由量纲分析给出

$$\varepsilon \propto u^3/l \tag{1.4}$$

在最小尺度时,能量的耗散是通过流体的黏性效应转化为热能的,因此,最小长度尺度(η)必须与 ε 和黏性系数 ν 有关。量纲分析同样给出

$$\eta \propto (\nu^3/\varepsilon)^{\frac{1}{4}} \tag{1.5}$$

η 亦被称为科尔莫戈罗夫(Kolmogorov)长度尺度,可写作

$$\eta \propto \left(\frac{\nu^3 l}{u^3}\right)^{\frac{1}{4}} \tag{1.6}$$

因此,长度的最小尺度和大尺度之比为

$$\frac{\eta}{l} \propto \left(\frac{\nu}{ul}\right)^{\frac{3}{4}} = Re^{-\frac{3}{4}} \tag{1.7}$$

即与流动的雷诺数有关。由于流动的大尺度受流场几何尺度限制,因此,流动的雷诺数越大,最小长度尺度越小。

根据同样道理,亦可推出科尔莫戈罗夫时间尺度(τ)、速度尺度(ν_m)与雷诺数的关系:

$$\frac{\tau}{T} \propto Re^{-\frac{1}{2}} \tag{1.8}$$

$$\nu_m/u \propto Re^{-\frac{1}{4}} \tag{1.9}$$

1.4.2 连续介质假设的有效性

在连续介质假设中,流体的分子运动特性(如摩擦、碰撞等)反映在流体的黏性系数 ν

上，流体分子运动的具体细节则不需考虑。然而，对湍流研究来说，人们必须经常检验最小长度尺度与分子运动的特性长度尺度（λ_m）之比——η/λ_m，若 η 与 λ_m 相当，连续介质假设则必须予以修正。

以气体为例，分子动力学给出气体的黏性系数为

$$\nu \propto a\lambda_m \tag{1.10}$$

其中，a 为声速；λ_m 为分子运动的平均自由程。由此有

$$\frac{\lambda_m}{\eta} \propto \frac{\nu}{a}\frac{Re^{\frac{3}{4}}}{l} = \frac{\nu}{ul}\frac{u}{a}Re^{\frac{3}{4}} = \frac{M}{Re^{\frac{1}{4}}} \tag{1.11}$$

在通常情况下，马赫数 $M \sim O(1)$ 时，$Re \sim O(10^6)$，因此，$\lambda_m/\eta \sim O(0.03)$。在大部分工程问题中，$\lambda_m/\eta \ll 1$ 基本成立，连续介质假设可以认为有效。

1.4.3 直接数值求解 N－S 方程的可能性

连续介质假设的成立，使得直接求解 N－S 方程成为最理想的获取湍流信息的手段。为了在时间与空间上均能分辨出最小涡旋尺度，每一坐标方向上的网格点应为

$$N_x > \frac{l}{\eta} \Rightarrow N_x > Re^{\frac{3}{4}} \tag{1.12}$$

时间步长则亦应为

$$N_t > \frac{T}{\tau} \Rightarrow N_t > Re^{\frac{1}{2}} \tag{1.13}$$

在三维空间的计算量则是

$$N_t N_x N_y N_z > Re^{\frac{11}{4}} \tag{1.14}$$

在工程问题中，$Re = 10^5$ 十分常见且远不算很大，即使数值方法的效率达到了在每个网格点仅需运算 100 个符号，在每秒一亿次的计算机上运算需 3.6 年。若 $Re = 10^6$，计算时间则需 1 000 年。这里我们还未考虑需要用多少网格点来分辨最小尺度等其他数值问题。当然，每秒亿次的计算速度已经不算快，但计算机发展的摩尔定律仍难以满足大雷诺数湍流的直接数值求解的需求。由此可见，直接求解 N－S 方程方法在现阶段尚不能为工程应用服务，在可预见的将来也是不实际的，发展、完善湍流模式理论仍是解工程问题的唯一途径。

第2章 湍流运动的基本方程

本章详细介绍基于统计平均的湍流运动关联方程。从描述不可压缩湍流瞬时运动的N-S方程出发，导出雷诺平均的连续方程、动量方程和涡量方程，以及湍流速度脉动、涡量脉动和压力脉动所满足的控制方程。基于这些方程，进一步导出湍流空间单点脉动量的二阶矩方程，即雷诺应力、湍流动能、拟涡能(enstrophy)及湍流动能耗散率的输运方程。以符合Boussinesq近似的有浮力的流动为例，本章还讨论湍流标量(如热量)输运问题，给出浮力影响下的湍流平均量方程、二阶矩方程的修正形式以及湍流热通量输运方程和温度脉动均方值输运方程等。从统计平均的意义上说，本章导出的所有方程都是精确的，但由于这些方程包含了某些未知的关联量，它们还未构成可以求解的封闭方程组。为了在后续各章对这些未知关联量引入合理的模化近似，我们强调对方程中各项的物理意义的理解。

学习要点：

(1) 掌握各类平均方法的数学物理意义；

(2) 掌握雷诺平均的连续方程、动量方程和涡量方程的推导过程；

(3) 掌握雷诺应力、湍流动能、拟涡能及湍流动能耗散率输运方程的推导过程；

(4) 理解上述方程中各项的物理意义。

2.1 平均流场控制方程

2.1.1 N-S方程

第1章已经证明，在通常工程问题中的湍流满足连续介质假设，N-S方程因而完整地描述了湍流运动，其张量形式的动量方程与连续方程分别为

$$\frac{\partial \tilde{u}_i}{\partial t} + \frac{\partial}{\partial x_j}(\tilde{u}_i \tilde{u}_j) = -\frac{1}{\rho}\frac{\partial \tilde{p}}{\partial x_i} + g_i + \nu \frac{\partial^2 \tilde{u}_i}{\partial x_j \partial x_j} \quad (i, j = 1, 2, 3) \tag{2.1}$$

$$\frac{\partial \tilde{u}_j}{\partial x_j} = 0 \tag{2.2}$$

这里假设流体是不可压缩的，其中，u_i 为 x_i 方向的速度分量，p、ρ、ν 分别为压力、密度和运动黏性系数，g_i 为 x_i 方向单位质量的体积力，且认为流体的黏性系数 μ 为一常数。可压缩湍流将在以后的章节中予以讨论。方程中物理变量上的“~”表示瞬时值。从本章起，除特殊说明外，以后导出的方程中均采用重复下标表示求和的约定。

以上两个方程描述了每一时刻流场中每一点的湍流速度与压力，若要获取流场中的整体及长时间的全部信息，在理论上只需讨论它们进行空间及时间积分。然而，完整的 N－S 方程的分析解至今尚不存在，而计算机的数值解对高雷诺数湍流又不现实，因此，有必要建立能够解决实际问题的平均流动方程。

2.1.2　湍流量的统计平均方法

对于湍流中随时间和空间位置不规则变化的物理量 $f(x_i,\ t)$（例如，f 表示速度分量、压力、温度或这些不规则变化量的乘除组合），在不同情况下可采用不同的统计平均方法。

若湍流流动是统计定常的，则通常采用时间平均方法。在空间坐标 x_i 处，f 的时间平均值定义为

$$\overline{f(x_i)_t} = \lim_{T\to\infty} \frac{1}{T}\int_0^T f(x_i,\ t)\,\mathrm{d}t \tag{2.3}$$

式中，T 是统计时间。$T\to\infty$ 是指 T 比湍流脉动的时间尺度大得多。

若湍流流动在一个或几个空间坐标轴 x_j 方向是统计均匀的，则可采用对这一个或几个坐标 x_j 的空间平均方法。在时间 t 和坐标 x_k 处，$k\neq j$，f 对坐标 x_j 的空间平均值定义为

$$\overline{f(x_k,\ t)_{x_j}} = \lim_{X_j\to\infty} \frac{1}{X_j}\int_0^{X_j} f(x_k,\ t,\ x_j)\,\mathrm{d}x_j \tag{2.4}$$

这里，X_j 分别表示由 x_j 构成的长度（$j=1$）、面积（$j=1,\ 2$）或体积（$j=1,\ 2,\ 3$）。$X_j\to\infty$ 是指 X_j 比湍流脉动的长度尺度大得多。在这些情况下，式（2.4）分别表示 f 的线平均值、面平均值和体平均值。

对于任何情况下统计意义上相同的湍流流动，都可采用系综平均方法。f 的系综平均值定义为

$$\overline{f(x_i,\ t)_n} = \lim_{N\to\infty} \frac{1}{N}\sum_{n=1}^{N} f_n(x_i,\ t) \tag{2.5}$$

式中，n 表示流动样本的序号（或统计意义上相同的流动的第 n 次测量结果）。

从概率论的观点来看，系综平均方法是最可靠的统计平均方法。但是，系综平均值很难通过实验测量得到，因为这需要进行大量统计意义上相同的实验。对于统计定常或统计均匀的湍流流动，其物理量的时间平均值和空间平均值只要在一次实验中测定，因而比得到相应的系综平均值要容易得多。现在，要提出的问题是：在统计定常或统计均匀的

情况下，应用时间平均或空间平均方法得到的平均值是否与应用系综平均方法得到的平均值相同？除某些特殊情况外（如均匀各向同性湍流），上述几种平均方法在相应情况下的等价性尚未获得证明。不过，在湍流研究中我们通常假设它们是等价的，这称为各态遍历假说（ergodicity hypothesis）。各态遍历假说的含义是：在统计定常（或均匀）过程中，随机函数在时间（或空间）序列上遍历其在系综（ensemble）中一切可能出现的状态，且有相同的概率。根据这个假说，本书以后提到的湍流物理量的统计平均值，除特别说明者外，都可理解为系综平均值。

由式（2.3）~式（2.5）得到的湍流量的统计平均值又称为雷诺平均值。本书的大部分篇幅都应用这种平均值。当然，还有其他类型的平均方法。例如，应用于可压缩湍流的质量加权平均方法和应用于湍流拟序结构的相平均方法[29]。

2.2 湍流的统计平均量方程

2.2.1 雷诺方程

现将湍流不规则运动的瞬时量（不可压流动中的速度与压力）分解为其平均值与相应脉动值之和，也称为雷诺分解，即

$$\tilde{u}_i = U_i + u_i, \qquad \tilde{p} = P + p \tag{2.6}$$

式中，大写字母表示平均量；小写字母表示脉动量。按雷诺首先提出的做法，将式（2.6）代入式（2.1）和式（2.2），然后对方程两边作系综平均，就得到雷诺平均的动量方程和连续方程：

$$\frac{\partial U_i}{\partial t} + U_j \frac{\partial U_i}{\partial x_j} = -\frac{1}{\rho}\frac{\partial P}{\partial x_i} + g_i + \nu \frac{\partial^2 U_i}{\partial x_j \partial x_j} - \frac{\partial \overline{u_i u_j}}{\partial x_j} \tag{2.7}$$

$$\frac{\partial U_j}{\partial x_j} = 0 \tag{2.8}$$

式（2.7）和式（2.8）又称为雷诺方程。

统计平均的结果使平均动量方程（2.7）右边出现了速度脉动二阶矩 $-\overline{u_i u_j}$ 的散度，它在方程中的作用与分子输运项类似。$-\overline{u_i u_j}$ 是一个对称二阶张量。事实上，$\rho\overline{u_i u_j}$ 是湍流脉动引起的平均动量输运。$-\rho\overline{u_i u_j}$ 具有应力的量纲，称为雷诺应力张量。由式（2.7）可知，湍流脉动是通过雷诺应力来影响湍流“平均流动”的。就雷诺方程而言，雷诺应力是新的未知量，它的出现使式（2.7）和式（2.8）变得不封闭。如何引入新的关系式来确定雷诺应力，这个问题称为湍流的封闭问题（closure problem）。理论上，湍流的封闭问题至今尚无法精确解决。本书的核心内容是基于湍流物理性质建立各种层次上的近似模式来确定雷诺应力，从而使描述湍流运动的平均量方程得以封闭。

2.2.2　雷诺方程讨论

雷诺方程在形式上与 N－S 方程的区别在于雷诺应力 $\overline{u_i u_j}$ 的出现,以统计平均的角度来看湍流,雷诺应力则包含湍流的全部信息。雷诺应力有以下特性。

(1) 雷诺应力是方程中的未知量,它的出现是由于 N－S 方程中的非线性特性所致,即

$$\overline{\left(\frac{D\tilde{u}_i}{Dt}\right)} = \overline{\left(\frac{\partial \tilde{u}_i}{\partial t}\right)} + \overline{\left(\tilde{u}_j \frac{\partial \tilde{u}_i}{\partial x_j}\right)} = \frac{\partial U_i}{\partial t} + U_j \frac{\partial U_i}{\partial x_j} + \frac{\partial \overline{u_i u_j}}{\partial x_j} \tag{2.9}$$

雷诺平均因而使脉动速度对均流场的影响凸显出来。

(2) 雷诺应力项移到方程右边后,在物理上可看作为附加应力,与黏性应力一样,其斜率对均流场动量产生力的作用,以之改变动量输运。

(3) 雷诺应力具有对称性,即

$$\overline{u_i u_j} = \overline{u_j u_i} \tag{2.10}$$

其分量 $\overline{u^2}$、$\overline{v^2}$、$\overline{w^2}$ 为正应力,亦可看作是湍流脉动的三个能量分量;交叉关联量 $\overline{uv}$、$\overline{uw}$、$\overline{vw}$ 为剪切雷诺应力,对平均速度的剖面分布有重要影响。

(4) 脉动速度关联量的产生导致动量输运(附加应力作用)的机理可由图 2.1 表示。考虑平均流场有 $\partial U/\partial y > 0$, 在剖面 A 点上流体粒子有正的 v 速度脉动,它将低动量的流体带入高动量区域,诱发负的 u 脉动,同样,对于负的 v 的脉动,正的 u 脉动亦容易产生。因此,$\overline{uv}$ 在 $\partial U/\partial y > 0$ 时一般为负,并在负 y 方向上产生动量通量。

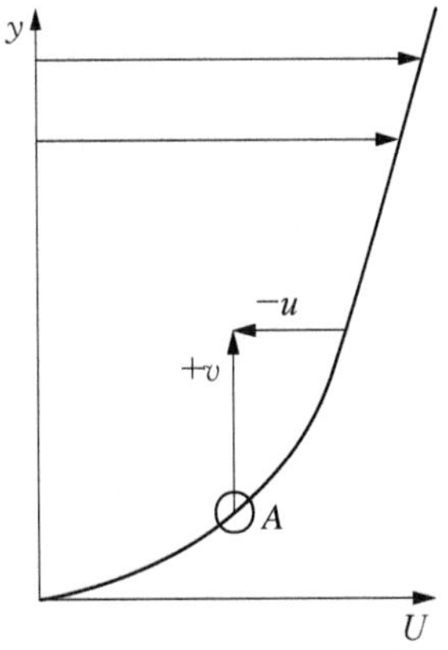

图 2.1　简单剪切流雷诺剪切应力 $\overline{uv}$ 产生的示意图

(5) 以上论点与气体动力学理论相仿。在气体动力学中,由于分子的随机运动,动量的输运可由黏性剪切应力 $\nu(\partial U/\partial y + \partial V/\partial x)$ 来表示,因此,将雷诺应力作相同处理,则有

$$-\overline{uv} = \nu_t \left(\frac{\partial U}{\partial y} + \frac{\partial V}{\partial x}\right) \tag{2.11}$$

式中,ν_t 为湍流黏性或涡黏性,式(2.11)即为涡黏性湍流模式。

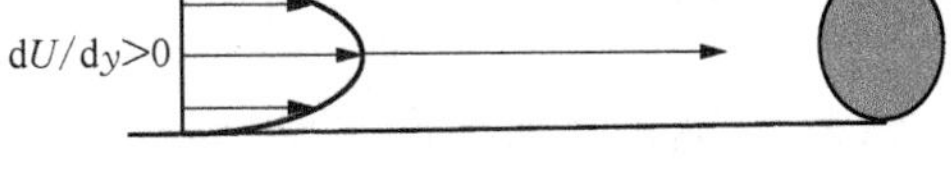

图 2.2　管流示意图

(6) 脉动速度通常很小(如为 3% U 左右),但雷诺应力往往远大于黏性应力,在动量扩散输运中起主要作用。例如,图 2.2 的管流中,$-\overline{uv} \sim (0.03U)^2$,因此,

$$\frac{-\overline{uv}}{\nu \partial U/\partial y} \sim \frac{(0.03U)^2}{\nu U/d} \approx 0.001Re \tag{2.12}$$

若雷诺数为10^5,雷诺应力与黏性应力之比即为10^2量级左右。在湍流问题中,准确地求解获取雷诺应力信息对于求解动量方程具有重要意义。

2.2.3 平均涡量方程

在许多情况下,需要了解湍流中平均涡量的变化。瞬时涡量与瞬时速度的关系如下:

$$\omega = \nabla \times u \quad 或 \quad \tilde{\omega}_i = \varepsilon_{ijk} \frac{\partial \tilde{u}_k}{\partial x_j} \tag{2.13}$$

式中,ε_{ijk}是三阶转置张量,其定义如下:

$$\varepsilon_{ijk} = \begin{cases} 1, & 若\ ijk = 123、231\ 或\ 312 \\ -1, & 若\ ijk = 132、321\ 或\ 213 \\ 0, & 若\ ijk\ 中有两个下标重复 \end{cases}$$

假设体积力有势,对式(2.1)两边取旋度,就得到湍流不规则运动中瞬时涡量的输运方程:

$$\frac{\partial \tilde{\omega}_i}{\partial t} + \frac{\partial}{\partial x_j}(\tilde{u}_j \tilde{\omega}_i) = \tilde{\omega}_j \tilde{s}_{ij} + \nu \frac{\partial^2 \tilde{\omega}_i}{\partial x_j \partial x_j} \quad (i, j = 1, 2, 3) \tag{2.14}$$

式中,$\tilde{s}_{ij} = (\partial \tilde{u}_i/\partial x_j + \partial \tilde{u}_j/\partial x_i)/2$是流体的应变率张量。式(2.14)右边第一项是涡管变形导致的涡量增率,右边第二项是分子运动引起的涡量扩散率。

将$\tilde{\omega}_i$和$\tilde{u}_i$分解为相应的平均量和脉动量,有

$$\tilde{\omega}_i = \Omega_i + \omega_i, \quad \tilde{u}_i = U_i + u_i \tag{2.15}$$

式中,$\Omega_i = \varepsilon_{ijk} \partial U_k / \partial x_j$,$\omega_i = \varepsilon_{ijk} \partial u_k / \partial x_j$,分别为平均涡量和脉动涡量。将式(2.15)代入式(2.14),并对方程两边作系综平均,就得到平均涡量的输运方程:

$$\frac{\partial \Omega_i}{\partial t} + U_j \frac{\partial \Omega_i}{\partial x_j} = \Omega_j S_{ij} + \nu \frac{\partial^2 \Omega_i}{\partial x_j \partial x_j} - \frac{\partial}{\partial x_j}(\overline{u_j \omega_i}) + \overline{\omega_j s_{ij}} \tag{2.16}$$

式中,$S_{ij} = (\partial U_i/\partial x_j + \partial U_j/\partial x_i)/2$,$s_{ij} = (\partial u_i/\partial x_j + \partial u_j/\partial x_i)/2$,分别为平均应变率张量和脉动应变率张量。式(2.16)右边第一项是平均应变率引起的平均涡量增率,第二项是分子运动引起的平均涡量扩散率,第三项是湍流速度脉动引起的平均涡量输运(或称平均涡量的湍流扩散率),第四项是脉动应变形率引起涡管伸长从而生成的平均涡量。

2.3 湍流脉动量方程

湍流的脉动速度输运方程可由瞬时动量方程式(2.1)减去平均动量方程(即雷诺方程)式(2.7)给出,即

$$\frac{\partial u_i}{\partial t} + U_j \frac{\partial u_i}{\partial x_j} + u_j \frac{\partial U_i}{\partial x_j} + \frac{\partial}{\partial x_j}(u_i u_j - \overline{u_i u_j}) = -\frac{1}{\rho} \frac{\partial p}{\partial x_i} + \nu \frac{\partial^2 u_i}{\partial x_j \partial x_j} \tag{2.17}$$

为后面应用方便起见，将该方程记作

$$L(u_i)=0 \tag{2.18}$$

对于不可压缩湍流流动，脉动速度场也满足散度为零的连续条件。由式(2.2)减式(2.8)，可得

$$\frac{\partial u_j}{\partial x_j}=0 \tag{2.19}$$

同样，由式(2.14)减式(2.16)，可得涡量脉动的输运方程：

$$\begin{aligned}&\frac{\partial \omega_i}{\partial t}+U_j\frac{\partial \omega_i}{\partial x_j}+u_j\frac{\partial \Omega_i}{\partial x_j}+\frac{\partial}{\partial x_j}(u_j\omega_i-\overline{u_j\omega_i})\\&=\Omega_j s_{ij}+\omega_j S_{ij}+(\omega_j s_{ij}-\overline{\omega_j s_{ij}})+\nu\frac{\partial^2\omega_i}{\partial x_j\partial x_j}\end{aligned} \tag{2.20}$$

对式(2.17)两边求散度，可得压力脉动所遵从的泊松方程：

$$\frac{1}{\rho}\nabla^2 p=-\frac{\partial^2}{\partial x_i\partial x_j}(u_iU_j+U_iu_j)-\frac{\partial^2}{\partial x_i\partial x_j}(u_iu_j-\overline{u_iu_j}) \tag{2.21}$$

由式(2.17)、式(2.20)可见，湍流速度脉动和涡量脉动的发展过程都是非线性的。这两个方程包含的非线性项分别为式(2.17)左边的第四项及式(2.20)左边的第四项和右边的第三项。这些方程的非线性源于N－S方程的非线性。正是由于流体动力学方程的非线性，使湍流问题变得异常复杂。

压力脉动方程(2.21)右边第一项反映平均速度场与脉动速度场之间的相互作用对压力脉动的影响，这一影响是线性的。平均速度场的畸变通过这一项导致压力脉动的变化，而压力脉动场的变化又通过方程(2.17)右边第一项使速度脉动发生变化。方程(2.21)右边第二项反映速度脉动场自身的相互作用对压力脉动的影响，这一影响是非线性的。

我们知道，用Green函数方法求解Poisson方程(2.21)，可将空间任一点的压力脉动表示为速度脉动在整个流动空间及其边界上的积分。换言之，空间任一点的压力脉动 p 瞬时地取决于整个(包括边界在内)的速度场 $\tilde{u}_i(x_j,t)$，这是不可压缩流体流动的固有性质。同时，压力脉动又反过来影响速度脉动。因此，空间任一点的湍流状态瞬时地取决于整个流动空间及其边界上的流动状态。湍流的这一性质称为非局域性(nonlocality)。非局域性是导致湍流问题异常复杂的另一个因素。

2.4　湍流脉动量的二阶矩方程

2.4.1　雷诺应力输运方程

雷诺应力的输运方程可由脉动速度的输运方程(2.17)推导出来。将脉动速度 u_i 的

输运方程乘以 u_j, u_j 的输运方程乘以 u_i,相加后再取平均,即应用式(2.17)或式(2.18)作如下推导:

$$\langle u_j L(u_i) + u_i L(u_j) \rangle = 0 \tag{2.22}$$

经过整理后有

$$\frac{\mathrm{D}\overline{u_i u_j}}{\mathrm{D}t} = \frac{\partial}{\partial x_k}\left(\nu \frac{\partial \overline{u_i u_j}}{\partial x_k} - \overline{u_i u_j u_k} - \frac{1}{\rho}\overline{u_i p}\delta_{jk} + \frac{1}{\rho}\overline{u_j p}\delta_{ik}\right) - \left(\overline{u_k u_i}\frac{\partial U_j}{\partial x_k} + \overline{u_k u_j}\frac{\partial U_i}{\partial x_k}\right) + \frac{2}{\rho}\overline{p s_{ij}} - 2\nu \overline{\frac{\partial u_i}{\partial x_k}\frac{\partial u_j}{\partial x_k}} \tag{2.23}$$

式中, s_{ij} 为脉动应变率张量 $(\partial u_i/\partial x_j + \partial u_j/\partial x_i)/2$; δ_{ik} 和 δ_{jk} 是张量中的 Kronecker 符号。为方便起见,一般将该方程记作

$$c_{ij} = d_{ij} + P_{ij} + \phi_{ij} - \varepsilon_{ij} \tag{2.24}$$

该方程描述了控制雷诺应力输运的全部机制。

2.4.2 雷诺应力输运方程的物理意义

由 N-S 方程推导出来的雷诺应力输运方程(2.23)包含着在统计平均意义下的湍流运动的全部信息,在概念上,该方程由下列物理机制组成。

(1) c_{ij} ——对流项,描述雷诺应力的对流输运,同时表述每一流体控制体中雷诺应力的总变化率。它由方程右边各项的不平衡性产生,同时又描述着湍流输运的历史效应。

(2) d_{ij} ——扩散项,代表湍流的扩散特性。例如,在一薄剪切层中 $\partial U_1/\partial x_2$ 为最主要速度梯度,当在任何一截面进行积分时,其积分值为零,因此,它不产生湍流而是促进湍流的空间分布。雷诺应力的扩散由三部分组成:速度脉动引起的扩散、压力脉动引起的扩散和黏性扩散,即: $\overline{u_i u_j u_k}$、$\overline{p u_i}/\rho$、$\nu \partial \overline{u_i u_j}/\partial x_k$。一般来说,速度脉动(即三阶速度关联项)是湍流扩散过程中的主要成分,后面两项仅在近壁区有较大意义。

(3) P_{ij} ——生成项,描述湍流由时均应变率与雷诺应力相互作用而产生或减小的变化率。

(4) ϕ_{ij} ——再分配项,描述湍流能量分量间的再分配作用。由于 $\phi_{ii} = 0$(对不可压流动, $s_{ii} = 0$),这一项在湍流动能方程中不出现,因此,它在雷诺应力输运方程中有着特殊意义。

(5) ε_{ij} ——耗散项,描述湍流动量通过流体黏性消耗并转化为流体内能的机制。

对于雷诺应力输运方程中的各物理机理,Bradshaw 通过图 2.3 中的黑匣子作了较为形象的描述。

2.4.3 湍动能输运方程

定义单位质量流体的湍流脉动动能(以下简称湍动能或湍流动能)为 $k = \overline{u_i u_i}/2$。对方程(2.23)作下标缩并,即令 $i = j$, 就得到湍动能输运方程:

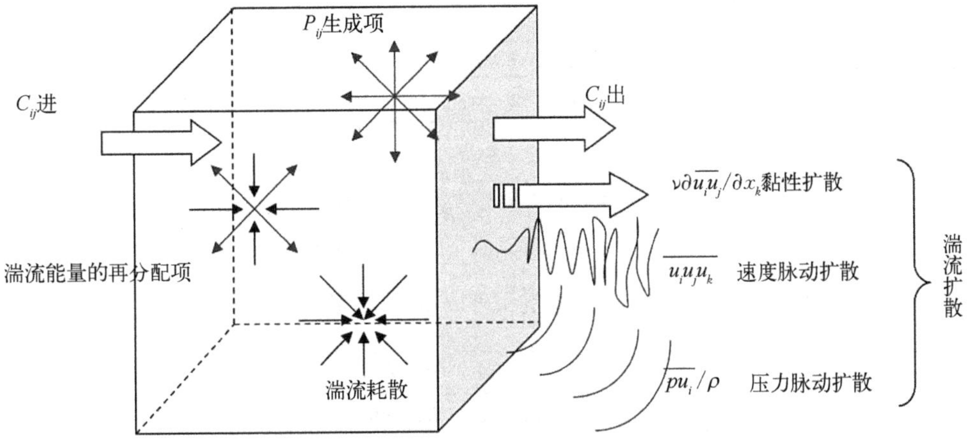

图 2.3　雷诺应力输运方程中物理机制示意图

$$\frac{\partial k}{\partial t}+U_k\frac{\partial k}{\partial x_k}=-\overline{u_iu_k}\frac{\partial U_i}{\partial x_k}-\frac{\partial}{\partial x_k}\left(\frac{1}{2}\overline{u_iu_iu_k}+\frac{1}{\rho}\overline{pu_k}-\nu\frac{\partial k}{\partial x_k}\right)-\nu\overline{\frac{\partial u_i}{\partial x_k}\frac{\partial u_i}{\partial x_k}} \tag{2.25}$$

式中，左边两项表示湍动能 k 在平均流场中的质点导数；右边第一项是 k 的生成率；右边第二项是 k 的扩散率，包括速度脉动引起的扩散率、压力脉动引起的扩散率和分子运动引起的扩散率；右边第三项是 k 的黏性耗散率。确切地说，湍动能耗散率是脉动切应力对脉动应变率所作功的系综平均值，即

$$\varepsilon^*=2\nu\overline{s_{ik}s_{ik}}=\nu\left(\overline{\frac{\partial u_i}{\partial x_k}\frac{\partial u_i}{\partial x_k}}+\overline{\frac{\partial u_i}{\partial x_k}\frac{\partial u_k}{\partial x_i}}\right) \tag{2.26}$$

在一般情况下，严格地说，方程(2.25)右边最后一项并不等于 ε^*。但是，考虑到小尺度湍流接近均匀各向同性，有下面等式：

$$\overline{\frac{\partial u_i}{\partial x_k}\frac{\partial u_k}{\partial x_i}}=\frac{\partial^2}{\partial x_i\partial x_k}\overline{u_iu_k} \tag{2.27}$$

上式右边是雷诺应力的二阶空间导数，其数量级应为 u^2/L^2，这里，u 是湍流速度脉动的尺度，L 是湍流统计平均量空间变化的长度尺度。然而，湍动能的黏性耗散率 ε^* 主要取决于最小尺度范畴的涡运动，其数量级应为 u^2/λ^2，λ 是湍流脉动速度空间变化的长度尺度。在充分发展的湍流中，$\lambda \ll L$。因而，式(2.26)右边括号中的第二项一定远小于其中的第一项。换言之，有

$$\varepsilon=\nu\overline{\frac{\partial u_i}{\partial x_k}\frac{\partial u_i}{\partial x_k}}\approx\varepsilon^* \tag{2.28}$$

2.4.4　拟涡能输运方程

定义涡量脉动均方值的一半为单位质量流体的拟涡能(enstrophy)，且表示为 e =

$\overline{\omega_i\omega_i}/2$。将方程(2.20)两边乘以 ω_i，然后作系综平均，就得到拟涡能的输运方程：

$$\frac{\partial e}{\partial t}+U_k\frac{\partial e}{\partial x_k}=\underbrace{-\overline{u_k\omega_i}\frac{\partial\Omega_i}{\partial x_k}}_{\text{I}}\underbrace{-\frac{1}{2}\frac{\partial}{\partial x_k}(\overline{u_k\omega_i\omega_i})}_{\text{II}}\underbrace{+\Omega_k\overline{\omega_i s_{ik}}}_{\text{III}}\underbrace{+\overline{\omega_i\omega_k}S_{ik}}_{\text{IV}}$$
$$+\underbrace{\overline{\omega_i\omega_k s_{ik}}}_{\text{V}}\underbrace{-\nu\frac{\partial^2 e}{\partial x_k\partial x_k}}_{\text{VI}}\underbrace{-\nu\overline{\frac{\partial\omega_i}{\partial x_k}\frac{\partial\omega_i}{\partial x_k}}}_{\text{VII}} \tag{2.29}$$

拟涡能的重要性在于它和湍动能耗散率的关系。根据涡量脉动的定义：

$$\overline{\omega_i\omega_i}=\overline{\frac{\partial u_i}{\partial x_k}\frac{\partial u_i}{\partial x_k}}-\overline{\frac{\partial u_i}{\partial x_k}\frac{\partial u_k}{\partial x_i}} \tag{2.30}$$

比较式(2.26)和式(2.28)，可知

$$\varepsilon^*=\nu\overline{\omega_i\omega_i}+2\nu\overline{\frac{\partial u_i}{\partial x_k}\frac{\partial u_k}{\partial x_i}} \tag{2.31}$$

对于不可压缩流体的充分发展湍流，上一小节已经证明：

$$\nu\overline{\frac{\partial u_i}{\partial x_k}\frac{\partial u_k}{\partial x_i}}\ll\varepsilon^* \tag{2.32}$$

因而，式(2.28)可写为

$$\varepsilon^*\approx\nu\overline{\omega_i\omega_i}\approx\varepsilon \tag{2.33}$$

现在，我们来讨论拟涡能输运方程(2.29)中各项的物理意义。方程左边两项表示拟涡能 e 在平均流场中的质点导数。方程右边各项的物理意义如下：I 是平均涡梯度生成的拟涡能，这部分拟涡能取自流动的"平均涡能" $\Omega_i\Omega_i/2$[若由方程(2.12)导出 $\Omega_i\Omega_i/2$ 的输运方程，则在该方程中也含有这一项，但符号相反]；II 是速度脉动引起的拟涡能输运(或称拟涡能的湍流扩散)；III 是由应变率脉动引起的脉动涡伸长与平均涡量相互作用从而生成的拟涡能，这是拟涡能变化的快速反应部分，这一项同样也导致平均涡能 $\Omega_i\Omega_i/2$ 的增长(在平均涡能输运方程中这一项有相同的符号)；IV 是由平均应变率引起脉动涡伸长从而生成的拟涡能；V 是由应变率脉动引起的脉动涡伸长与涡量脉动相互作用从而生成拟涡能，这是拟涡能变化的慢速反应部分(或称纯湍流部分)，由本书第 3 章所作的量级分析可知，这一项是拟涡能的主要生成项；VI 是拟涡能的分子扩散率；VII 是拟涡能的黏性耗散率。

2.4.5 湍动能耗散率输运方程

根据式(2.33)，式(2.29)就是湍动能耗散率 ε^* 的输运方程。这个方程为在一般情况下建立湍动能耗散率 ε^* 的近似模式提供了一定的物理启示。另外，我们也可以直接从速度脉动的输运方程(2.17)出发得到湍动能耗散率近似值 ε 的输运方程。ε 的定义见式

(2.28)。本小节用这个方法导出 ε 的输运方程,并与式(2.29)作比较。

将式(2.17)两边对 x_k 求偏导数,再将其各项乘以 $\nu\partial u_i/\partial x_k$,然后作系综平均,得到 ε 的输运方程如下:

$$\frac{\mathrm{D}\varepsilon}{\mathrm{D}t}=\underbrace{-2\nu\frac{\partial^2 U_i}{\partial x_j\partial x_k}\overline{u_j\frac{\partial u_i}{\partial x_k}}}_{\text{I}}-\frac{\partial}{\partial x_j}\left(\underbrace{\nu\overline{u_j\frac{\partial u_i}{\partial x_k}\frac{\partial u_i}{\partial x_k}}}_{\text{II}}+\frac{2\nu}{\rho}\overline{\frac{\partial u_j}{\partial x_k}\frac{\partial p}{\partial x_k}}\underbrace{-\nu\frac{\partial\varepsilon}{\partial x_j}}_{\text{VI}}\right)$$
$$\underbrace{-2\nu\frac{\partial U_i}{\partial x_k}\overline{\frac{\partial u_i}{\partial x_j}\frac{\partial u_j}{\partial x_k}}}_{\text{III}}\underbrace{-2\nu\frac{\partial U_i}{\partial x_j}\overline{\frac{\partial u_i}{\partial x_k}\frac{\partial u_j}{\partial x_k}}}_{\text{IV}}\underbrace{-2\nu\overline{\frac{\partial u_i}{\partial x_j}\frac{\partial u_i}{\partial x_k}\frac{\partial u_j}{\partial x_k}}}_{\text{V}}\underbrace{-2\nu^2\overline{\frac{\partial^2 u_i}{\partial x_j\partial x_k}\frac{\partial^2 u_i}{\partial x_j\partial x_k}}}_{\text{VII}}\tag{2.34}$$

不难看出,式(2.29)与式(2.34)几乎是等价的。在这两个方程中,除式(2.34)右边括号内的第二项在式(2.29)中不出现外,其他各项是一一对应的。这些对应项在这两个方程中分别用相同的罗马数字标出。下面,我们来证明,对于通常所见的湍流流动,式(2.34)右边括号内的第二项为零。这里所谓"通常所见的湍流",是指具有宇称不变性(parity invariance)的湍流。宇称不变性又称镜面对称性,即如果同时将三个空间坐标反向,湍流的统计性质不变。现在,将三个空间坐标 x_k 改换为与原坐标方向相反的坐标 $x_{(-k)}$,则有

$$\frac{\partial u_{(-j)}}{\partial x_{(-k)}}=\frac{\partial u_j}{\partial x_k},\qquad \frac{\partial p}{\partial x_{(-k)}}=-\frac{\partial p}{\partial x_k}$$

因而,

$$\overline{\frac{\partial u_{(-j)}}{\partial x_{(-k)}}\frac{\partial p}{\partial x_{(-k)}}}=-\overline{\frac{\partial u_j}{\partial x_k}\frac{\partial p}{\partial x_k}}\tag{2.35}$$

上式与湍流具有宇称不变性的前提不符,除非

$$\overline{\frac{\partial u_j}{\partial x_k}\frac{\partial p}{\partial x_k}}=0\tag{2.36}$$

这就证明了,当湍流具有宇称不变性时,式(2.34)右边括号内的第二项为零。然而,在更一般的情况下,湍流可能不具有宇称不变性。例如,有螺度的湍流就没有宇称不变性。螺度(helicity)的定义是速度和涡量的点积,可表示为 $H=\boldsymbol{u}\cdot(\nabla\times\boldsymbol{u})$。显然,当三个空间坐标反向时 H 的符号由正变负。

事实上,对于不可压缩流体的充分发展湍流(层流至湍流转捩过程中的流动和紧靠固体壁面的流动除外),小尺度范畴内的湍流运动可近似地认为是各向同性的。在这种情况下,式(2.34)右边 III、IV 两项之和也可以略去。现证明如下:改变重复求和的下标,这两项之和可写为

$$\text{III}+\text{IV}=-2\nu\frac{\partial U_i}{\partial x_j}\left(\overline{\frac{\partial u_i}{\partial x_k}\frac{\partial u_k}{\partial x_j}}+\overline{\frac{\partial u_i}{\partial x_k}\frac{\partial u_j}{\partial x_k}}\right)\tag{2.37}$$

考虑在一般情况下的一个四阶张量 $\nu\overline{(\partial u_i/\partial x_j)(\partial u_k/\partial x_l)}$。若这个四阶张量是各向同性的,根据张量理论,可将其表示为

$$\nu\overline{\frac{\partial u_i}{\partial x_j}\frac{\partial u_k}{\partial x_l}} = (\alpha\delta_{ij}\delta_{kl} + \beta\delta_{ik}\delta_{jl} + \gamma\delta_{il}\delta_{jk})\varepsilon \tag{2.38}$$

式中,$\varepsilon = \nu\overline{(\partial u_i/\partial x_j)(\partial u_i/\partial x_j)}$;$\alpha$、$\beta$、$\gamma$ 是由运动约束条件确定的系数。若在式(2.38)中,令 $i = k$, $j = l$, 则有

$$3\alpha + 9\beta + 3\gamma = 1 \tag{2.39}$$

又在式(2.38)中令 $i = j$, 连续方程给出

$$3\alpha + \beta + \gamma = 0 \tag{2.40}$$

再在式(2.38)中令 $i = l$, $j = k$, 可得

$$(\alpha\delta_{ij}\delta_{ij} + \beta\delta_{ij}\delta_{ij} + \gamma\delta_{ii}\delta_{jj})\varepsilon = \nu\overline{\frac{\partial u_i}{\partial x_j}\frac{\partial u_j}{\partial x_i}} \tag{2.41}$$

由式(2.27)得

$$\nu\overline{\frac{\partial u_i}{\partial x_j}\frac{\partial u_j}{\partial x_i}} = \nu\frac{\partial^2\overline{u_iu_j}}{\partial x_i\partial x_j} \tag{2.42}$$

对于均匀湍流,式(2.42)右边一项相对于 $\varepsilon^*(\approx\varepsilon)$ 是可以忽略的。如果略去这一项,则由式(2.38)可得

$$3\alpha + 3\beta + 9\gamma = 0 \tag{2.43}$$

联立求解代数方程式(2.39)、式(2.40)和式(2.43),可得

$$\alpha = \gamma = -1/30, \qquad \beta = 2/15$$

将以上 α、β、γ 的值代入式(2.38),得

$$\nu\overline{\frac{\partial u_i}{\partial x_j}\frac{\partial u_k}{\partial x_l}} = \frac{\varepsilon}{30}(-\delta_{ij}\delta_{kl} + 4\delta_{ik}\delta_{jl} - \delta_{il}\delta_{jk}) \tag{2.44}$$

该式在各向同性的前提下成立。根据式(2.44),式(2.37)即可写为

$$\text{III} + \text{IV} = -2\nu\frac{\partial U_i}{\partial x_j}\left(\overline{\frac{\partial u_i}{\partial x_k}\frac{\partial u_k}{\partial x_j}} + \overline{\frac{\partial u_i}{\partial x_k}\frac{\partial u_j}{\partial x_k}}\right) = -\frac{4}{5}\varepsilon\frac{\partial U_i}{\partial x_j}\delta_{ij} = 0 \tag{2.45}$$

由于与湍动能耗散过程相联系的最小尺度范畴的涡运动可视为各向同性。因而,在方程(2.31)中,式(2.45)成立。

将式(2.36)和式(2.45)代入式(2.34),就得到湍动能耗散率的输运方程:

$$\frac{\partial \varepsilon}{\partial t} + U_k \frac{\partial \varepsilon}{\partial x_k} = \underbrace{-2\nu \frac{\partial^2 U_i}{\partial x_j \partial x_k} \overline{u_j \frac{\partial u_i}{\partial x_k}}}_{\mathrm{I}} - \frac{\partial}{\partial x_j}\left(\underbrace{\nu \overline{u_j \frac{\partial u_i}{\partial x_k} \frac{\partial u_i}{\partial x_k}}}_{\mathrm{II}} \underbrace{-\nu \frac{\partial \varepsilon}{\partial x_j}}_{\mathrm{III}} \right)$$
$$\underbrace{-2\nu \overline{\frac{\partial u_i}{\partial x_j} \frac{\partial u_i}{\partial x_k} \frac{\partial u_j}{\partial x_k}}}_{\mathrm{IV}} \underbrace{-2\nu^2 \overline{\frac{\partial^2 u_i}{\partial x_j \partial x_k} \frac{\partial^2 u_i}{\partial x_j \partial x_k}}}_{\mathrm{V}} \tag{2.46}$$

式(2.46)左边两项表示湍动能 ε 在平均流场中的质点导数。右边各项的物理意义如下：I 是平均涡梯度引起的 ε 的生成率；II 是脉动速度引起的 ε 的湍流扩散率；III 是 ε 的分子扩散率；IV 是脉动涡伸长引起的 ε 的生成率；V 是 ε 的黏性耗损率。

2.5　湍流中的标量输运方程

本章前几节中只考虑了湍流平均量和脉动量的动力学方程，同时假设流体是不可压缩的、质量力场是外加的和确定的。在许多工程技术问题中，往往需要了解湍流流动中热量或流体某一组分的质量的输运规律，或者，在更一般的意义上，湍流流动中任何一种标量的输运规律。

若湍流流动中标量的输运对平均速度场的影响可以忽略，则称为被动(passive)标量输运，反之，称为能动或主动(active)标量输运。例如，在对流传热问题中，温度分布的不均匀性将导致流体密度分布的不均匀性，从而产生浮力，驱动流动甚至湍流。在这种情况下，湍流流动中的热输运是能动的标量输运。

本节仅以湍流中的热输运为例来讨论湍流中的标量输运问题。

2.5.1　Boussinesq 近似

假设在整个流场中温度变化不大，流体可近似地认为是不可压缩的，且黏性系数和热传导系数仍可视为常值，温度分布不均匀对速度场的影响只通过浮力来实现。换言之，除密度对重力的影响外，温度和密度变化的其他效应可以忽略。这一假设称为 Boussinesq 近似。

在一般情况下，流体的状态方程可表示为

$$\rho = f(p,\ T) \tag{2.47}$$

式中，ρ、p、T 分别表示流体的密度、压力和温度。由式(2.47)得

$$\mathrm{d}\rho = \frac{\partial \rho}{\partial p}\mathrm{d}p + \frac{\partial \rho}{\partial T}\mathrm{d}T \tag{2.48}$$

若流体的状态 $(\rho,\ p,\ T)$ 与某参考状态 $(\rho_s,\ p_s,\ T_s)$ 偏离不大，式(2.48)可近似写为

$$\frac{\rho - \rho_s}{\rho_s} = \alpha(p - p_s) - \beta(T - T_s) \tag{2.49}$$

其中，

$$\alpha = \frac{1}{\rho_s}\left(\frac{\partial \rho}{\partial p}\right)_s, \qquad \beta = -\frac{1}{\rho_s}\left(\frac{\partial \rho}{\partial T}\right)_s$$

α、β 分别称为该参考状态下流体的等温膨胀系数和等压膨胀系数。在 Boussinesq 近似适用的那些流动中，压力变化对密度的影响远小于温度变化对密度的影响，因而，

$$\frac{\rho - \rho_s}{\rho_s} \approx -\beta(T - T_s) \tag{2.50}$$

若流体是理想气体，状态方程可写为 $\rho = p/RT$，R 是气体常数。在这种情况下，$\beta = 1/T_s$，因而，

$$\frac{\rho - \rho_s}{\rho_s} \approx -\frac{T - T_s}{T_s} \tag{2.51}$$

2.5.2 有浮力湍流流动的平均动量方程和能量方程

在有浮力的湍流流动中，ρ、p、T 都是不规则的随机量。对于 Boussinesq 近似适用的流动，湍流不规则运动的连续方程、动量方程和能量方程可写为

$$\frac{\partial \tilde{u}_j}{\partial x_j} = 0 \tag{2.52}$$

$$\rho_s\left(\frac{\partial \tilde{u}_i}{\partial t} + \tilde{u}_k \frac{\partial \tilde{u}_i}{\partial x_k}\right) = -\frac{\partial \tilde{p}}{\partial x_i} + \tilde{\rho} g_i + \mu \frac{\partial^2 \tilde{u}_i}{\partial x_k \partial x_k} \tag{2.53}$$

$$\rho_s c_p\left(\frac{\partial \tilde{T}}{\partial t} + \tilde{u}_k \frac{\partial \tilde{T}}{\partial x_k}\right) = \kappa \frac{\partial^2 \tilde{T}}{\partial x_k \partial x_k} + \mu\left(\frac{\partial \tilde{u}_i}{\partial x_k}\frac{\partial \tilde{u}_i}{\partial x_k} + \frac{\partial \tilde{u}_i}{\partial x_k}\frac{\partial \tilde{u}_k}{\partial x_i}\right) + \Phi \tag{2.54}$$

式中，ρ_s 是某一参考密度；μ、κ、c_p 分别为流体的动力黏性系数、热传导系数和比定压热容。式(2.54)中的 Φ 表示除黏性耗散热外其他形式的热源（例如，辐射热源或化学反应热源）。若取静态流体的密度和压力 ρ_s 和 p_s 为参考密度和压力，流体的静力学方程为

$$\frac{\partial p_s}{\partial x_i} = \rho_s g_i \tag{2.55}$$

由式(2.53)减式(2.55)，可得

$$\rho_s\left(\frac{\partial \tilde{u}_i}{\partial t} + \tilde{u}_k \frac{\partial \tilde{u}_i}{\partial x_k}\right) = -\frac{\partial \tilde{P}}{\partial x_i} + (\tilde{\rho} - \rho_s) g_i + \mu \frac{\partial^2 \tilde{u}_i}{\partial x_k \partial x_k} \tag{2.56}$$

式中，$\tilde{P} = \tilde{p} - p_s$，即动态压力与静态压力之差，称为运动流体的"附加压力"；$(\tilde{\rho} - \rho_s) g_i$ 是作用于单位流体体积上的浮力。将式(2.50)代入式(2.56)，得

$$\frac{\partial \tilde{u}_i}{\partial t} + \tilde{u}_k \frac{\partial \tilde{u}_i}{\partial x_k} = -\frac{1}{\rho_s}\frac{\partial \tilde{P}}{\partial x_i} - \beta \tilde{\vartheta} g_i + \nu \frac{\partial^2 \tilde{u}_i}{\partial x_k \partial x_k} \tag{2.57}$$

式中，$\tilde{\vartheta} = \tilde{T} - T_s$；$\nu = \mu/\rho_s$。对连续方程和动量方程作雷诺平均，即将湍流不规则运动的

瞬时量表示为其平均值和相应脉动值之和,如 $\tilde{u}_i = U_i + u_i$, $\tilde{P} = P + p$, $\tilde{\vartheta} = \Theta + \vartheta$,代入式(2.52)和式(2.57),然后两边取系综平均,就得到有浮力湍流流动的平均连续方程和平均动量方程:

$$\begin{cases} \dfrac{\partial U_j}{\partial x_j} = 0 \\ \dfrac{\partial U_i}{\partial t} + U_k \dfrac{\partial U_i}{\partial x_k} = -\dfrac{1}{\rho}\dfrac{\partial P}{\partial x_i} - \beta\Theta g_i + \nu\dfrac{\partial^2 U_i}{\partial x_k \partial x_k} - \dfrac{\partial \overline{u_i u_k}}{\partial x_k} \end{cases} \tag{2.58}$$

式中,P 是平均压力与参考压力之差;Θ 是平均温度与参考温度之差。式(2.58)右边第二项是作用于单位流体质量上的浮力,反映温度变化对湍流平均运动的影响。

为了确定平均温度场 $\Theta(x_i, t)$,需要导出统计平均的能量方程。式(2.54)可写为

$$\frac{\partial \tilde{\vartheta}}{\partial t} + \frac{\partial \tilde{u}_k \tilde{\vartheta}}{\partial x_k} = \frac{\kappa}{\rho_s c_p}\frac{\partial^2 \tilde{\vartheta}}{\partial x_k \partial x_k} + \frac{\mu}{\rho_s c_p}\left(\frac{\partial \tilde{u}_i}{\partial x_k}\frac{\partial \tilde{u}_i}{\partial x_k} + \frac{\partial \tilde{u}_i}{\partial x_k}\frac{\partial \tilde{u}_k}{\partial x_i}\right) + \frac{\Phi}{\rho_s c_p} \tag{2.59}$$

将式(2.59)中的温度和速度分解为相应的平均量和脉动量,然后对方程两边取系综平均,就得到有浮力湍流流动的平均能量方程:

$$\frac{\mathrm{D}\Theta}{\mathrm{D}t} = \underbrace{\frac{\kappa}{\rho_s c_p}\frac{\partial^2 \Theta}{\partial x_k \partial x_k}}_{\mathrm{I}} \underbrace{- \frac{\partial}{\partial x_k}\overline{u_k \vartheta}}_{\mathrm{II}} + \underbrace{\frac{\mu}{\rho_s c_p}\left(\frac{\partial U_i}{\partial x_k}\frac{\partial U_i}{\partial x_k} + \frac{\partial U_i}{\partial x_k}\frac{\partial U_k}{\partial x_i}\right)}_{\mathrm{III}} + \underbrace{\frac{\varepsilon^*}{c_p}}_{\mathrm{IV}} + \underbrace{\frac{\Phi}{\rho_s c_p}}_{\mathrm{V}} \tag{2.60}$$

式中,左边表示平均温度在平均流场中的质点导数。方程右边各项分别为下列因素导致的平均温度增率:I 平均温度梯度引起的热传导;II 湍流速度脉动引起的热输运;III 平均动能的黏性耗散;IV 湍流动能的黏性耗散[ε^* 的表达式见式(2.26)];V 外加热源。由于动能的黏性耗散主要发生于小尺度的涡,式(2.60)中的 III 相对于 IV 通常是可以忽略的。另外,考虑到式(2.28),因而平均能量方程可写为

$$\frac{\partial \Theta}{\partial t} + U_k\frac{\partial \Theta}{\partial x_k} = \frac{\kappa}{\rho_s c_p}\frac{\partial^2 \Theta}{\partial x_k \partial x_k} - \frac{\partial}{\partial x_k}\overline{u_k \vartheta} + \frac{\varepsilon}{c_p} + \frac{\Phi}{\rho_s c_p} \tag{2.61}$$

式中,ε 为湍动能耗散率,在无其他热源 Φ 的流动中,它是主要热源。

2.5.3 有浮力湍流流动的雷诺应力、湍动能方程及湍动能耗散率方程

2.4 节建立了雷诺应力 $\overline{u_i u_j}$、湍动能 k 及湍动能耗散率 ε 的输运方程。显然,在有浮力作用的情况下,这些方程应该由含浮力的动量方程式(2.57)和式(2.58)出发来建立。这样得到的有浮力流动的相应方程如下。

(1) $\overline{u_i u_j}$–方程:在方程(2.23)右边增加一个浮力相关的源项 $-\beta(g_i\overline{u_j\vartheta} + g_j\overline{u_i\vartheta})$,即

$$\begin{aligned} \frac{\mathrm{D}\overline{u_i u_j}}{\mathrm{D}t} = {} & \frac{\partial}{\partial x_k}\left(\nu\frac{\partial \overline{u_i u_j}}{\partial x_k} - \overline{u_i u_j u_k} - \frac{1}{\rho}\overline{u_i p}\delta_{jk} + \frac{1}{\rho}\overline{u_j p}\delta_{ik}\right) - \beta(g_i\overline{u_j\vartheta} + g_j\overline{u_i\vartheta}) \\ & - \left(\overline{u_k u_j}\frac{\partial U_i}{\partial x_k} + \overline{u_k u_i}\frac{\partial U_j}{\partial x_k}\right) + \frac{2}{\rho}\overline{p s_{ij}} - 2\nu\overline{\frac{\partial u_i}{\partial x_k}\frac{\partial u_j}{\partial x_k}} \end{aligned} \tag{2.62}$$

（2）k-方程：在式(2.25)右边增加一个浮力导致的源项 $-\beta g_j\overline{u_j\vartheta}$，即

$$\frac{\mathrm{D}k}{\mathrm{D}t}=-\overline{u_iu_k}\frac{\partial U_i}{\partial x_k}-\frac{\partial}{\partial x_k}\left(\frac{1}{2}\overline{u_iu_iu_k}-\frac{1}{\rho}\overline{pu_k}-\nu\frac{\partial k}{\partial x_k}\right)-\nu\overline{\frac{\partial u_i}{\partial x_k}\frac{\partial u_i}{\partial x_k}}-\beta g_j\overline{u_j\vartheta} \tag{2.63}$$

（3）ε-方程：在有浮力作用的情况下，ε-方程的导出结果在式(2.46)右边也应增加了一个源项：

$$\varepsilon_{i\vartheta}=-2\beta\nu g_i\overline{\frac{\partial u_i}{\partial x_k}\frac{\partial\vartheta}{\partial x_k}}$$

但是，$\varepsilon_{i\vartheta}$ 是与最小尺度范畴的涡运动相关的量，而在充分发展湍流中小尺度范畴的运动可视为各向同性的。若这个范畴内的湍流具有宇称不变性，则根据与式(2.36)相同的证明，$\varepsilon_{i\vartheta}=0$。

2.5.4 有浮力流动的湍流热通量输运方程

为了建立在有浮力作用的情况下湍流平均量方程的封闭模式，有必要导出湍流热通量 $\overline{u_i\vartheta}$ 的输运方程。将式(2.57)乘以 $\tilde{\vartheta}$，式(2.59)乘以 $\tilde{u}_i$，两式相加并作系综平均，再由所得等式减去平均量的相应等式，就得到*湍流热通量输运方程*：

$$\frac{\mathrm{D}\overline{u_i\vartheta}}{\mathrm{D}t}=-\frac{\partial}{\partial x_j}\Bigg(\underbrace{\overline{u_iu_j\vartheta}}_{\mathrm{I}}+\underbrace{\frac{\overline{p\vartheta}}{\rho}\delta_{ij}}_{\mathrm{II}}\underbrace{-\nu\overline{\vartheta\frac{\partial u_i}{\partial x_j}}-\lambda\overline{u_i\frac{\partial\vartheta}{\partial x_j}}}_{\mathrm{III}}\Bigg)\underbrace{-\left(\overline{u_j\vartheta}\frac{\partial U_i}{\partial x_j}+\overline{u_iu_j}\frac{\partial\Theta}{\partial x_j}\right)}_{\mathrm{IV}}$$
$$\underbrace{-\beta g_i\overline{\vartheta^2}}_{\mathrm{V}}+\underbrace{\overline{\frac{p}{\rho}\frac{\partial\vartheta}{\partial x_i}}}_{\mathrm{VI}}\underbrace{-\overline{\frac{\nu}{c_p}u_i\left(\frac{\partial u_k}{\partial x_j}\frac{\partial u_k}{\partial x_j}-\frac{\partial u_j}{\partial x_k}\frac{\partial u_k}{\partial x_j}\right)}}_{\mathrm{VII}} \tag{2.64}$$

式中，$\lambda=\kappa/c_p\rho$。式(2.64)左边两项表示 $\overline{u_i\vartheta}$ 在平均流场中的质点导数。方程右边各项的物理意义如下：I~III 项分别为速度脉动、压力脉动和分子运动引起的 $\overline{u_i\vartheta}$ 的扩散率；VI 是平均应变率和平均温度梯度引起的 $\overline{u_i\vartheta}$ 的生成率；V 是浮力引起的 $\overline{u_i\vartheta}$ 的生成率；VI 是压力脉动与温度梯度脉动的关联，以后我们会了解，这一项对于湍流热输运的变化至关重要；最后一项 VII 是湍动能耗散引起的 $\overline{u_i\vartheta}$ 的生成率。

为了确定式(2.64)右边的第五项 V，有必要导出温度脉动均方值 $\overline{\vartheta^2}$ 的输运方程。由式(2.59)减式(2.60)可得温度脉动 ϑ 的输运方程：

$$\frac{\mathrm{D}\vartheta}{\mathrm{D}t}=\lambda\frac{\partial^2\vartheta}{\partial x_j\partial x_j}+\frac{\partial}{\partial x_j}\overline{u_j\vartheta}+\frac{\partial}{\partial x_j}(u_j\Theta+u_j\vartheta)$$
$$+\frac{1}{\rho c_p}\left(\tau_{ij}\frac{\partial u_i}{\partial x_j}+\tau'_{ij}\frac{\partial U_i}{\partial x_j}+\tau'_{ij}\frac{\partial u_i}{\partial x_j}+\overline{\tau'_{ij}\frac{\partial u_i}{\partial x_j}}\right) \tag{2.65}$$

式中，τ_{ij} 和 τ'_{ij} 分别为平均切应力和切应力脉动。将式(2.65)两边乘以 2ϑ，然后作系综平

均,就得到温度脉动均方值的输运方程:

$$\frac{\mathrm{D}\overline{\vartheta^2}}{\mathrm{D}t}=-\frac{\partial}{\partial x_j}\left(\overline{u_j\vartheta^2}-\lambda\frac{\partial\overline{\vartheta^2}}{\partial x_j}\right)-2\overline{u_j\vartheta^2}\frac{\partial\Theta}{\partial x_j}-2\lambda\overline{\frac{\partial\vartheta}{\partial x_j}\frac{\partial\vartheta}{\partial x_j}}+\frac{2}{\rho c_p}\overline{\vartheta\Phi'} \tag{2.66}$$

其中,

$$\Phi'=\tau_{ij}\frac{\partial u_i}{\partial x_j}+\tau'_{ij}\frac{\partial U_i}{\partial x_j}+\tau'_{ij}\frac{\partial u_i}{\partial x_j}$$

但是,式(2.66)中又出现了新的二阶关联量,如温度脉动均方值的耗损项:

$$\varepsilon_\vartheta=2\lambda\overline{\frac{\partial\vartheta}{\partial x_j}\frac{\partial\vartheta}{\partial x_j}}$$

将式(2.65)两边对 x_j 求偏导数,然后乘以 $2\lambda\partial\vartheta/\partial x_j$,再作系综平均,又可得 ε_ϑ 的输运方程:

$$\begin{aligned}\frac{\mathrm{D}\varepsilon_\vartheta}{\mathrm{D}t}=&-\frac{\partial}{\partial x_j}\left(\lambda\overline{u_i\frac{\partial\vartheta}{\partial x_j}\frac{\partial\vartheta}{\partial x_i}}-\lambda\frac{\partial\varepsilon_\vartheta}{\partial x_j}\right)-2\lambda\frac{\partial U_j}{\partial x_i}\overline{\frac{\partial\vartheta}{\partial x_i}\frac{\partial\vartheta}{\partial x_j}}-2\lambda\frac{\partial^2\Theta}{\partial x_i\partial x_j}\overline{u_j\frac{\partial\vartheta}{\partial x_i}}\\&-2\lambda\overline{\frac{\partial u_j}{\partial x_i}\frac{\partial\vartheta}{\partial x_i}\frac{\partial\vartheta}{\partial x_j}}-2\lambda\overline{\frac{\partial^2\vartheta}{\partial x_i\partial x_j}\frac{\partial^2\vartheta}{\partial x_i\partial x_j}}+\overline{\frac{2\lambda}{\rho c_p}\frac{\partial\Phi'}{\partial x_i}\frac{\partial\vartheta}{\partial x_i}}\end{aligned} \tag{2.67}$$

在式(2.65)和式(2.66)中还有某些新的二阶关联量和三阶关联量。导出这些关联量的方程,必然还会出现新的和更高阶的关联量。这样推导下去,永远不可能得到一个封闭的方程体系。这就是湍流的封闭问题在理论上始终未能解决的原因。但是,就有浮力的湍流流动而言,ε_ϑ 仅出现在 $\overline{\vartheta^2}$ 的输运方程中,而 $\overline{\vartheta^2}$ 仅出现在 $\overline{u_i\vartheta}$ 的输运方程中;$\overline{u_i\vartheta}$ 影响平均温度分布 $\Theta(x_i,t)$,而最后 $\Theta(x_i,t)$ 才影响流动的平均速度分布 $U_j(x_i,t)$ 和平均压力分布 $P(x_i,t)$。在以上任何一个环节做出合理的近似,就可以得到平均流动的封闭方程组,从而避免推导和求解复杂的关联量的输运方程,这正是湍流模式要解决的问题。

2.6　关于本章的几点注记

本章导出了不可压缩流体湍流不规则运动在空间一点的一阶统计矩和二阶统计矩方程。关于这些方程,以下事实值得注意。

(1) 所有这些统计平均方程都是根据不可压缩流体运动的 N-S 方程导出的。

(2) 在统计平均的意义上,这些方程是精确的,没有引入模化近似假设。

(3) 统计平均掩盖了湍流脉动的细节,用统计平均方程不能描述湍流中物理量的脉动过程。

(4) 这些统计平均方程是用系综平均方法导出的。这意味着,我们认为湍流不规则运动是完全无序的随机运动,因而用这些方程不能描述湍流中的拟序结构。除非,湍流中拟序结构有一定的周期性，系综平均可由相平均替代。

(5) 这些统计平均方程，包括可能导出的三阶、四阶甚至更高阶的统计矩方程，都不能构成一个封闭的方程体系。因为，在湍流的一阶统计矩方程中包含了其二阶统计矩(如雷诺应力张量)；在二阶统计矩方程中又包含了其三阶统计矩和其他新的关联量(如压力脉动与变形率脉动的关联等)；如果导出三阶统计矩方程，其中又必然包含其四阶统计矩和更多新的关联量[8]；以此类推，永无止境。也就是说，雷诺平均理论面临着*湍流封闭问题*，这正是本书要讨论的湍流模式理论。

(6) 如果我们主要关心湍流的平均运动，则可设想，湍流的($n+1$)阶统计矩对湍流平均运动的影响要远小于 n 阶统计矩的影响。这就是所谓的*影响递减原理*(principle of receding influence)。

(7) 在一般情况下考虑流体密度和温度的变化，将使湍流的一阶统计矩和二阶统计矩方程变得更为复杂。如果在 Boussinesq 近似的前提下只考虑温度变化引起的浮力影响，则问题的复杂性主要体现在平均动量方程中出现平均温度场的作用。这时，平均动量方程和平均能量方程需要联立求解。而平均能量方程中又将出现像湍流热通量这样的表示*湍流标量输运*的二阶关联量。为了描述这些新的未知关联量，需要引入新的统计矩方程。

(8) 对于不可压缩流体的湍流，空间一点的压力脉动瞬时地、非局部地取决于整个(包括其边界在内)的速度场。因此，湍流统计矩方程中与压力脉动有关的关联项具有*非局域性*(nonlocal)。空间一点的统计矩方程(以及基于一点统计矩方程的湍流模式)不可能准确地表示这种非局域特性。

湍流方程不封闭的根源在于 N－S 方程本质上的非线性特性。从哲学上说，这个世界也是一个开放系统，但又实实在在地存在。湍流也一样，平均方程虽不封闭，但湍流也是实实在在地存在；正因为此，湍流方程是可以封闭的，封闭解存在。从下一章开始，我们将讨论如何封闭雷诺应力的不可压湍流的模式理论，并有专门章节讨论可压缩湍流模式。

第 3 章
基于涡黏性假设的湍流模式

Boussinesq 的涡黏性假设和 Prandtl 的混合长度假设早在湍流研究的初期就已提出。基于这两个假设的湍流模式至今仍在工程设计中广泛应用。本章首先阐明涡黏性假设和混合长度假设的基本思想，介绍适用于简单剪切流动的代数涡黏性模式，包括 Cebeci－Smith 模式和 Baldwin－Lomax 模式。对于较复杂的湍流流动，给出了由一个或两个偏微分方程来确定涡黏性的湍流模式(即一方程模式和二方程模式)，包括基准 $k-\varepsilon$ 模式、基准 $k-\omega$ 模式、剪切应力输运模式和 Spalart－Allmaras 模式，阐明了建立这些模式的理论基础、模式常数的标定、模式在不同情况下的修正形式及应用范例。

学习要点：

(1) 理解涡黏性假设和混合长度假设；

(2) 理解湍流边界层的分层结构与近壁特性；

(3) 掌握基准 $k-\varepsilon$ 模式和基准 $k-\omega$ 模式的推导过程。

3.1 涡黏性假设和混合长度假设

3.1.1 涡黏性假设

涡黏性湍流模式是工程湍流问题中应用最为广泛的一种十分实用的湍流模式，其实质是通过建立涡黏性概念在雷诺应力与平均速度梯度或应变率之间建立一定的本构关系。

对于简单的湍流剪切流动，Boussinesq 早在 1877 年[2]就提出了涡黏性(eddy viscosity，或称“湍流黏性”)的设想。所谓简单的湍流剪切流动，是指只有一个剪切变形率分量起主要作用的湍流流动。例如，二维湍流混合层、二维或轴对称湍流射流、二维或轴对称湍流尾迹、平壁面上的二维湍流边界层等。就这类流动而言，当雷诺数足够大时，流向平均速度 U_1 远大于横向平均速度 U_2，且剪切变形率分量 $\partial U_1/\partial x_2$ 远大于其他变形率分量，这里，x_2 是横向坐标。同时，这类流动只有雷诺切应力分量 $-\rho\overline{u_1u_2}$ 对平均流动起

主要作用。对于这类流动,Boussinesq 仿照牛顿流体的摩擦定律,提出了湍流的涡黏性假设:

$$\rho\overline{u_1u_2} = -\mu_t\partial U_1/\partial x_2 \tag{3.1}$$

式中,μ_t 称为涡黏性系数或湍流黏性系数。

在一般情况下,对于更复杂的湍流流动,仿照广义的牛顿定律,可进一步假设雷诺应力张量与平均变形率张量有如下关系:

$$\overline{u_iu_j} = \frac{2}{3}k\delta_{ij} - \nu_t\left(\frac{\partial U_i}{\partial x_j} + \frac{\partial U_j}{\partial x_i}\right) \tag{3.2}$$

式中,k 是单位质量流体的湍流动能;δ_{ij} 是 Kronecker 符号;$\nu_t = \mu_t/\rho$ 是运动涡黏性系数。式(3.2)即广义的涡黏性假设。对于不可压缩流动,在式(3.2)中作下标约缩(即令 $i=j$),就得到 $\overline{u_iu_i} = 2k$。这与 k 的定义是一致的。

涡黏性假设将湍流计算中如何确定雷诺应力张量的问题归结为如何确定一个标量 ν_t。当然,对于复杂的湍流流动,这个假设是过于简单了。原因包括:① 由于湍流的非局域性,即空间任一点的湍流状态都瞬时地取决于整个流动空间及其边界上的流动状态,理论上并不存在雷诺应力张量与平均变形率张量之间在空间每一点的本构关系;② 即使在某些特定条件下近似地存在这种关系,也不能说涡黏性就如式(3.2)所预示的那样是各向同性的。但是,对于不太复杂的湍流流动,基于涡黏性假设的湍流模式的预测精度尚能满足工程设计的要求。因此,这类模式至今仍是工程技术界广泛应用的湍流模式。

建立湍流的涡黏性模式,首先要用湍流的尺度变量(scale variables)来近似地表示涡黏性系数 ν_t。在第 1 章中,我们提到过,湍流具有多尺度的特性。粗略地说,湍流流动至少包含三种典型尺度,即平均流动的尺度、湍流惯性区含能涡的尺度和耗散涡的尺度(又称 Kolmogorov 尺度)。对于远离固体壁面的充分发展的湍流,可以合理地假设,湍流运动的特性主要取决于其惯性区含能涡的长度尺度 l 和时间尺度 τ。由量纲分析可知

$$\nu_t \propto l^2\tau^{-1};\quad k \propto l^2\tau^{-2};\quad \varepsilon \propto l^2\tau^{-3};\quad \overline{\omega_i\omega_i}/2 \propto \tau^{-2};\quad \cdots \tag{3.3}$$

k、ε 和 $\overline{\omega_i\omega_i}/2$ 分别为单位质量流体的湍动能、湍动能耗散率和拟涡能。按式(3.3),l、τ、k、ε 和 $\overline{\omega_i\omega_i}/2$ 中的任何两个变量,或由这些变量构成的任何两个独立因式,都可作为湍流的尺度变量来确定 ν_t。例如,

$$\nu_t = C_1\sqrt{k}\,l = C_2k^2/\varepsilon = C_3k/(\overline{\omega_i\omega_i}/2)^{1/2} = \cdots \tag{3.4}$$

这里,C_1、C_2、C_3…表示不同的常数。目前常用的湍流模式,如 $k-l$ 模式(Kolmogorov[30];Rodi 和 Spalding[31])、$k-\varepsilon$ 模式(Jones 和 Launder[32];Launder 和 Spalding[6])、$k-\omega$ 模式($\omega = \sqrt{\omega_i\omega_i}$;Saffman 和 Wilcox[33];Wilcox[34])等,就是用其名称中的两个尺度变量构成的。我们注意到,上述这些模式的第一个尺度变量都选取为 k,这是因为:

(1) $\sqrt{k}$ 是湍流惯性区含能涡速度脉动的最佳尺度;

(2) k 的输运方程中的各项有明确的物理意义且容易模化;

(3) k 的量值容易在实验中测定。

这里要说明，在有些情况下上述单一尺度假设并不合理。最明显的例子是邻近固体壁面的湍流流动，在这种流动中，惯性区含能涡的尺度和耗散涡的尺度都对湍流运动的特性有重要作用。一般来说，湍流的长度尺度和时间尺度都有连续分布的、频带很宽的谱，不同尺度运动之间的相互作用与湍动能的谱分布有关。对于接近谱平衡的湍流流动，单一尺度湍流模式的应用有许多成功的算例；对于非平衡的湍流流动，单一尺度模式还有待改进。为此，本书后面还要讨论多尺度湍流模式。

3.1.2 混合长度假设

最简单的涡黏性湍流模式是 Prandtl[3] 提出的混合长度假设(mixing-length hypothesis)。既然 Boussinesq 仿照牛顿流体的内摩擦定律提出了湍流涡黏性的概念，Prandtl 进一步将湍流运动与气体分子运动相类比，并由此建立了确定湍流涡黏性的简单模式。混合长度假设的基本思想是：在湍流运动中，设想小尺度的涡随流体微团类似气体分子那样作离散运动。这些流体微团只在经过一个有效距离后才实现与周围流体微团的动量交换。这个有效距离的平均值称为混合长度。根据气体分子动力理论，气体的运动黏性系数可表示为

$$\nu = K\bar{c}\lambda \tag{3.5}$$

式中，$\bar{c}$ 是分子运动的平均速度；λ 是分子运动的平均自由程；K 是一个常数。例如，对于一个大气压、15℃的空气，$\bar{c} = 340\ \mathrm{m/s}$，$\lambda = 7 \times 10^{-8}\ \mathrm{m}$，若取 $K = 0.499$，则有 $\nu = 1.2 \times 10^{-5}\ \mathrm{m^2/s}$。与式(3.5)类比，对于简单的湍流剪切流动，可将涡黏性系数表示为

$$\nu_{\mathrm{t}} = Cv^{*}l \tag{3.6}$$

式中，v^{*} 是法向速度脉动的尺度；l 是混合长度；C 是一个常数。

现在，我们来解释混合长度假设的物理含义。假设有一个统计定常和统计均匀的湍流剪切流动，这个流动只有 x 方向的纵向平均速度分量 U，且 U 只随法向坐标 y 变化(图 3.1)。在 t 时刻，位于坐标(x, y, z)处的单位体积的流体微团具有纵向动量分量 $\rho\tilde{u}(x, y, z, t)$，$\tilde{u}$ 表示湍流不规则运动的流向速度分量。由于湍流脉动，这个流体微团在 $t+\Delta t$ 时刻运动至坐标$(x+\Delta x, y+\Delta y, z+\Delta z)$，且在此 Δt 时间内不改变其原有动量，则在 $t+\Delta t$ 时刻这个流体微团相对于周围流体的动量亏缺(momentum defect)为

$$\Delta m = \rho\tilde{u}(x+\Delta x, y+\Delta y, z+\Delta z, t+\Delta t) - \rho\tilde{u}(x, y, z, t) \tag{3.7}$$

将式(3.7)中的瞬时速度分量分解为其平均量和相应脉动量，且相对于平均动量忽略动量脉动，则有

$$\Delta m = \rho U(y+\Delta y) - \rho U(y) \approx \rho\Delta y\frac{\partial U}{\partial y} \tag{3.8}$$

由湍流脉动引起的通过单位面积法向输运的体积流量为 v，因此，单位时间、通过单位面积湍流脉动引起 $y+\Delta y$ 处的流向动量亏缺的统计平均值，也就是雷诺切应力分量，应为

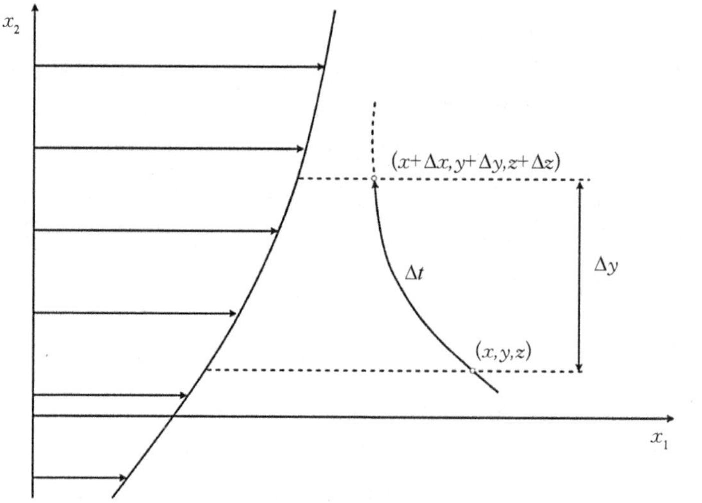

图 3.1　湍流运动引起的动量输运

$$-\rho\overline{uv}=\rho\overline{v\Delta y}\frac{\partial U}{\partial y} \tag{3.9}$$

这里,平均值符号$\overline{(\quad)}$表示对所有自坐标 y 出发作法向脉动的流体微团取系综平均。不同的流体微团在不改变其动量的前提下所能经历的距离是不同的,假设这个距离的平均值就是混合长度 l,又假设 $v^{*}=(\overline{v^2})^{1/2}$,则可认为

$$-\rho\overline{uv}=C\rho v^{*}l\frac{\partial U}{\partial y} \tag{3.10}$$

式中,C 是一个常数。这样,就得到了式(3.6)所表示的涡黏性系数,即 $\nu_t=Cv^{*}l$。

雷诺应力 $-\rho\overline{uv}$ 是空间一点两个速度脉动分量的相关量。若 $\overline{uv}\neq 0$,称 u 和 v 是相关的;若 $\overline{uv}=0$,则称 u 和 v 是不相关的。在剪切湍流中,一般而言,空间一点的两个速度脉动分量是相关的。这里有深刻的物理机制。大体上说,若 $\partial U/\partial y>0$(图 3.1),当低速层的流体微团由于湍流脉动向高速层运动时,将形成高速层的速度亏缺,即 $v>0$, $u<0$;反之,当高速层的流体微团由于湍流脉动向低速层运动时,则有 $v<0$, $u>0$。因而总有 $\overline{uv}<0$。同理,若 $\partial U/\partial y>0$,则总有 $\overline{uv}>0$。定义 u 和 v 的相关系数为

$$C_{uv}=\overline{uv}\Big/\sqrt{\overline{u^2}\ \overline{v^2}} \tag{3.11}$$

显然,$-1<C_{uv}<1$。对于简单的剪切湍流,实验表明,$C_{uv}\approx 0.4$。由式(3.11)得

$$-\rho\overline{uv}=-C_{uv}\rho u^{*}v^{*} \tag{3.12}$$

这里,$u^{*}=\sqrt{\overline{u^2}}$、$v^{*}=\sqrt{\overline{v^2}}$ 分别为 u 和 v 的均方根值。在离固体壁面较远的充分发展湍流中,u^{*} 和 v^{*} 有相同的量级,因而可将式(3.12)写为

$$-\rho\overline{uv} = C_1\rho v^{*2} \tag{3.13}$$

比较式(3.10)和式(3.13),则有

$$v^{*} = C_2 l\partial U/\partial y \tag{3.14}$$

或

$$-\rho\overline{uv} = \rho l^2\left|\frac{\partial U}{\partial y}\right|\frac{\partial U}{\partial y} \tag{3.15}$$

式(3.15)中应出现的常数 C_1 和 C_2 已被吸收于尺度变量 l 中;而该式右边所加的绝对值符号是为了使雷诺应力 $-\rho\overline{uv}$ 与变形率分量 $\partial U/\partial y > 0$ 同号。由式(3.15),可得

$$\nu_t = l^2\frac{\partial U}{\partial y} \tag{3.16}$$

式(3.16)就是 Prandtl 提出的确定湍流涡黏性的混合长度模式。

3.2　代数涡黏性模式

代数涡黏性模式又称零方程涡黏性模式,这类模式只用代数方程而不用微分方程来确定涡黏性系数(“零方程”的意思是指在模式中用到的微分方程的数目为零)。代数涡黏性模式通常都是在混合长度假设式(3.16)的基础上发展起来的。这里只讨论两个常用的适用于有固壁限制的流动的代数涡黏性模式,即 Cebeci - Smith 模式和 Baldwin - Lomax 模式。在提出这两个模式之前,有必要回顾固壁附近湍流流动的一般性质。

3.2.1　二维湍流边界层的分层结构

实验结果表明,湍流边界层大体上可视为由紧靠固体壁面的*内层*和离壁面较远的*外层*构成。内层的流动主要取决于当地的壁面条件。例如,对于*沿光滑平壁面*的二维流动,内层的切向平均速度分量 U 取决于壁面上的切应力 τ_w、流体的密度 ρ、流体的黏性系数 μ 及与壁面的距离 y。根据量纲分析,内层的平均速度分布可写为

$$U^+ = f_1(y^+) \tag{3.17}$$

这里,

$$U^+ = U/u_\tau,\qquad y^+ = yu_\tau/\nu,\qquad u_\tau = \sqrt{\tau_w/\rho}$$

u_τ 称为*摩擦速度*,y^+ *是一个通常用来表示近壁流动中一点与壁面距离的无量纲量*。式(3.17)给出的速度分布形式称为*壁面律*(law of the wall)。湍流边界层外层的流动强烈地受上游流动的影响,它对流向压力梯度、边界层外部流体的裹入和湍流间歇性等因素的影响也很敏感,因而外层流动的性质比内层流动要复杂得多。在外层,雷诺应力比黏性应力大得多,因而后者的作用可以忽略,黏性不再是直接起作用的因素。但是,壁面切应力 τ_w 通过边界层内层对外层流动的滞止作用仍不可忽略,这反映了黏性对外层流动的间接影响。式(3.17)表示,$y^+ = yu_\tau/\nu$ 是内层的一个相似变量,也称为*壁面单位*(wall unit),相当

于把 ν/u_τ 作为近壁内层的长度尺度。进入外层后，这个反映黏性作用的长度尺度不再适用，而边界层厚度 δ 自然应该是外层流动的长度尺度。此外，实验观察表明，湍流边界层外层流动的特性与绕物体流动的尾迹类似(Coles 和 Hirst[35])。因此，外层的速度分布用速度亏损 $(U_e - U)$ 来表示更便于得到相似律，这里，U_e 表示边界层外缘的切向速度分量。综合以上所述，应用量纲分析可将外层的速度分布写为

$$\frac{U_e - U}{u_\tau} = f_2\left(\frac{y}{\delta}, \frac{\delta}{\tau_w}\frac{dp}{dx}\right) \tag{3.18}$$

由式(3.18)给出的速度分布形式称为速度亏损律(law of the velocity defect)。由式(3.18)可见，在一般情况下，不能把外层的速度分布表示为单一曲线。但是，对于零压力梯度的边界层，$dp/dx = 0$，外层的速度分布和内层一样也可表示为单一曲线。

下面进一步讨论湍流边界层内层和外层的速度分布。

对于统计定常的不可压缩零压力梯度湍流边界层，其平均量的动量方程为

$$U\frac{\partial U}{\partial x} + V\frac{\partial U}{\partial y} = \frac{1}{\rho}\frac{\partial \tau}{\partial y} \tag{3.19}$$

式中，x 和 y 分别为平行和垂直于壁面的边界层坐标；U 和 V 分别为 x 和 y 方向的平均速度分量，$\tau = \mu\partial U/\partial y - \rho\overline{uv}$。若壁面无质量引射，由式(3.19)及连续方程可知

$$\partial\tau/\partial y\Big|_{y=0} = \partial^2\tau/\partial y^2\Big|_{y=0} = 0 \tag{3.20}$$

因此，在离壁面不远的距离内可认为

$$\tau \approx \tau_w \tag{3.21}$$

内层的范围为 $y/\delta \approx 10\% \sim 15\%$，故可认为近似等式(3.21)在内层中成立。

通过实验考察发现，湍流边界层的内层又可分为三个次层，即紧贴壁面的黏性次层 $(0 \leqslant y^+ \leqslant 5)$、离壁面稍远的完全湍流层 $(50 \leqslant y^+ < 500)$ 和介于二者之间的过渡层(buffer layer)。在黏性次层中，由于壁面对湍流脉动的限制，雷诺应力相对于黏性应力可以忽略，因而可取 $\tau = \mu\partial U/\partial y = \tau_w$。积分此式，就得到

$$U^+ = y^+ \qquad (0 \leqslant y^+ \leqslant 5) \tag{3.22}$$

这表明黏性次层中的平均速度分布是线性的。在完全湍流层中，黏性切应力相对于雷诺切应力可以忽略，因而可取 $\tau = -\rho\overline{uv} = \tau_w$。应用式(3.15)，并设 $l = \kappa y$，积分后可得到

$$U^+ = \frac{1}{\kappa}\ln y^+ + C \quad (50 \leqslant y^+ < 500) \tag{3.23}$$

可见完全湍流层中的平均速度随坐标 y 按对数规律分布，所以这一层又称为对数层。式(3.23)中的常数 κ 和 C 由实验确定。κ 称为卡门常数，通常取 $\kappa = 0.41$；对于光滑壁面，取 $C = 5.0$。在过渡层中，黏性应力和雷诺应力均不可忽略，因而这里的流动机制比较复杂。对于包含过渡层在内的整个内层，van Driest[36] 提出了一个半经验性的混合长度修正公式，即

$$l = \kappa y(1 - e^{-y^+/A^+}) \tag{3.24}$$

上式右边方括号中的函数称为 van Driest 阻尼函数，$A^+ = Au_\tau/\nu$。不难看出，当 $y^+ \ll A^+$ 时，$l \approx 0$；当 $y^+ \gg A^+$ 时，$l \to \kappa y$。与实验数据的最佳拟合给出 $A^+ = 26$。将式(3.24)代入式(3.15)，并应用式(3.21)，得

$$\nu \frac{\partial U}{\partial y} + \kappa^2 y^2 (1 - e^{-y/A})^2 \left(\frac{\partial U}{\partial y}\right)^2 = u_\tau \tag{3.25}$$

积分式(3.25)，可得如下无量纲速度的积分表达式：

$$U^+ = \int_0^{y^+} \frac{2}{1 + \sqrt{1 + 4a(y^+)}} dy^+ \tag{3.26}$$

其中，

$$a(y^+) = (\kappa y^+)^2 (1 - e^{-y^+/A^+})^2 \tag{3.27}$$

式(3.26)表示的速度分布，在包含黏性次层、过渡层和对数层在内的整个内层中，都与实验结果符合良好(图 3.2[37])。

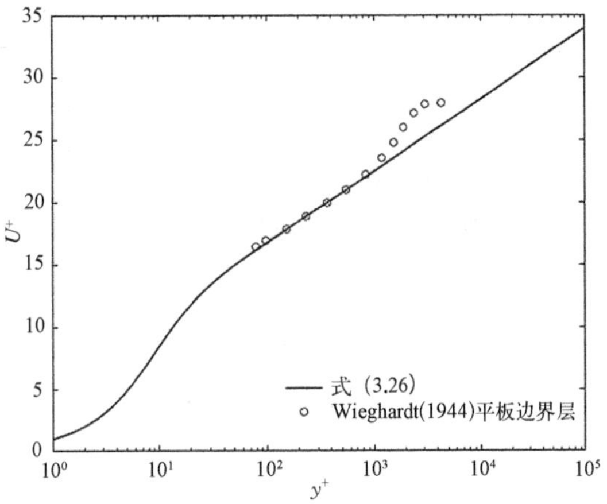

图 3.2　内层的平均速度分布

对于湍流边界层的外层，Clauser[38] 提出了一个类似在尾迹流动中应用混合长度假设得到的涡黏性公式，即

$$\nu_{to} = \alpha U_e \delta^* \tag{3.28}$$

式中，ν_{to} 是外层的运动涡黏性系数；U_e 是边界层外缘的切向速度分量；δ^* 是边界层的位移厚度，其定义为

$$\delta^* = \int_0^\delta (1 - U/U_e) dy \tag{3.29}$$

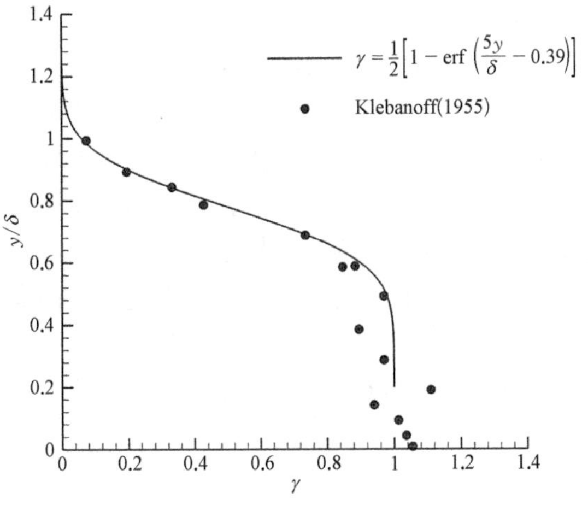

图 3.3　光滑平板湍流边界层内间歇系数 γ 的分布

α 是一个常数，通常取 $\alpha = 0.0168$。另外，湍流边界层的实际外边缘是极不规则的和非定常的界面。在接近边界层名义外边缘($y = \delta$)的空间位置上，流动在一段时间内是湍流的，在另一段时间内是层流的。这种在同一空间点湍流和层流交替变化的现象称为间歇现象。Townsend[39] 定义：就流场内一个固定的空间点而言，流动为湍流的时间占整个统计时间的百分比称为间歇系数。Klebanoff[40] 通过实验测得沿光滑平板湍流边界层内间歇系数 γ 的分布如图 3.3 所

示。根据 Klebanoff 的实验数据,可拟合得出如下经验公式:

$$\gamma(y,\ \delta)=\left[1+5.5\left(\frac{y}{\delta}\right)^{6}\right]^{-1} \tag{3.30}$$

3.2.2 Cebeci－Smith 模式

Cebeci－Smith 模式(Cebeci 和 Smith[41],以下简称 CS 模式)是一个针对二维湍流边界层建立起来的代数涡黏性模式。在这个模式中,把二维湍流边界层分为内层和外层,应用上节所述关于边界层分层结构的知识,分别给出这两层的涡黏性系数如下:

$$\nu_{t}=\begin{cases}\nu_{ti}, & y\leqslant y_{m}\\ \nu_{to}, & y>y_{m}\end{cases} \tag{3.31}$$

式中,ν_{ti} 和 ν_{to} 分别表示内层和外层的运动涡黏性系数;y_m 是相应于 $\nu_{ti}=\nu_{to}$ 的坐标 y 的最小值。

在内层:

$$\nu_{ti}=\kappa^{2}y^{2}(1-e^{-y^{+}/A^{+}})^{2}\left|\frac{\partial U}{\partial y}\right| \tag{3.32}$$

式中,$\kappa=0.40$,

$$A^{+}=26\left(1+y\frac{dP/dx}{\rho u_{\tau}^{2}}\right)^{-0.5} \tag{3.33}$$

x 和 y 分别为平行和垂直于壁面的边界层坐标;U 是 x 方向的平均速度分量;P 是平均压力;u_τ 是摩擦速度。

在外层:

$$\nu_{to}=\alpha U_{e}\delta^{*}\gamma(y,\ \delta) \tag{3.34}$$

式中,$\alpha=0.0168$;U_e 是边界层外缘 x 方向的平均速度分量;δ^* 是边界层的位移厚度[式(3.29)];$\gamma(y,\ \delta)$ 是 Klebanoff 间歇函数[式(3.30)]。

CS 模式的要点如下:① 在内层应用带 van Driest 阻尼函数的混合长度公式确定涡黏性系数;② 在外层应用 Clauser 的尾迹流动公式确定涡黏性系数;③ 在 A^+ 的表达式中作了流向压力梯度修正;④ 在外层涡黏性系数的表达式中作了湍流间歇性修正。这里要说明,用式(3.33)对 A^+ 所作的流向压力梯度修正不适用于充分发展的管流。在充分发展的管流中,$dP/dx<0$。在这种情况下,由式(3.33)得到的 A^+ 有可能为虚数。

另外,对于许多特殊情况,如可压缩流动、壁面有质量引射的流动、壁面有纵向或横向曲率的流动、沿粗糙壁面的流动及低雷诺数流动,CS 模式还可以在作相应的经验性修正后应用。修正后模式的表达式见 Cebeci 和 Smith 的 *Analysis of Turbulent Boundary Layers* 一书[41]。

3.2.3 Baldwin－Lomax 模式

对于不具有边界层性质的流动,例如分离流动,U_e、δ^* 和 δ 这些量很难确定,因而

Cebeci－Smith 模式无法应用。Baldwin－Lomax 模式如(Baldwin 和 Lomax[42],以下简称 BL 模式)就是为解决这个困难建立的。这个模式既可应用于计算湍流边界层问题,又可与雷诺平均的 N－S 方程耦合,应用于数值求解一般情况下的三维流动。

BL 模式也把壁面附近的流动分为内层和外层,分别如式(3.31)那样定义这两层流动的涡黏性系数。

在内层:

$$\nu_{ti} = \kappa^2 y^2 (1 - e^{-y^+/A^+})^2 |\Omega| \tag{3.35}$$

式中,$|\Omega|$ 是平均涡量的模。在三维流动中,

$$\Omega = \left[\left(\frac{\partial W}{\partial y} - \frac{\partial V}{\partial z}\right)^2 + \left(\frac{\partial U}{\partial z} - \frac{\partial W}{\partial x}\right)^2 + \left(\frac{\partial V}{\partial x} - \frac{\partial U}{\partial y}\right)^2\right]^{1/2} \tag{3.36}$$

对于二维流动,$\Omega = \partial V/\partial x - \partial U/\partial y$。对于二维边界层流动,$\Omega = \partial U/\partial y$,式(3.35)与 CS 模式中相应的式(3.32)完全相同。

在外层:

$$\nu_{to} = \alpha C_{cp} F_{wake} F_{Kleb}(y,\ y_{max}/C_{Kleb}) \tag{3.37}$$

式中,

$$F_{wake} = \min(y_{max} F_{max},\ C_{wk} y_{max} U_{dif}^2 / F_{max}) \tag{3.38}$$

$$F_{max} = \frac{1}{\kappa}[\max_{(y)}(l|\Omega|)] \tag{3.39}$$

y_{max} 是 $l|\Omega|$ 达到最大值处的 y 值。U_{dif} 是 $x = \text{const}$ 的某一截面上速度模的最大值与在 $y = y_{max}$ 处的值之差,即

$$U_{dif} = \left(\sqrt{U^2 + V^2 + W^2}\right)_{max} - \left(\sqrt{U^2 + V^2 + W^2}\right)_{y = y_{max}} \tag{3.40}$$

对于边界层流动,$U_{dif} = U_e$,U_e 是边界层外缘的切向的平均速度分量。F_{Kleb} 是 Klebanoff 间歇函数,即式(3.30)中的 γ,但其自变量 δ 要改换为 y_{max}/C_{Kleb},C_{Kleb} 是一个常数。也就是说:

$$F_{Kleb}(y,\ y_{max}/C_{Kleb}) = \left[1 + 5.5\left(\frac{C_{Kleb}\,y}{y_{max}}\right)^6\right]^{-1} \tag{3.41}$$

模式中的常数选取如下:

$$\begin{aligned} &\kappa = 0.40, \quad \alpha = 0.0168, \quad A^+ = 26 \\ &C_{cp} = 1.6, \quad C_{Kleb} = 0.30, \quad C_{wk} = 1.0 \end{aligned} \tag{3.42}$$

BL 模式的要点如下:① BL 模式是 CS 模式在一般三维流动中的推广,这里涉及的流动可能不具有边界层性质;② 外层的长度尺度用涡量表示,因而在 BL 模式中用 $C_{cp}F_{wake}$ 替代了 CS 模式中的 $U_e\delta^*$;③ 在 Klebanoff 间歇函数中,用 y_{max}/C_{Kleb} 替代了 CS 模式中的

δ; ④ BL 模式也可以用于计算湍流边界层问题,预测结果与 CS 模式基本上一致。

另外,BL 模式还可以用于计算可压缩的湍流流动[43]。对于可压缩流动,模式中的 ν_t 应写为 μ_t/ρ,而 $y^+ = \rho_w u_\tau y/\mu_w$。这里,$\rho$ 是密度变量,下标 w 表示壁面上的值。

3.3 $k-\varepsilon$ 二方程模式

3.3.1 基准的 $k-\varepsilon$ 模式

如式(3.4)所表述,在 $k-\varepsilon$ 模式中,运动涡黏性系数可写为

$$\nu_t = C_\mu k^2/\varepsilon \tag{3.43}$$

即认为涡黏性的速度尺度取 $k^{0.5}$,而长度尺度取 $k^{1.5}/\varepsilon$。这里 C_μ 是一个常数。将式(3.43)代入式(3.2),则有

$$-\overline{u_i u_j} = 2C_\mu \frac{k^2}{\varepsilon} S_{ij} - \frac{2}{3} k\delta_{ij} \tag{3.44}$$

式中,$S_{ij} = (\partial U_i/\partial x_j + \partial U_j/\partial x_i)/2$ 是平均变形率张量。

定义湍流雷诺数为

$$Re_t = k^2/\varepsilon\nu \tag{3.45}$$

在湍流流动中,若某一空间范围内 $Re_t \gg 1$,或者 $\nu_t \gg \nu$,则这一空间范围内的流动称为高湍流雷诺数流动,否则称为低湍流雷诺数流动。这里需要注意的是,几乎所有的文献都把这两个术语说成是“高雷诺数湍流流动”和“低雷诺数湍流流动”。这种说法容易误导雷诺数的含义。一般来说,充分发展的自由湍流是高雷诺数湍流,而层流至湍流转捩区内的流动或紧靠固体壁面处的湍流流动通常是低雷诺数湍流流动。所谓基准形式的湍流模式,是指适用于高湍流雷诺数流动的、没有过多复杂因素(如三维效应、近壁效应、壁面曲率效应或湍流非平衡效应等)影响的湍流模式。对于有上述因素影响流动,其湍流模式通常是在相应基准模式的基础上加以修正得到的。

下面从第 2 章中导出的 k 和 ε 的准确输运方程出发,对这两个方程中的不封闭项作近似简化,以得出可求解的相应方程。这个过程称为湍流输运方程的模式化。

1. $k-\varepsilon$ 方程的模式化

考虑符合 Boussinesq 假设(即流体近似不可压缩,温度分布不均匀对平均速度场的影响只通过浮力来实现)的流动。在这种情况下,湍动能输运方程(以下简称 $k-\varepsilon$ 方程)的准确表达式为

$$\frac{Dk}{Dt} = \frac{\partial}{\partial x_j}\left[\nu\frac{\partial k}{\partial x_j} - \overline{u_j\left(\frac{u_i u_i}{2} + \frac{p}{\rho}\right)}\right] - \overline{u_i u_j}\frac{\partial U_i}{\partial x_j} - \beta g_i \overline{u_i \vartheta} - \varepsilon \tag{3.46}$$

式中,$D/Dt = \partial/\partial t + U_j \partial/\partial x_j$。在式(3.46)中,$\overline{u_i u_j}$ 由式(3.44)确定,k 和 ε 是待求解变量,只有方程右边的湍流扩散项和浮力生成项需要作近似模化。

参考分子扩散和分子热传导定律，k 的湍流扩散率和湍流热通量可近似地采用如下梯度模式：

$$-\overline{u_j\left(\frac{u_i u_i}{2}+\frac{p}{\rho}\right)}=\frac{\nu_t}{\sigma_k}\frac{\partial k}{\partial x_j} \tag{3.47}$$

$$-\overline{u_i\vartheta}=\frac{\nu_t}{\sigma_t}\frac{\partial \Theta}{\partial x_i} \tag{3.48}$$

式中，Θ 是相对温度的平均值；σ_k 和 σ_t 是两个经验常数（σ_t 称为湍流 Prandtl 数）。将式(3.44)、式(3.47)和式(3.48)代入式(3.46)，且在高雷诺数情况下略去分子扩散项，就得到如下 $k-\varepsilon$ 方程的模化形式：

$$\frac{\mathrm{D}k}{\mathrm{D}t}=\frac{\partial}{\partial x_j}\left(\frac{\nu_t}{\sigma_k}\frac{\partial k}{\partial x_j}\right)+2C_\mu\frac{k^2}{\varepsilon}S_{ij}S_{ij}+\beta g_i\frac{\nu_t}{\sigma_t}\frac{\partial \Theta}{\partial x_i}-\varepsilon \tag{3.49}$$

对于高雷诺数湍流，式(3.49)中的经验常数由实验结果确定为

$$C_\mu=0.09,\qquad \sigma_k=1.0,\qquad \sigma_t=0.9 \tag{3.50}$$

在 3.3.2 节将看到，C_μ 取 0.09 是由湍流边界层的局部平衡特性所致。

2. ε -方程的模化

对于符合 Boussinesq 假设的流动，2.5.3 小节已证明，湍动能耗散率的输运方程（以下简称 ε -方程）中浮力引起的源项 $s_{i\vartheta}$ 可以略去，其准确表达式仍为式(2.46)，即

$$\begin{aligned}\frac{\partial \varepsilon}{\partial t}+U_k\frac{\partial \varepsilon}{\partial x_k}=&-\frac{\partial}{\partial x_j}\left(\nu\overline{u_j\frac{\partial u_i}{\partial x_k}\frac{\partial u_i}{\partial x_k}}-\nu\frac{\partial \varepsilon}{\partial x_k}\right)-2\nu\frac{\partial^2 U_i}{\partial x_j\partial x_k}\overline{u_j\frac{\partial u_i}{\partial x_k}}\\&-2\nu\overline{\frac{\partial u_i}{\partial x_j}\frac{\partial u_i}{\partial x_k}\frac{\partial u_j}{\partial x_k}}-2\nu^2\overline{\frac{\partial^2 u_i}{\partial x_j\partial x_k}\frac{\partial^2 u_i}{\partial x_j\partial x_k}}\end{aligned} \tag{3.51}$$

在对式(3.51)作近似模化之前，首先分析这个方程右边各项的量级，并先略去小量级的量。在分析该方程各项的量级时，需要考虑下列几组不同的湍流尺度：

(1) 湍流平均运动的长度尺度 L 和速度尺度 U；

(2) 湍流惯性区含能涡的长度尺度 l 和湍流脉动速度的尺度 u，且取 $u\sim k^{1/2}$；

(3) 引起湍动能耗散的最小涡的长度尺度 η 和速度尺度 υ，即 Kolmogorov 尺度。根据量纲分析，

$$\eta=(\nu^3/\varepsilon)^{1/4},\qquad \upsilon=(\nu\varepsilon)^{1/4} \tag{3.52}$$

在式(3.51)的各项中，凡包含在空间导数符号内的速度脉动都应理解为耗散涡引起的速度脉动，而空间导数符号外的速度脉动则为含能涡引起的速度脉动。例如，对 ε 的“小涡伸长生成率”的量级可作如下估计：

$$-2\nu\overline{\frac{\partial u_i}{\partial x_j}\frac{\partial u_i}{\partial x_k}\frac{\partial u_j}{\partial x_k}}\sim\varepsilon(\varepsilon/\nu)^{0.5} \tag{3.53}$$

对于速度脉动与速度脉动空间导数的关联量，如 $\overline{u_j(\partial u_i/\partial x_k)}$，考虑到大尺度含能涡与小尺度耗散涡之间的相关程度随湍流雷诺数 Re_t 的增大而减小，因而其量级应含有一个降低关联因子 Re_t^n。这个因子中的幂指数 n 可确定如下：

$$\overline{u_i \frac{\partial u_i}{\partial x_j}} = \frac{\partial k}{\partial x_j} \tag{3.54}$$

对式(3.54)两边作量级估计，则有

$$\sqrt{k(\varepsilon/\nu)}\, Re_t^n \sim k/l \tag{3.55}$$

又因为 $\varepsilon \sim k^{1.5}/l$，$Re_t \sim k^{0.5}l/\nu$，代入式(3.55)，即得 $n = -0.5$。

按上述量级估计规则，式(3.51)左、右两边各项的量级如表 3.1 所示。

表 3.1　式(3.51)各项的量级比较

项　名	对　流	湍流扩散	分子扩散	小涡伸长生成	平均涡梯度生成	黏性耗损
量级	$\frac{U\varepsilon}{L}$	$\frac{k^{1/2}\varepsilon}{L}Re_t^{-1/2}$	$\frac{\nu\varepsilon}{L^2}$	$\varepsilon(\varepsilon/\nu)^{1/2}$	$\nu\frac{U}{L^2}\frac{k}{l}$	$\varepsilon^{3/2}\nu^{-1/2}$
规一化量级	1	$\frac{k^{1/2}}{U}Re_t^{-1/2}$	$\frac{l}{L}\frac{k^{1/2}}{U}Re_t^{-1}$	$\frac{L}{l}\frac{k^{1/2}}{U}Re_t^{1/2}$	$\frac{l}{L}Re_t^{-1}$	$\frac{L}{l}\frac{k^{1/2}}{U}Re_t^{1/2}$

由表 3.1 可见，若 $Re_t \gg 1$，小涡伸长生成与黏性耗损两项比方程中的其他项大得多。鉴于方程成立，这两个大项必有相反的符号：耗损项是负源项，生成项是正源项。换言之，变形率脉动引起的小涡伸长是 ε 沿平均流动流线增长的主要因素，而这一因素又绝大部分被黏性耗损抵消。由于 ε 的变化率取决于两个大项之差，差值的量级至少比这两项小 $Re_t^{1/2}$ 倍。而且，这两项都是小尺度脉动涡的关联量，无论用理论方法或实验方法都难以对它们作出定量估计。可见式(3.51)的模化颇为困难。合理的做法应该是将这两个大项的差值当作一个整体来考虑。

下面逐项讨论 ε-方程(3.51)的模化。

(1) 分子扩散项和平均涡梯度生成项。在表 3.1 中，这两项的归一化量级是 Re_t^{-1}。当 $Re_t \gg 1$ 时，这两项与方程中的其他项比较完全可以略去。

(2) 湍流扩散项。在表 3.1 中，这一项的归一化量级是 $Re_t^{-1/2}$，当 $Re_t \gg 1$ 时，它也是一个小量。但是，通常仍在方程中保留这一项的模化形式，并采用梯度扩散模式将它近似地表示为

$$-\nu\overline{u_j \frac{\partial u_i}{\partial x_k}\frac{\partial u_i}{\partial x_k}} = \frac{\nu_t}{\sigma_\varepsilon}\frac{\partial \varepsilon}{\partial x_j} \tag{3.56}$$

式中，σ_ε 是经验常数。

(3) 小涡伸长生成项与黏性耗损项。这两项是式(3.51)中的大项，其归一化量级都

是 $(Lk^{1/2}/lU)Re_t^{1/2}$。根据对物理现象的直觉，若湍动能生成率增大，则湍动能耗散率也应随之增大，否则湍动能将随流动无限增大；反之，湍动能生成率减小，湍动能耗散率也应随之减小，否则流动中将出现湍动能的负值。对于局部平衡的湍流，$P_k = \varepsilon$，可合理地假设 ε 的生成率与其耗损率平衡。这里，P_k 是湍动能生成率（即雷诺切应力引起的湍动能生成率与浮力引起的湍动能生成率之和）。对于符合 Boussinesq 假设的流动，

$$P_k = -\overline{u_i u_j}\frac{\partial U_i}{\partial x_j} - \beta g_i \overline{u_i \vartheta} \tag{3.57}$$

在一般情况下，Lumley 假设 ε 的生成率与耗损率的代数和与 $(P_k/\varepsilon - 1)$ 成正比。考虑到量纲的一致性，这个假设可表示为

$$-2\nu\overline{\frac{\partial u_i}{\partial x_j}\frac{\partial u_i}{\partial x_k}\frac{\partial u_j}{\partial x_k}} - 2\nu^2\overline{\frac{\partial^2 u_i}{\partial x_j \partial x_k}\frac{\partial^2 u_i}{\partial x_j \partial x_k}} = C\frac{\varepsilon^2}{k}\left(\frac{P_k}{\varepsilon} - 1\right) \tag{3.58}$$

式中，C 是一个常数。为了使模式的预测结果更便于与实验数据拟合，可对式(3.58)右边括号中的两项分别采用不同的经验系数，即

$$\text{式(3.58)左边} = \frac{\varepsilon}{k}(C_{\varepsilon 1}P_k - C_{\varepsilon 2}\varepsilon) \tag{3.59}$$

式中，$C_{\varepsilon 1}$、$C_{\varepsilon 2}$ 是两个不同的常数。将式(3.56)和式(3.59)代入式(3.51)，就得到 ε -方程的模化形式如下：

$$\frac{D\varepsilon}{Dt} = \frac{\partial}{\partial x_j}\left[\left(\nu + \frac{\nu_t}{\sigma_\varepsilon}\right)\frac{\partial \varepsilon}{\partial x_j}\right] + (C_{\varepsilon 1}P_k - C_{\varepsilon 2}\varepsilon)\frac{\varepsilon}{k} \tag{3.60}$$

其中的经验常数由实验确定为

$$\sigma_\varepsilon = 1.3, \qquad C_{\varepsilon 1} = 1.44, \qquad C_{\varepsilon 2} = 1.92 \tag{3.61}$$

关于式(3.50)和式(3.61)中的经验常数的标定，在 3.3.2 小节还要详述。

至此，我们已得到有浮力湍流流动 k -方程和 ε -方程的模化形式式(3.49)和式(3.60)。这两个模式方程与平均流动的连续方程、动量方程式(2.58)及能量方程式(2.61)耦合，即可数值求解流动的平均速度场、平均压力场和平均温度场。

3.3.2　$k-\varepsilon$ 模式的解析解和模式常数的标定

在某些特定情况下，式(3.49)和式(3.60)具有简单的形式。假如 $k-\varepsilon$ 模式是精确的，我们就可用这些简单情况下模式方程的解及相应的实验测量结果来标定模式中的常数。然而，任何湍流模式都不是普遍适用的，因而在特定情况下标定的模式常数也不完全是普遍适用的。但无论如何，特定情况下模式方程的解将给出有关模式中待定常数的有用信息。而且，至少对于性质相近的一类湍流流动，模式常数应是近似相同的。

下面讨论几个特定情况下 $k-\varepsilon$ 模式方程的解析解，并将这些解与实验测量结果比较，从而考察模式常数的取值。这一小节只讨论等温流动，换言之，不考虑浮力的影响。

1. 衰变均匀各向同性湍流

栅格下游的湍流可近似地视为衰变过程中的均匀各向同性湍流。在这种最简单的湍流中,任何统计平均量的梯度为零,因而式(3.49)和式(3.60)简化为

$$\frac{\mathrm{d}k}{\mathrm{d}t} = -\varepsilon, \qquad \frac{\mathrm{d}\varepsilon}{\mathrm{d}t} = -C_{\varepsilon 2}\frac{\varepsilon^2}{k} \tag{3.62}$$

这里, $\mathrm{d}t = \mathrm{d}x/U$, U 为过栅格的平均速度。求式(3.62)的幂次形式的解,假设:

$$k/k_0 = (t/t_0 + 1)^{-n} \tag{3.63}$$

式中, k_0 是 $t = 0$ 时刻的 k; t_0 是一个常数;n 是衰变指数。将式(3.63)代入式(3.62),可得

$$\varepsilon = \frac{nk_0}{t_0(t/t_0 + 1)^{n+1}}, \qquad C_{\varepsilon 2} = \frac{n+1}{n} \tag{3.64}$$

在风洞中测量栅格下游湍流的湍动能衰变过程,可得 $k/k_0 = (x/x_0 + 1)^{-n}$, 其中 x 是流向坐标。测量结果表明, $n = 1.25 \pm 0.06$(Townsend[39])。如果流动的统计平均速度是均匀的,这一衰变关系式也可看作湍动能随时间的衰变关系式(3.63)。取衰变指数的中间值 $n = 1.25$, 则得 $C_{\varepsilon 2} = 1.80$, 这与式(3.61)给出的 $C_{\varepsilon 2} = 1.92$ 有一定差别。差别的原因是,式(3.63)给出的模式常数是依据更一般的自由剪切湍流标定的,而且,在标定过程中还照顾到除 $C_{\varepsilon 2}$ 之外其他模式常数的取值。

2. 均匀剪切湍流

均匀剪切湍流是一种理想化的湍流流动,其平均流场的流线是平行直线,平均剪切变形率不随空间坐标变化。这种流动的平均速度场可表示为

$$U_1 = Sx_2, \qquad U_2 = U_3 = 0 \tag{3.65}$$

这里, $S = \partial U/\partial y = \mathrm{const}$ 是平均剪切变形率。在这种流动中,除流向平均速度外,其他湍流统计平均量的梯度均为零,因而式(3.49)和式(3.60)可简化为

$$\frac{\mathrm{d}k}{\mathrm{d}t} = C_\mu S^2\frac{k^2}{\varepsilon} - \varepsilon, \qquad \frac{\mathrm{d}\varepsilon}{\mathrm{d}t} = \left(C_{\varepsilon 1}C_\mu S^2\frac{k^2}{\varepsilon} - C_{\varepsilon 2}\varepsilon\right)\frac{\varepsilon}{k} \tag{3.66}$$

现在,可以求式(3.66)的指数形式的解,假设

$$k = k_0 \mathrm{e}^{\lambda St}, \qquad \varepsilon = \varepsilon_0 \mathrm{e}^{\lambda St} \tag{3.67}$$

将式(3.67)代入式(3.66),求解这两个方程,就得到

$$\lambda = \frac{\sqrt{C_\mu(C_{\varepsilon 2} - C_{\varepsilon 1})}}{\sqrt{(C_{\varepsilon 2} - 1)(C_{\varepsilon 1} - 1)}} \tag{3.68}$$

$$\frac{P_k}{\varepsilon} = C_\mu\left(\frac{Sk}{\varepsilon}\right)^2 = \frac{C_{\varepsilon 2} - 1}{C_{\varepsilon 1} - 1} \tag{3.69}$$

由式(3.69)得

$$\frac{P_k}{\varepsilon} - 1 = \frac{C_{\varepsilon 2} - C_{\varepsilon 1}}{C_{\varepsilon 1} - 1} \tag{3.70}$$

可见,湍动能生成率超出其耗散率的百分比正比于 $C_{\varepsilon 2} - C_{\varepsilon 1}$。事实上, $C_{\varepsilon 2} - C_{\varepsilon 1}$ 是一个在计算中控制自由剪切流动扩展率的参数。以二维混合层为例,数值计算表明,其扩展率 $\mathrm{d}\delta/\mathrm{d}x$ 几乎正比于 $C_{\varepsilon 2} - C_{\varepsilon 1}$。

如果 $C_{\varepsilon 2}$ 已经确定,式(3.69)及相应的实验测量结果可用来标定模式中的常数 $C_{\varepsilon 1}$。对于均匀剪切湍流,Tavoularis 和 Karnik[44] 在实验中测得 $P_k/\varepsilon = 1.6 \pm 0.2$。若取式(3.61)中的 $C_{\varepsilon 2} = 1.92$,由这一测量值和式(3.69)可得 $C_{\varepsilon 1} = 1.51 \sim 1.67$,这个范围的取值都高于式(3.61)中的 $C_{\varepsilon 1} = 1.44$。反之,若 $C_{\varepsilon 1}$ 和 $C_{\varepsilon 2}$ 都取式(3.61)中的值,则由式(3.69)得到 $P_k/\varepsilon = 2.09$,这个值又高于 P_k/ε 的测量值。对于应用均匀剪切湍流的解析解和实验测量标定的模式常数值与式(3.61)给出的相应值之间的差别,可作如下解释:式(3.61)中给出的常数值是根据湍流混合层扩展率的计算值和测量值标定的,而混合层中的湍流与理想的均匀剪切湍流在性质上有一定差异。模式常数,作为流动的统计性质,与流动的类型有关;相同的模式常数只适用于性质相近的一类流动。这也从一个侧面反映出湍流模式的非普适性。

另外,均匀剪切湍流也可以看作是“固态”(stationary)或“平衡态”湍流。因为,其解式(3.67)可知,此时的湍流时间尺度 k/ε 为一常数,不再随时间变化,即,$\mathrm{d}(k/\varepsilon)/\mathrm{d}t = 0$。后面将看到,此类湍流中,雷诺应力各向异性张量将达到“平衡”值——尽管实验一直难以确认。

3. 近壁对数层

3.3.1 小节已阐明,对于沿平壁面的湍流边界层,在固壁附近有一个对数层。在这一层内,分子黏性的作用可以忽略,雷诺切应力不随壁面法向坐标 y 变化,而平均速度随 y 按对数律分布。由式(3.21)和式(3.23)可知

$$-\overline{uv} = u_\tau^2, \qquad \frac{\partial U}{\partial y} = \frac{u_\tau}{\kappa y} \tag{3.71}$$

现在,考察对数层内湍动能 k 的分布。按适用于湍流边界层内层的壁面率,k 只与 u_τ 和 y 有关,由量纲分析可知,$k/u_\tau^2 = \mathrm{const}$。对于沿平壁面的、统计定常的等温流动,将上式代入湍动能输运方程式(3.49),可得 $P_k = \varepsilon$。也就是说,对数层内的湍流可认为是局部平衡的。由式(3.71)得

$$P_k = -\overline{uv}\partial U/\partial y = u_\tau^3/\kappa y \tag{3.72}$$

于是得到了对数层内湍流耗散率的解:

$$\varepsilon = u_\tau^3/\kappa y \tag{3.73}$$

引入涡黏性的概念,由式(3.71)有

$$\nu_t = -\frac{\overline{uv}}{\partial U/\partial y} = \kappa u_\tau y \tag{3.74}$$

在 $k-\varepsilon$ 模式中，$\nu_t = C_\mu(k^2/\varepsilon)$，将式(3.73)和式(3.74)代入这个等式，就得到

$$k = u_\tau^2 \Big/ \sqrt{C_\mu} \tag{3.75}$$

在对数层内，式(3.75)等价于 $C_\mu = (\overline{uv}/k)^2$。不同作者的实验测量结果(例如，Townsend[39])都表明，在零压力梯度边界层的内层中，雷诺切应力与湍动能的比值 $|\overline{uv}/k|$ 约为0.3。Bradshaw、Ferriss 和 Atwell 在他们建立的一方程模式中曾应用过这个比值，因而有人把它称为 Bradshaw 常数。应用这个比值，就得到式(3.61)中给出的 $C_\mu = 0.09$。

3.3.3 壁函数

基准的 $k-\varepsilon$ 模式只适用于高湍流雷诺数流动。在紧靠固体壁面的流动区域内(特别是对数层之下)，湍流脉动受到固壁的抑制，垂直于固壁的湍流输运能力大为下降，而分子黏性的作用却不可忽略。在这个区域内，基准的 $k-\varepsilon$ 模式不能正确地预测流动的性质。然而，固体壁面上的摩擦阻力和热传导率都取决于近壁湍流的性质，正确地模拟计算近壁湍流流动无论在理论上和实用上都至关重要。

应用基准的 $k-\varepsilon$ 模式预测有固壁限制的湍流流动，需要对近壁流动作特殊处理。一般来说，有两种处理方法：较为简单和粗略的一种是*壁函数方法*，这是本小节要阐述的；另一种是对 $k-\varepsilon$ 模式作*近壁修正的方法*，这个方法将在下一小节简要地阐述，并在第6章作更详细的讨论。

*壁函数方法的基本思想*如下：假设在紧靠固体壁面的一个薄层内*壁面律*是普遍适用的。选择这个薄层的上边界 $y = y_P$ 在对数层内，则*在这个薄层与对数层重合的部分*，式(3.71)~式(3.75)成立。如3.3.2小节所述，这些等式是 $k-\varepsilon$ 模式在对数层内的解析解。这样，只要在这个薄层的上边界以外($y > y_P$)应用 $k-\varepsilon$ 模式求解问题，而在 $y = y_P$ 处给出问题的边界条件：

$$U_P = u_\tau\left(\frac{1}{\kappa}\ln\frac{y_P u_\tau}{\nu} + C\right), \qquad k_P = \frac{u_\tau^2}{\sqrt{C_\mu}}, \qquad \varepsilon_P = \frac{u_\tau^3}{\kappa y_P} \tag{3.76}$$

如果 U_P 由近壁区域以外 $k-\varepsilon$ 模式的数值解确定，则应用式(3.76)的第一式即可求出 u_τ，从而 k_P 和 ε_P 也就确定了。

在实际计算中，把式(3.76)应用于离固体壁面最近的一排网格结点，这一排网格结点离壁面的距离要使 y_P^+ 稍大于50，以保证 $y = y_P$ 在对数层内。由于 u_τ 难以在求解问题之前确定，y^+ 是事先未确定的；另外，若将壁函数方法用于分离流动，在二维分离点前后 u_τ 要改变符号。这些因素都使式(3.76)难以在实际计算中应用。为了克服这些困难，Launder 和 Spalding[45] 提出了如下做法。由式(3.75)，$u_\tau = \sqrt{C_\mu^{0.5} k_P}$，由此可得

$$\frac{\tau_w}{\rho} = -\frac{C_\mu^{1/4} k_P^{1/2} U_P}{U_P^+} \tag{3.77}$$

式中,负号表示 τ_w 与 U_P 的符号相反。式(3.76)的第一式可写为

$$U_P^+ = \frac{1}{\kappa}\ln(Ey_P^+) \tag{3.78}$$

$$y_P^+ = C_\mu^{1/4} k_P^{1/2} y_P/\nu \tag{3.79}$$

若壁面是光滑的,式(3.78)中的常数可取为 $E=9.7$, $\kappa=0.42$[这相当于在式(3.76)中取 $C=5.41$]。而 $y=y_P$ 处的湍动能耗散率可表示为

$$\varepsilon_P = C_\mu^{3/4} k_P^{3/2}/\kappa y_P \tag{3.80}$$

通常,流动的数值计算采用有限体积法。在这种情况下,设 P 是离固体壁面最近的网格结点,P 在对数层内。P 点的湍动能 k_P 可用简化的湍动能方程在包含 P 点的控制体内积分后得出的差分方程求解。对这个控制体来说,k -方程可作以下简化:

(1) k 的扩散率为零;

(2) 单位体积流体 k 的生成项积分可写为 $P_k = -\frac{\tau_w}{\rho}\cdot\frac{U_P}{y_P}\cdot \text{vol}$;

(3) 单位体积流体 k 的耗散项积分可写为 $\varepsilon = C_\mu^{3/4} k_P^{3/2} U_P^+/y_P \cdot \text{vol}$。

这里,vol 表示控制体的体积。至于 P 点的 ε 值,在算出 k_P 后,可由式(3.80)确定。

壁函数方法有两个明显的弱点:① 这个方法的前提是假设 3.2.1 小节给出的壁面律普遍适用,而事实上对于复杂的湍流流动,例如有分离和(或)再附的流动、绕大曲率壁面的流动、或有浮力的流动,理论和实验都表明在紧靠壁面处并不存在一个湍流局部平衡的、切应力为常值的内层,因此,在一般情况下应用壁面律是没有根据的;② 在一般情况下,即使在近壁区域中存在一个对数层,生成计算网格时也难以保证第一排网格结点一定在对数层内,因为定义 y^+ 需要确定 u_τ,而 u_τ 只有在求得问题的解之后才能确定。计算实践表明,第一排网格结点设置得过高或过低都会影响近壁区内的模式预测结果。例如,y_P 取得过小,模式将过高地预计近壁区的 ν_t 值,从而过高地预计壁面的摩擦阻力。

3.3.4 $k-\varepsilon$ 模式的近壁修正

本小节简要地讨论应用 $k-\varepsilon$ 模式时对近壁湍流的第二种处理方法,即 $k-\varepsilon$ 模式的近壁修正方法(第一种是壁函数方法)。我们期望修正后的 $k-\varepsilon$ 模式既适用于近壁层内的流动,也适用于近壁层外的流动。这样的修正模式称为低湍流雷诺数 $k-\varepsilon$ 模式。在类似的意义上,引用 van Driest 阻尼函数是对简单的代数涡黏性模式的近壁修正。

导出在近壁层内适用的低湍流雷诺数 $k-\varepsilon$ 模式,需要了解下列几个问题:① k 和 ε 在固体壁面上的边界条件是什么;② 如何保证模式方程在无限接近壁面时不出现奇性;③ 近壁层内、外湍流脉动的尺度有什么不同,怎样表示它们。本小节先讨论这些问题,然后介绍一个典型且常用的低湍流雷诺数 $k-\varepsilon$ 模式,更多的内容将在第 6 章中讨论。

先来考察固体壁面上的边界条件。在固体壁面上,湍流脉动速度满足无滑移条件 $u=$

0, 而湍动能 $k=\overline{|u|^2}/2$ 为二阶零值,即

$$k_{y=0}=0,\qquad (\partial k/\partial y)_{y=0}=0 \tag{3.81}$$

这里, y 是壁面法向坐标(与壁面的距离)。将式(3.81)代入湍动能输运方程(3.46),且注意到 $y\to 0$ 时, $P_k\to 0$, $\nu_t\to 0$, 就得到

$$\varepsilon_{y=0}=\nu(\partial^2 k/\partial y^2)_{y=0} \tag{3.82}$$

可见, ε 在壁面上的极限值不等于零,而与 k 在壁面上的分子扩散率平衡。积分式(3.82),并应用边界条件式(3.81),可得

$$\varepsilon_{y=0}=\lim_{y\to 0}(2\nu k/y^2) \tag{3.83}$$

式(3.83)可认为是 ε 在壁面上的边界条件。在实际计算中,当壁面附近的计算网格取得很密时,可用与壁面相邻第一排结点上的 k 值来计算相应的 ε 值。

再来讨论 ε 的模式方程在无限接近壁面时的性质。在高湍流雷诺数的 ε-方程式(3.60)中增加分子扩散项,则有

$$\frac{\mathrm{D}\varepsilon}{\mathrm{D}t}=\frac{\partial}{\partial x_j}\left[\left(\nu+\frac{\nu_t}{\sigma_\varepsilon}\right)\frac{\partial\varepsilon}{\partial x_j}\right]+\frac{c_{\varepsilon 1}P_k-c_{\varepsilon 2}\varepsilon}{\tau} \tag{3.84}$$

式中, $\tau=k/\varepsilon$ 是湍流惯性区的时间尺度。由式(3.81)和式(3.82)可知,当 $y\to 0$ 时, $\tau=O(y^2)$, 式(3.84)右边最后一项变为奇性。问题在于:在紧靠固体壁面处, k/ε 是不是一个适用的时间尺度?直接数值模拟(Antonia 和 Kim[46])表明,在紧靠固体壁面处,更适宜的时间尺度应该是 Kolmogorov 时间尺度 $\sqrt{\nu/\varepsilon}$, 而不是 k/ε。基于 DNS 数据,Durbin[47] 提出如下经验公式:

$$\tau=\max(k/\varepsilon,\ 6\sqrt{\nu/\varepsilon}) \tag{3.85}$$

式(3.85)可写为更一般的形式:

$$\tau=\sqrt{\nu/\varepsilon}\,F(\sqrt{k^2/\nu\varepsilon}) \tag{3.86}$$

如式(3.45)所定义,上式中函数 F 的自变量是湍流雷诺数 Re_t 的平方根。这个函数需要依据实验或 DNS 数据确定,但它应该具有如下极限性质: $F(0)=O(1)$; $F(\infty)=Re_t^{1/2}$。

另外,在紧靠固体壁面处,垂直于壁面的湍流输运主要取决于速度脉动的法向分量 $\overline{v^2}$, 而湍动能主要是速度脉动的切向分量构成的,即 $k=(\overline{u^2}+\overline{w^2})/2$。换言之, k 其实不是一个正确表征壁面法向输运的湍流尺度。因此,基准 $k-\varepsilon$ 模式中应用的涡黏性关系式 $\nu_t=C_\mu k^2/\varepsilon$ 应予修正。通常,修正的办法是在这个关系式中加一个阻尼因子,即

$$\nu_t=f_\mu C_\mu\frac{k^2}{\varepsilon} \tag{3.87}$$

采用与上文统一的表征近壁程度的参数,阻尼因子可表示为 Re_t 的函数: $f_\mu=f_\mu(Re_t)$。这个函数应满足高雷诺数极限条件: $f_\mu(\infty)=1$, 其具体形式需依据实验或 DNS 数据确定。

3.4　$k-\omega$ 二方程模式

3.4.1　基准的 $k-\omega$ 模式

定义单位湍动能的耗散率 $\omega=\varepsilon/k$。基于湍流级串模型的概念，ε 可视为惯性区湍动能由大尺度涡向小尺度涡传输的速率，而 k/ε 通常用作惯性区湍流脉动的时间尺度。因此，ω 又可视为惯性区湍流脉动的频率尺度。

应用 k 和 ε 作为二方程湍流模式的尺度变量，对于不考虑浮力作用的不可压缩流体，Wilcox[34] 建立了如下模式方程：

$$\nu_t = C_\mu k/\omega \tag{3.88}$$

$$\frac{\mathrm{D}k}{\mathrm{D}t} = P_k - k\omega + \frac{\partial}{\partial x_j}\left[\left(\nu + \frac{\nu_t}{\sigma_k}\right)\frac{\partial k}{\partial x_j}\right] \tag{3.89}$$

$$\frac{\mathrm{D}\omega}{\mathrm{D}t} = C_{\omega 1}\frac{\omega}{k}P_k - C_{\omega 2}\omega^2 + \frac{\partial}{\partial x_j}\left[\left(\nu + \frac{\nu_t}{\sigma_\omega}\right)\frac{\partial \omega}{\partial x_j}\right] \tag{3.90}$$

其中，$P_k=-\overline{u_iu_j}\partial U_i/\partial x_j=2\nu_t S_{ij}S_{ij}$ 是湍动能生成率。显然，式(3.88)、式(3.89)只是用 $k\omega$ 代替了 $k-\varepsilon$ 模式的式(3.43)、式(3.49)中的 ε。式(3.90)与 ε 的模化方程式(3.60)也很相似，仅量纲不同而已。在上述方程中，Wilcox 确定的模式常数如下：

$$\begin{cases} C_\mu = 0.09, & \sigma_k = \sigma_\omega = 2 \\ C_{\omega 1} = 5/9, & C_{\omega 2} = 5/6 \end{cases} \tag{3.91}$$

这些常数的标定在 3.4.3 小节中还要详述。

$k-\omega$ 模式的一个值得重视的优点，是它可以直接应用于紧靠壁面的流动，无须采用壁函数或阻尼函数。在 3.3.3 小节中已得到 ε 值的近壁极限为 $\varepsilon_w=\lim\limits_{y\to 0}(2\nu k/y^2)$，由此可知，$\omega$ 值的近壁极限为 $\omega_w=\lim\limits_{y\to 0}(2\nu/y^2)\to\infty$。换言之，$\omega$ 在固壁边界上是奇性的。尽管如此，Wilcox 通过算例表明，$k-\omega$ 模式能较好地预测近壁湍流的统计平均性质。在理论上，$k-\omega$ 模式之所以有这个优点，是因为它在紧靠固壁的流动中能比 $k-\varepsilon$ 模式产生更大的湍动能耗散率 ε，从而能更有效地抑制近壁层内的湍流脉动。就 $k-\omega$ 模式而言，k - 方程中的耗散项为 $k\omega=\varepsilon$。这个量的输运方程可写为

$$\frac{\mathrm{D}\varepsilon}{\mathrm{D}t} = \frac{\mathrm{D}(k\omega)}{\mathrm{D}t} = k\frac{\mathrm{D}\omega}{\mathrm{D}t} + \omega\frac{\mathrm{D}k}{\mathrm{D}t} \tag{3.92}$$

将式(3.89)、式(3.90)代入式(3.92)，并设 $\sigma_k=\sigma_\omega$，即得

$$\frac{\mathrm{D}\varepsilon}{\mathrm{D}t} = \frac{\partial}{\partial x_j}\left[\left(\nu + \frac{\nu_t}{\sigma_\omega}\right)\frac{\partial \varepsilon}{\partial x_j}\right] - 2\left(\nu + \frac{\nu_t}{\sigma_\omega}\right)\nabla\omega\cdot\nabla k + \left[(C_{\omega 1}+1)P_k - (C_{\omega 2}+1)\varepsilon\right]\frac{\varepsilon}{k} \tag{3.93}$$

若取 $C_{\varepsilon1}=C_{\omega1}+1$，$C_{\varepsilon2}=C_{\omega2}+1$，$\sigma_\varepsilon=\sigma_\omega$，则式(3.93)相对于 $k-\varepsilon$ 模式中的 ε 方程式(3.60)只多一个源项：

$$S_\omega=-2\left(\nu+\frac{\nu_t}{\sigma_\omega}\right)\nabla\omega\cdot\nabla k \tag{3.94}$$

在近壁层中，k 随与壁面的距离增加，ω 随与壁面的距离减小，因而 $S_\omega>0$。可见，式(3.93)比式(3.60)多一个正源项。因此，在近壁层中 $k-\omega$ 模式比 $k-\varepsilon$ 模式产生的 ε 值更大，从而前者能更有效地抑制近壁层内的湍流脉动。

计算结果表明，基准的 $k-\omega$ 模式有两个不足之处。其一，应用这个模式预测自由剪切流动，其结果对于自由边界条件过于敏感。如果随意改变自由边界的 ω 值，用这个模式可得到任意大小的自由流动的扩张率。其二，应用这个模式预测逆压梯度的边界层，所得到的雷诺切应力值过大。因此，基准的 $k-\omega$ 模式对于有分离的流动是不可靠的。为了克服这两个缺点，Wilcox 等对基准的 $k-\omega$ 模式作了修正。

3.4.2 $k-\omega$ 模式的修正形式

为了弥补基准的 $k-\omega$ 模式式(3.88)~式(3.91)的不足，Wilcox[48]提出了该模式的如下修正形式：

$$\nu_t=\frac{k}{\omega} \tag{3.95}$$

$$\frac{\mathrm{D}k}{\mathrm{D}t}=\frac{\partial}{\partial x_j}\left[\left(\nu+\frac{\nu_t}{\sigma_k}\right)\frac{\partial k}{\partial x_j}\right]+P_k-\beta^*k\omega \tag{3.96}$$

$$\frac{\mathrm{D}\omega}{\mathrm{D}t}=\frac{\partial}{\partial x_j}\left[\left(\nu+\frac{\nu_t}{\sigma_\omega}\right)\frac{\partial \omega}{\partial x_j}\right]+\alpha\frac{\omega}{k}P_k-\beta\omega^2 \tag{3.97}$$

式中，经验常数和辅助关系式为

$$\alpha=13/25,\qquad \sigma_k=\sigma_\omega=2 \tag{3.98}$$

$$\beta=\beta_0 f_\beta,\qquad \beta_0=9/125 \tag{3.99}$$

$$f_\beta=\frac{1+70X_\omega}{1+80X_\omega},\qquad X_\omega=\left|\frac{\Omega_{ij}\Omega_{jk}S_{ki}}{(\beta_0^*\omega)^3}\right| \tag{3.100}$$

$$\beta^*=\beta_0^*f_\beta^*,\qquad \beta_0^*=9/100 \tag{3.101}$$

$$f_\beta^*=\begin{cases}1, & X_k\leqslant 0\\ \dfrac{1+680X_k}{1+400X_k}, & X_k>0\end{cases}\qquad X_k=\frac{1}{\omega^3}\nabla k\cdot\nabla\omega \tag{3.102}$$

在这个修正模式中，Wilcox 定义 $\omega=\varepsilon/(\beta^*k)$，因而，

$$\nu_t=k/\omega=0.09f_\beta^*\frac{k^2}{\varepsilon} \tag{3.103}$$

修正模式与基准模式的主要不同，在于式(3.103)右边的系数及式(3.96)和式(3.97)中耗散项的系数 β^* 和 β 分别包含了因子 $f_\beta^*(X_k)$ 和 $f_\beta(X_\omega)$；而在基准模式方程式(3.88)~式(3.90)中，这些系数都是常数。另外，有一些模式常数的取值略有差别，如 $\alpha = 0.52$，$\beta_0 = 0.072$，而与之对应的 $C_{\omega 1} = 0.56$，$C_{\omega 2} = 0.083$。在式(3.90)中，

$$\Omega_{ij} = \frac{1}{2}\left(\frac{\partial U_i}{\partial x_j} - \frac{\partial U_j}{\partial x_i}\right), \qquad S_{ij} = \frac{1}{2}\left(\frac{\partial U_i}{\partial x_j} + \frac{\partial U_j}{\partial x_i}\right)$$

分别为平均旋转率张量和平均变形率张量。对于统计二维的流动，$X_\omega = 0$。用这个参数修正 β，目的在于改善三维流动，如圆射流、辐射形射流的预测精度(Pope[49])。对于不分离的边界层流动，基准的 $k-\omega$ 模式在固壁附近给出的平均流动的预测结果与测量结果符合得很好。固壁附近的 ω 值很大，因而 X_k 和 X_ω 都很小，在这种情况下 $\beta = \beta_0$，$\beta^* = \beta_0^*$。也就是说，对于不分离的边界层流动，在固壁附近修正模式与基准模式的预测结果几乎是相同的。对于自由剪切流动，特别是在自由边界附近，ω 通常有较小的值，因而 X_k 和 X_ω 都较大，在这种情况下，修正模式给出的湍动能耗散率比基准模式的预测结果大，从而预测出的自由剪切流动的扩张率也比基准模式的预测结果大。

3.4.3　模式常数的标定

在 $k-\omega$ 模式中有五个经验常数，即 α、β_0、β_0^*、σ_k 和 σ_ω。与3.3.2小节所述确定 $k-\varepsilon$ 模式中经验常数的做法类似，这些常数可根据几种特殊情况下 $k-\omega$ 模式的解析解和实验测量结果来标定。

根据衰变均匀各向同性湍流的模式方程的解和相应测量数据，可标定 β_0 与 β_0^* 的比值。对于这种特殊湍流，式(3.96)和式(3.97)简化为

$$\frac{\mathrm{d}k}{\mathrm{d}t} = \beta_0^* k\omega, \qquad \frac{\mathrm{d}\omega}{\mathrm{d}t} = -\beta_0\omega^2 \tag{3.104}$$

在这种情况下，显然，$X_k = X_\omega = 0$，$f_\beta^{*\prime} = f_\beta = 1$。由式(3.104)的解，可得

$$k \propto (t + c)^{-\beta_0^*/\beta_0} \tag{3.105}$$

式中，c 是一个取决于初始条件的常数。衰变均匀各向同性湍流的实验观测(Townsend[39])表明 $k \propto (t + c)^{-n}$，其中 $n = 1.25 \pm 0.06$。取 $n = 1.25$，则得 $\beta_0^*/\beta_0 = 5/4$。

根据壁湍流对数层内模式方程的解和相应测量数据，可标定常数 α 和 β_0^* 的值。在对数层内，由于流动足够接近固体壁面，模式方程中的对流项可以略去；同时，又由于这里的流动与壁面之间有足够的距离，分子黏性相对于涡黏性可以忽略不计。考虑统计定常和二维的零压力梯度边界层，在对数层内，平均动量方程式(3.19)以及 k 和 ω 的输运方程式(3.96)和式(3.97)可简化为

$$0 = \frac{\partial}{\partial y}\left(\nu_t \frac{\partial U}{\partial y}\right) \tag{3.106}$$

$$0 = \nu_t\left(\frac{\partial U}{\partial y}\right)^2 - \beta_0^* \omega k + \frac{\partial}{\partial y}\left(\frac{\nu_t}{\sigma_k}\frac{\partial k}{\partial y}\right) \tag{3.107}$$

$$0 = \alpha\left(\frac{\partial U}{\partial y}\right)^2 - \beta_0 \omega^2 + \frac{\partial}{\partial y}\left(\frac{\nu_t}{\sigma_\omega}\frac{\partial \omega}{\partial y}\right) \tag{3.108}$$

式中，y 是壁面法向坐标程(与壁面的距离)。由于流动是二维的，$X_\omega = 0$；且在对数层内，$\partial k/\partial y = 0$，$X_k = 0$。因此，在式(3.107)和式(3.108)中可取 $f_\beta^* = f_\beta = 1$。由式(3.17)、式(3.23)、式(3.24)及式(3.103)，不难写出式(3.106)~式(3.108)的解：

$$U = \frac{u_\tau}{\kappa}\ln y + \text{const}, \quad k = u_\tau^2 \Big/ \sqrt{\beta_0^*}, \quad \omega = u_\tau \Big/ (\sqrt{\beta_0^*}\kappa y) \tag{3.109}$$

将式(3.109)代入式(3.107)和式(3.108)，并将二式相减，就得到卡门常数 κ 与模式常数之间的一个关系式：

$$\alpha = \beta_0/\beta_0^* - \kappa^2 \Big/ (\sigma_\omega \sqrt{\beta_0^*}) \tag{3.110}$$

另外，根据式(3.109)，对数层内的雷诺切应力值可表示为

$$\tau_{xy} = \nu_t \partial U/\partial y = u_\tau^2 = \sqrt{\beta_0^*}\, k \tag{3.111}$$

不同作者的实验测量结果(例如，Townsend[39])表明，在零压力梯度边界层的内层，$\tau_{xy}/k = 3/10$。Bradshaw 等[50]建立的一方程模式中曾应用过这个比值，前面已经提到，有人把它称为 Bradshaw 常数。应用这个比值，就得到 $\beta_0^* = 9/100$，$\beta_0 = 4\beta_0^*/5 = 9/125$。若取 $\sigma_k = \sigma_\omega = 2$，$\kappa = 0.41$，则由式(3.110)可得 $\alpha = 13/25$。归纳本节所标定的五个模式常数：

$$\begin{cases} \alpha = 13/25, & \sigma_k = \sigma_\omega = 2 \\ \beta_0 = 9/125, & \beta_0^* = 9/100 \end{cases} \tag{3.112}$$

这些常数值在式(3.98)~式(3.102)中已事先给出。

3.5 Spalart - Allmaras 模式

3.5.1 基准形式

Spalart 和 Allmaras 从经验和量纲分析出发[5,51,52]，发展了涡黏性相关量的输运方程。该模式属于一方程模式，简称为 S - A 模式。其对中等分离流动的模拟能力要好于 B - L 代数模式。相对于两方程湍流模式，S - A 模式的计算量较小，稳定性较好，在物面处的计算网格不需要很精细，与代数模式的网格量级相当即可。而且，Spalart - Allmaras 模式方程是基于*局部变量*(local variables)的，适用于基于非结构网格的大规模并行计算。

Spalart 和 Allmaras 于 1992 年提出了原始的 S - A 模式。目前商业软件中的基准 S - A 模式是他们于 1994 年所发展的，具体方程为

$$\frac{\mathrm{D}\tilde{\nu}}{\mathrm{D}t}=\frac{1}{\sigma}\left[\frac{\partial}{\partial x_j}\left((\nu+\tilde{\nu})\frac{\partial\tilde{\nu}}{\partial x_j}\right)+C_{b2}\frac{\partial\tilde{\nu}}{\partial x_i}\frac{\partial\tilde{\nu}}{\partial x_i}\right]+C_{b1}(1-f_{t2})\tilde{S}\tilde{\nu}-\left[C_{w1}f_w-\frac{C_{b1}}{\kappa^2}f_{t2}\right]\left(\frac{\tilde{\nu}}{d}\right)^2 \tag{3.113}$$

其中，

$$f_{t2}=C_{t3}\exp(-C_{t4}\chi^2),\ \chi=\frac{\tilde{\nu}}{\nu},\ \nu\text{ 为分子黏性系数} \tag{3.114}$$

$$\tilde{S}=\sqrt{2\Omega_{ij}\Omega_{ij}}f_{v3}+\frac{\tilde{\nu}}{\kappa^2d^2}f_{v2} \tag{3.115}$$

$$\Omega_{ij}=\frac{1}{2}\left(\frac{\partial U_i}{\partial x_j}-\frac{\partial U_j}{\partial x_i}\right),\ f_{v2}=1-\frac{\chi}{1+\chi f_{v1}},\ f_{v3}=1.0,\ d\text{ 为物面距离} \tag{3.116}$$

$$f_w=g\left(\frac{1+C_{w3}^6}{g^6+C_{w3}^6}\right)^{\frac{1}{6}},\ g=r+C_{w2}(r^6-r),\ r=\frac{\tilde{\nu}}{\tilde{S}\kappa^2d^2} \tag{3.117}$$

$$C_{b1}=0.1355,\ C_{b2}=0.622,\ C_{t3}=1.2,\ C_{t4}=0.5,\ \kappa=0.41 \tag{3.118}$$

$$C_{w1}=3.239,\ C_{w2}=0.3,\ C_{w3}=2,\ C_{v1}=7.1 \tag{3.119}$$

这里定义涡黏性系数为

$$\mu_t=\bar{\rho}\tilde{\nu}f_{v1}=\bar{\rho}\nu_t,\ f_{v1}=\frac{\chi^3}{\chi^3+C_{v1}^3} \tag{3.120}$$

实际计算中，初始条件取为 $\tilde{\nu}=0.1\nu$ 的均匀场，在物面处取 $\tilde{\nu}=0$。一旦出现 $\tilde{\nu}\leqslant 0$ 的情况，需将 $\tilde{\nu}$ 修正为正值。为解决此问题，Deck 等[22]对式(3.116)改进如下：

$$f_{v2}=\left(1+\frac{\chi}{C_{v2}}\right)^{-3},\ f_{v3}=\frac{(1+\chi f_{v1})(1-f_{v2})}{\chi},\ C_{v2}=5,\ \chi=\max(\chi,\ 10^{-1}) \tag{3.121}$$

3.5.2　修正形式

1. 转捩触发修正

为模拟层流至湍流的转捩过程，Spalart 和 Allmaras[53]在基准 S－A 模式(3.113)的等号右侧添加了转捩触发项：

$$f_{t1}\Delta U^2 \tag{3.122}$$

其中，

$$f_{t1}=C_{t1}g_t\exp\left[-C_{t2}\frac{\omega_t^2}{\Delta U^2}(d^2+g_t^2d_t^2)\right],\ g_t=\min\left[0.1,\ \frac{\Delta U}{\omega_t\Delta x_t}\right] \tag{3.123}$$

ΔU 为当前计算网格点速度与转捩触发点处的壁面速度(通常为零)之差，Δx_t 为转捩触发点处的流向网格尺度，ω_t 为转捩触发点处的涡量，d_t 为当前计算网格点与转捩触发点的壁面距离，模式系数 C_{t1} 和 C_{t2} 分别取 1 和 2。

2. 旋转和曲率修正

Shur 等[54]开展了 S－A 模式的旋转和曲率修正，将基准模式（3.113）的生成项 $C_{b1}(1-f_{t2})\tilde{S}\tilde{\nu}$ 乘以旋转函数 f_{r1}：

$$f_{r1}=(1+C_{r1})\frac{2r^*}{1+r^*}\left[1-C_{r3}\arctan(C_{r2}\hat{r})\right]-C_{r1} \tag{3.124}$$

其中，

$$r^*=\frac{S}{\omega},\quad \hat{r}=\frac{2\omega_{ik}S_{jk}}{D^4}\left[\frac{\mathrm{D}S_{ij}}{\mathrm{D}t}+(\varepsilon_{imn}S_{jn}+\varepsilon_{jmn}S_{in})\Omega_m\right] \tag{3.125}$$

$$S_{ij}=\frac{1}{2}\left(\frac{\partial U_i}{\partial x_j}+\frac{\partial U_j}{\partial x_i}\right),\ \omega_{ij}=\frac{1}{2}\left[\left(\frac{\partial U_i}{\partial x_j}+\frac{\partial U_j}{\partial x_i}\right)+2\varepsilon_{mij}\Omega_m\right],\ D^2=S_{ij}S_{ij}+\omega_{ij}\omega_{ij} \tag{3.126}$$

$$C_{r1}=1.0,\ C_{r2}=12,\ C_{r3}=1.0 \tag{3.127}$$

这里 Ω_m 为旋转角速度，m 等于 1、2 和 3 分别代表 x、y 和 z 方向。

3. 可压缩修正

为了反映流动的可压缩效应，Spalart[51]在基准 S－A 模式（3.113）等号右侧考虑了以下附加项：

$$-C_5\frac{\tilde{\nu}^2}{a^2}\frac{\partial U_i}{\partial x_j}\frac{\partial U_i}{\partial x_j} \tag{3.128}$$

式中，a 为当地声速；$C_5=3.5$。

4. 低雷诺数修正

Spalart 和 Garbaruk[55]对 S－A 模式进行低雷诺数修正，将式（3.117）中的 C_{w2} 更改为

$$C_{w2,LRe}=C_{w4}+\frac{C_{w5}}{[(\chi/40)+1]^2} \tag{3.129}$$

这里取 $C_{w4}=0.21$，$C_{w5}=1.5$。

3.6 剪切应力输运（SST $k-\omega$）模式

3.6.1 基准形式

由 Menter[56,57]提出的剪切应力输运（SST）模式，其构造思路是在近壁面区域保持 $k-\omega$ 模式的稳定性和精度，在边界层外部区域保持 $k-\varepsilon$ 模式独立于自由流的优点。这里，首先将 $k-\omega$ 模式方程式（3.96）和式（3.97）重写为如下形式：

$$\frac{\mathrm{D}\rho k}{\mathrm{D}t}=\tau_{ij}\frac{\partial U_j}{\partial x_j}-\beta^*\rho\omega k+\frac{\partial}{\partial x_j}\left[(\mu+\sigma_{k1}\mu_t)\frac{\partial k}{\partial x_j}\right] \tag{3.130}$$

$$\frac{\mathrm{D}\rho\omega}{\mathrm{D}t}=\frac{\gamma_1}{\nu_t}\tau_{ij}\frac{\partial U_j}{\partial x_j}-\beta_1\rho\omega^2+\frac{\partial}{\partial x_j}\left[(\mu+\sigma_{\omega 1}\mu_t)\frac{\partial\omega}{\partial x_j}\right] \tag{3.131}$$

接着,将 $k-\varepsilon$ 模式方程式(3.49)和式(3.60)转化为 $k-\omega$ 模式的形式:

$$\frac{\mathrm{D}\rho k}{\mathrm{D}t}=\tau_{ij}\frac{\partial U_j}{\partial x_j}-\beta^*\rho\omega k+\frac{\partial}{\partial x_j}\left[(\mu+\sigma_{k2}\mu_t)\frac{\partial k}{\partial x_j}\right] \tag{3.132}$$

$$\frac{\mathrm{D}\rho\omega}{\mathrm{D}t}=\frac{\gamma_2}{\nu_t}\tau_{ij}\frac{\partial U_j}{\partial x_j}-\beta_2\rho\omega^2+\frac{\partial}{\partial x_j}\left[(\mu+\sigma_{w1}\mu_t)\frac{\partial\omega}{\partial x_j}\right]+2\rho\sigma_{\omega 2}\frac{1}{\omega}\frac{\partial k}{\partial x_j}\frac{\partial\omega}{\partial x_j} \tag{3.133}$$

现在将式(3.130)和式(3.131)乘以 F_1,再将式(3.132)和式(3.133)乘以 $1-F_1$,最后将每一组相对应的方程相加在一起得到新的方程:

$$\frac{\mathrm{D}\rho k}{\mathrm{D}t}=\tilde{p}_k-\beta^*\rho\omega k+\frac{\partial}{\partial x_j}\left[(\mu+\sigma_k\mu_t)\frac{\partial k}{\partial x_j}\right] \tag{3.134}$$

$$\frac{\mathrm{D}\rho\omega}{\mathrm{D}t}=\alpha\rho S^2-\beta_2\rho\omega^2+\frac{\partial}{\partial x_j}\left[(\mu+\sigma_\omega\mu_t)\frac{\partial\omega}{\partial x_j}\right]+2\rho(1-F_1)\frac{1}{\omega}\frac{\partial k}{\partial x_j}\frac{\partial\omega}{\partial x_j} \tag{3.135}$$

用参数 ϕ_1 来表示原始模式中的常数:σ_{k1}, …,用 ϕ_2 来代表转化 $k-\varepsilon$ 模式中的常数:σ_{k2}, …,并用 ϕ 表示新模式中对应的常数[32]:ϕ_k, …,这样就存在以下关系:

$$\phi=F_1\phi_1+(1-F_1)\phi_2 \tag{3.136}$$

这里 F_1 为混合函数。为保持 $k-\omega$ 模式的近壁特性,F_1 在边界层内层大部分区域上等于 1,同时为保证 $k-\varepsilon$ 模式不受自由流影响,F_1 在边界层边缘变为 0。其表达式为

$$F_1=\tanh(\arg_1^4) \tag{3.137}$$

$$\arg_1=\min\left(\max\left(\frac{\sqrt{k}}{0.09\omega y},\frac{500\nu}{y^2\omega}\right);\frac{4\rho\sigma_\omega k}{CD_{k\omega}y^2}\right) \tag{3.138}$$

这里交叉扩散项为

$$CD_{k\omega}=\max\left(2\rho\sigma_{\omega 2}\frac{1}{\omega}\frac{\partial k}{\partial x_j}\frac{\partial\omega}{\partial x_j},\ 10^{-20}\right) \tag{3.139}$$

涡黏性模式和雷诺应力模式(第 4 章)最大的区别是后者考虑了湍流剪切应力 $\tau=-\overline{uv}$ 输运过程的重要影响。Johnson - King 模式[58]最早提出了湍流剪切应力的输运方程,并在边界层中剪切应力正比于湍动能 k:

$$\tau=\rho a_1 k \tag{3.140}$$

式中,a_1 是一常数。Menter[56]将上式写为

$$\tau = \rho \sqrt{\frac{\text{湍能生成}}{\text{湍能耗散}}} a_1 k \tag{3.141}$$

逆压力梯度流动中的生成/耗散比要远大于 1(Driver[59]),式(3.133)会导致预测的剪切应力 τ 值偏大。因此,Menter[56]定义涡黏性系数:

$$\nu_t = \frac{a_1 k}{\Omega} \tag{3.142}$$

在传统的两方程模式中,湍流剪切应力会瞬间响应平均涡量 Ω。然而式(3.142)保证剪切应力 τ 不会比 $\rho a_1 k$ 响应更快。可见,式(3.142)会导致在 Ω 为零的位置的涡黏性无限大。而且,具有逆压力梯度的边界层大部分区域的(或者 $\Omega > a_1\omega$) 生成项都比耗散项大。因此,下面表达式:

$$\nu_t = \frac{a_1 k}{\max(a_1,\ \omega,\ \Omega)} \tag{3.143}$$

能满足逆压力梯度下边界层、尾迹区的计算,而 $k-\omega$ 模式的涡黏性计算公式(3.101)则应用于其他区域。

此外,对于自由剪切流,需要采用混合函数 F_2 修正 SST 模式涡黏性系数如下:

$$\nu_t = \frac{a_1 k}{\max(a_1\omega,\ \Omega F_2)} \tag{3.144}$$

$$F_2 = \tanh\left[\max\left(\frac{2\sqrt{k}}{\beta^* \omega y},\ \frac{500\nu}{y^2\omega}\right)\right] \tag{3.145}$$

上述模式中的常数定义为

$$\beta^* = 0.09,\ \alpha_1 = 5/9,\ \beta_1 = 3/40,\ \alpha_{k1} = 0.85,\ \sigma_{\omega 1} = 0.5 \tag{3.146}$$

对于无滑移壁面边界,除了 ω 之外所有的湍流变量均设为 0。Wilcox[60]要求近壁处的 ω 满足下面方程:

$$\omega \to \frac{6\nu}{\beta_1 y^2},\ y \to 0 \tag{3.147}$$

Menter 等[23]提出的边界条件更加简单而且足够精确:

$$\omega \to 10\frac{6\nu}{\beta_1(\Delta y)^2},\ y \to 0 \tag{3.148}$$

式中,Δy 是壁面第一层网格的离壁距离。

3.6.2 修正形式

1. 旋转和曲率修正

为了衡量旋转对流动稳定性的影响,Bradshaw[61]在平行剪切流研究中提出了理查森

数 Ri：

$$Ri = S(S+1), \quad S = -\frac{2\Omega}{\mathrm{d}U/\mathrm{d}y} \tag{3.149}$$

式中，$\mathrm{d}U/\mathrm{d}y$ 是流向速度在法向的梯度。在 $Ri<0$ 的区域，旋转对流动起到局部稳定的作用，而在 $Ri>0$ 的区域则会促进流动失稳，在 $Ri=0$ 时是中性稳定区域。对于一般三维流动，Hellsten[62]将该参数定义为

$$Ri = \frac{W}{S}\left(\frac{W}{S}-1\right), \ S = \sqrt{2S_{ij}S_{ij}}, \ W = \sqrt{2W_{ij}W_{ij}}$$

$$S_{ij} = \frac{1}{2}\left(\frac{\partial U_i}{\partial x_j}+\frac{\partial U_j}{\partial x_i}\right), \quad W_{ij} = \frac{1}{2}\left(\frac{\partial U_i}{\partial x_j}-\frac{\partial U_j}{\partial x_i}\right)+C_r\varepsilon_{ijm}\Omega_m \tag{3.150}$$

式中，ε_{ijk} 是置换张量；Ω_m 是角速度；C_r 值取 2。Hellsten 根据式(3.150)定义了旋转曲率修正系数：

$$F_4 = \frac{1}{1+C_{rc}Ri} \tag{3.151}$$

式中，C_{rc} 推荐值为 3.6。

参照 Shur 等[54]提出的 S－A 模式旋转修正函数式(3.124)，Smirnov 等[63]发展了 SST 模式的旋转修正函数 f_r：

$$f_r = \max[0, 1+C_{\mathrm{sca}}(\tilde{f}_r-1)] \tag{3.152}$$

其中，

$$\tilde{f}_r = \max[\min(f_{\mathrm{rot}}, 1.25), 0], f_{\mathrm{rot}} = (1+C_{r1})\frac{2r^*}{1+r^*}[1-C_{r3}\tan^{-1}(C_{r2}\tilde{r})]-C_{r1} \tag{3.153}$$

$$r^* = \frac{S}{W}, \ \tilde{r} = 2SW\left[\frac{\mathrm{D}S_{ij}}{\mathrm{D}t}+(\varepsilon_{imn}S_{jn}+\varepsilon_{jmn}S_{in})\Omega_m\right]\frac{1}{WD^3} \tag{3.154}$$

这里经验常数 C_{sca} 一般为 1(可以根据具体的流动问题进行调节)，$\mathrm{D}S_{ij}/\mathrm{D}t$ 为应变率张量的拉格朗日微分形式，经验常数 C_{r1}、C_{r2} 和 C_{r3} 的值分别为 1.0、2.0 和 3.0，式中 $D^2 = \max(S^2, 0.09\omega^2)$。

结合式(3.151)和式(3.152)，旋转和曲率修正的 SST 模式方程为

$$\frac{\mathrm{D}\rho k}{\mathrm{D}t} = \frac{\partial}{\partial x_j}\left[(\mu+\sigma_k\mu_t)\frac{\partial k}{\partial x_j}\right]+P_K f_r-\beta^*\rho\omega k \tag{3.155}$$

$$\frac{\mathrm{D}\rho\omega}{\mathrm{D}t} = \frac{\partial}{\partial x_j}\left[(\mu+\sigma_\omega\mu_t)\frac{\partial\omega}{\partial x_j}\right]+\frac{\gamma_1\omega}{k}P_K f_r-F_4\beta\rho\omega^2+2\rho(1-F_1)\frac{\sigma_{\omega2}}{\omega}\frac{\partial k}{\partial x_j}\frac{\partial\omega}{\partial x_j} \tag{3.156}$$

2. 自由流中的受控衰减修正

为了消除基准 SST 模式所导致的自由湍流的非物理衰减问题，Spalart 和 Rumsey[64] 提出了修正形式：

$$\frac{\mathrm{D}\rho k}{\mathrm{D}t}=\frac{\partial}{\partial x_j}\left[(\mu+\sigma_k\mu_t)\frac{\partial k}{\partial x_j}\right]+P_K-\beta^*\rho\omega k+\beta^*\rho\omega_{\mathrm{amb}}k_{\mathrm{amb}} \tag{3.157}$$

$$\frac{\mathrm{D}\rho\omega}{\mathrm{D}t}=\frac{\partial}{\partial x_j}\left[(\mu+\sigma_\omega\mu_t)\frac{\partial\omega}{\partial x_j}\right]+\frac{\gamma_1}{\nu_t}P_K-\beta\rho\omega^2+2\rho(1-F_1)\frac{\sigma_{\omega2}}{\omega}\frac{\partial k}{\partial x_j}\frac{\partial\omega}{\partial x_j}+\beta\rho\omega_{\mathrm{amb}}^2 \tag{3.158}$$

式中，下标 amb 表示自由流中的值。与基准 SST 模式式(3.124)和式(3.125)相比，上述两个方程只增加了等号右边的最后一项以维持湍流强度。此外，远场边界条件也修正为

$$k_{\mathrm{farfield}}=k_{\mathrm{amb}}=10^{-6}U_\infty^2,\ \omega_{\mathrm{farfield}}=\omega_{\mathrm{amb}}=\frac{5U_\infty}{L} \tag{3.159}$$

当湍流水平等于自由流中的设定值时，在自由流中修正项可以精确抵消破坏项。而在边界层内，修正项比破坏项小数个量级，影响可忽略。远场边界条件 $k_{\mathrm{farfield}}=k_{\mathrm{amb}}=10^{-6}U_\infty^2$ 对应的来流湍流度为 0.081%。

3. 壁面粗糙度修正

为了反映壁面粗糙度对湍流的影响，Knopp 等[65] 对基准 SST 模式方程式(3.134)和式(3.135)的物面边界条件进行了修正：

$$k=\frac{u_\tau^2}{\sqrt{\beta^*}}\min\left(1,\frac{k_s^+}{90}\right),\ \omega=\min\left(\frac{u_\tau^2}{\sqrt{\beta^*}\kappa\tilde{k}_0},\frac{60\nu}{\beta y_1^{+2}}\right) \tag{3.160}$$

式中，$u_\tau=\sqrt{\tau_w/\rho_w}$；$\tilde{k}_0=0.03k_s\varphi_\omega$，$k_s$ 为沙砾粗糙高度，φ_ω 为

$$\varphi_\omega=\min\left[1,\left(\frac{k_s^+}{30}\right)^{2/3}\right]\cdot\min\left[1,\left(\frac{k_s^+}{45}\right)^{1/4}\right]\cdot\min\left[1,\left(\frac{k_s^+}{60}\right)^{1/4}\right] \tag{3.161}$$

这里 k_s^+ 为无量纲沙砾粗糙高度：

$$k_s^+=u_\tau k_s/\nu \tag{3.162}$$

王亮等[66] 进一步将该修正推广至超声速湍流预测。

第 4 章
湍流的雷诺应力输运模式

湍流脉动的二阶矩,通常是指湍流脉动引起的动量输运(即雷诺应力)和标量输运,这些二阶关联量都是求解湍流平均运动方程的基本未知变量。本章从精确的二阶矩输运方程出发,对方程中的未知关联量(如压力的关联量和三阶关联量等)逐项建模近似,从而得到二阶矩输运方程的封闭形式。由于二阶矩输运方程摒弃了涡黏性假设而由 N－S 方程直接推导而来,包含有雷诺应力的对流、扩散、生成、再分配和耗散等重要的湍流物理机制,这类湍流模式原则上具有较高的精度和更广泛的应用范围。

学习要点:

(1) 理解雷诺应力输运方程的物理意义;

(2) 掌握压力-应变率关联项的建模思想和模式的建立过程;

(3) 掌握湍流扩散项的建模思想和模式的建立过程。

4.1 建模概要

第 3 章已经介绍了涡黏性模式理论,但并未讨论建立湍流模式的一般准则或要求,而是直接从基本假设出发,讨论了涡黏性模式的几种形式。本章将系统介绍从 N－S 方程推导出来的雷诺应力输运方程(也称作二阶矩输运方程)的封闭方法,因此有必要讨论建立湍流模式的基本要求。简言之,实用的湍流模式至少应当满足以下三条:

(1) 具有较为宽泛的应用范围和应用价值;

(2) 模式在数学上简单明了,物理机制上明确易懂;

(3) 容易数值化,使数值求解过程不至于过分复杂,对计算时间的增加可接受。

然而,二阶矩方程形式复杂,高阶关联项多,物理机制各不相同,因此,有必要给二阶矩方程的封闭提出如下要求:

(1) 用可知量模拟不可知量;

(2) 量纲不变;

(3) 数学性质不变,如张量的阶数不变,张量的缩并性质不变;

(4) 满足趋减原理：一般地，n 次关联项对平均场的影响大大小于$(n-1)$次关联项，所以，在二阶关联项的模化中，对三阶项的模化可取简单形式；

(5) 数学物理性质不变：① 对坐标的平移和旋转有同样的性质；② 具有同样的物理极限，如湍流的各向同性状态；

(6) 满足物理上的可实现性，如正应力不能为负，关联系数小于 1；

(7) 符合直觉与常识；

(8) 以简单形式张量替代复杂张量；

(9) 高雷诺数特性不变：① 大尺度湍流的相互作用不受流体黏性影响，并在动量输运过程中起主导作用；② 小尺度湍流运动不受时均流场和大尺度湍流影响，主要导致黏性耗散，其结构呈各向同性。

应当指出，常用的一些湍流模式并没有严格满足上面有些显而易见的建模要求。例如，根据涡黏性模式理论，雷诺正应力分量应当是

$$\overline{u_1^2} = \frac{2}{3}k - 2\nu_t \frac{\partial U_1}{\partial x_1}$$

根据定义，必须有 $\overline{u_1^2} \geqslant 0$，然而，上式等号右边并没有满足大于零的充分且必要的条件。因此，涡黏性模式在许多情况下可以较好地给出剪切湍流的结果，但对变形为主的湍流，如对分离或是再附区附近的湍流，预测误差往往较大。在下一章的非线性涡黏性模式的讨论中，我们将改进这一不足，建立满足物理可实现性条件的非线性涡黏性模式。

4.2　雷诺应力输运方程的物理意义

对于不可压缩流体，雷诺应力输运方程的准确形式(2.23)可写为

$$\frac{\partial \overline{u_i u_j}}{\partial t} + C_{ij} = P_{ij} + \Phi_{ij} + d_{ij}^{\nu} + d_{ij}^{t} + d_{ij}^{p} - \varepsilon_{ij} \tag{4.1}$$

其中，

对流项
$$C_{ij} = U_k \partial \overline{u_i u_j} / \partial x_k \tag{4.2}$$

生成项
$$P_{ij} = -(\overline{u_i u_k} \partial U_j / \partial x_k + \overline{u_j u_k} \partial U_i / \partial x_k) \tag{4.3}$$

压力-应变率关联项
$$\Phi_{ij} = \overline{\frac{p}{\rho}(\partial u_i / \partial x_j + \partial u_j / \partial x_i)} \tag{4.4}$$

分子扩散项
$$d_{ij}^{\nu} = \frac{\partial}{\partial x_k}(\nu \partial \overline{u_i u_j} / \partial x_k) \tag{4.5}$$

速度脉动扩散项
$$d_{ij}^{t} = -\frac{\partial}{\partial x_k} \overline{u_i u_j u_k} \tag{4.6}$$

压力脉动扩散项
$$d_{ij}^{p} = -\frac{\partial}{\partial x_k}\left(\frac{\overline{p u_j}}{\rho}\delta_{ik} + \frac{\overline{p u_i}}{\rho}\delta_{jk}\right) \tag{4.7}$$

黏性耗散项
$$\varepsilon_{ij} = 2\nu \overline{\frac{\partial u_i}{\partial x_k} \frac{\partial u_j}{\partial x_k}} \tag{4.8}$$

尽管第 2 章中已经对雷诺应力输运方程各项的物理意义作了介绍,由于其重要性,这里有必要再作讨论。对流项描述每一流体控制体中雷诺应力的总变化率,它由方程右边各项的不平衡性产生,同时又描述着湍流输运的历史效应。生成项描述湍流由时均应变率与雷诺应力相互作用而产生或减小的变化率。压力-应变率关联项描述湍流能量分量间的再分配作用。由于 $\phi_{ii} = 0$(由 $s_{ii} = 0$ 可知),这一项在湍流动能方程中不出现。因此,它在雷诺应力输运方程中有着特殊意义。分子扩散项、速度脉动扩散项和压力脉动扩散项代表湍流的扩散性。例如,在一薄剪切层中,$\partial U_1/\partial x_2$ 为最主要成分,在任何一截面进行积分时,此三项积分值的和为零。因此,它们的作用是促进湍流的空间分布。一般来说速度脉动扩散项是扩散过程中的主要成分,其他两项仅在近壁区有较大意义。黏性耗散项描述湍流动量通过流体黏性消耗并转化为流体内能的机制。对于雷诺应力输运方程中的各物理机制,Bradshaw[67]通过图 4.1 中的黑匣子作了较为形象的描述。

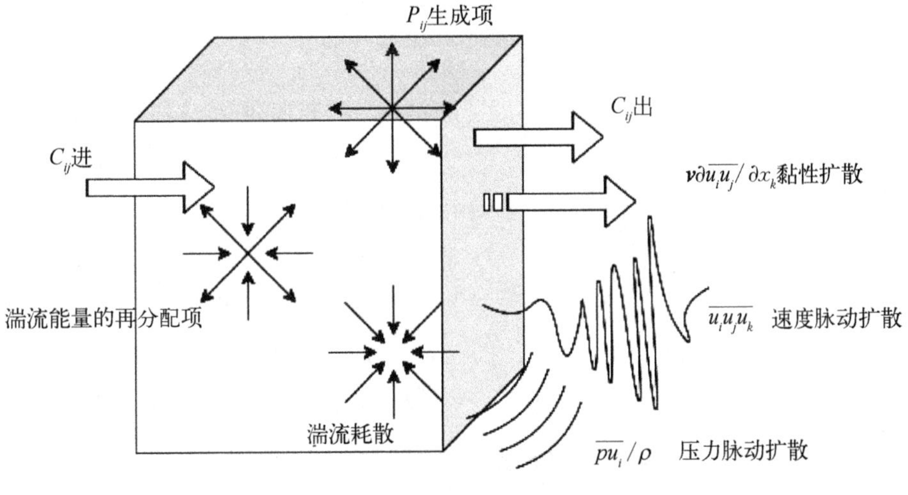

图 4.1　雷诺应力输运方程中物理机制示意图

在式(4.1)中,如果把 U_k 和 $\overline{u_iu_j}$ 当作计算中待求解的基本未知变量,则方程中需要用模式来近似的项还有 Φ_{ij}、d_{ij}^t、d_{ij}^p 和 ε_{ij},这些项的模化应当用 U_k 和 $\overline{u_iu_j}$ 以及时间和长度的尺度变量来表示。

4.3　雷诺应力各分量间相互耦合的几类流动

本节通过以下三个流动表明雷诺应力各分量之间强烈耦合,对曲率、旋转都十分敏感,实验观察亦发现如此。本节的分析仅立足湍流的生成与再分配项,表明该两项在雷诺应力的控制方程中扮演十分重要的作用。实际上,雷诺应力各分量的耗散在三维流动中也存在着强烈的各向异性[68]。

4.3.1 平面剪切流

在这种流动中，$\partial U_1/\partial x_2$ 为主要应变量，且认为 $\partial U_1/\partial x_2 > 0$。由式(4.1)可知

$$\begin{cases} P_{11} = -2\overline{u_1u_2}\dfrac{\partial U_1}{\partial x_2} \\ P_{22} = P_{33} = 0 \\ P_{12} = -\overline{u_2^2}\dfrac{\partial U_1}{\partial x_2} \end{cases} \tag{4.9}$$

对于剪切应力 $\overline{u_1u_2}$ 来说，由于其生成机制 $P_{12} < 0$，因而一般有 $\overline{u_1u_2} < 0$，因此，$P_{11} > 0$，由此可推断出

$$\overline{u_1^2} > \overline{u_2^2},\ \overline{u_3^2} \tag{4.10}$$

进一步分析雷诺应力相互耦合的机制，即由方程组(4.9)可知：剪切应力 $\overline{u_1u_2}$ 通过时均剪切与 $\overline{u_2^2}$（即通过 P_{12}）得以产生，$\overline{u_1u_2}$ 反过来又促进流动方向上的脉动能量 $\overline{u_1^2}$ 的增加（即通过 P_{11}）；然而，P_{22} 为零而 $\varepsilon_{22} \neq 0$，湍动能分量 $\overline{u_2^2}$ 怎么维持呢？根据雷诺应力输运方程(4.1)可知，这个能量分量的产生机制必须是来自再分配机制 ϕ_{22}，该项通过脉动压力的作用（即 $\phi_{22} + \phi_{33} = -\phi_{11}$）将能量从 $\overline{u_1^2}$ 输送给 $\overline{u_2^2}$（及 $\overline{u_3^2}$）（图 4.2）。由此，雷诺应力通过剪切应变率 $\partial U_1/\partial x_2$ 的作用而相互耦合并使各分量得以维持。

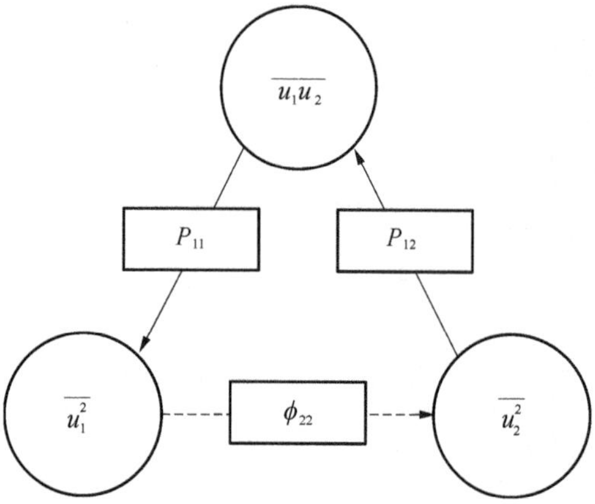

图 4.2 平面剪切流动雷诺应力相互耦合的机制

4.3.2 弱二次应变率（流线曲率）$\partial U_2/\partial x_1$ 效应

假设流场中出现如图 4.3 的流线曲率变化，流场中除 $\partial U_1/\partial x_2$ 外还存在二次应变率 $\partial U_2/\partial x_1$ 项，且 $\partial U_2/\partial x_1 > 0$（在流体经过凹表面时一般如此），但 $\partial U_1/\partial x_2 > \partial U_2/\partial x_1$。此时，

$$\begin{cases} P_{11} = -2\overline{u_1u_2}\left(\dfrac{\partial U_1}{\partial x_2} + \dfrac{\partial U_2}{\partial x_1}\right) \\ P_{22} = -2\overline{u_1u_2}\dfrac{\partial U_2}{\partial x_1} \\ P_{12} = -\overline{u_2^2}\dfrac{\partial U_1}{\partial x_2} - \overline{u_1^2}\dfrac{\partial U_2}{\partial x_1} \end{cases} \tag{4.11}$$

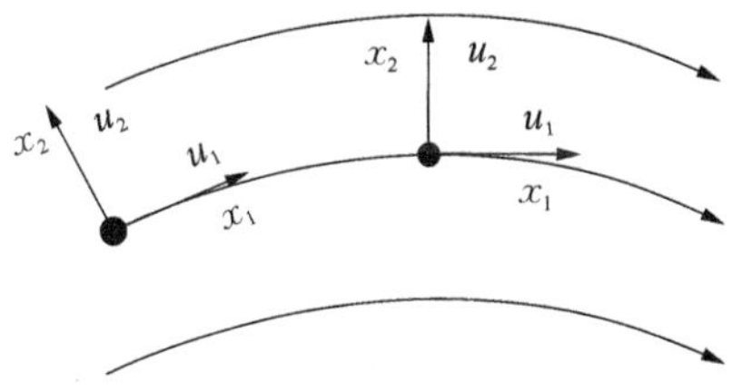

图 4.3　流线曲率变化

由图 4.3 继续可知，$\partial U_2/\partial x_1(>0)$ 的存在导致 P_{12} 在负值上继续增加，从而使 $\overline{u_1u_2}$ 在负值上继续增大。因此，$\overline{u_1^2}$ 也继续得以加强；同时，$\overline{u_2^2}$ 亦通过 $P_{22}(>0)$ 的存在也加强。由此可知，湍流剪切流对弱流线曲率很敏感：在凹表面情况下，即 $\partial U_2/\partial x_1>0$，雷诺应力一般得以增大，凹面湍流一般亦被视作不稳定流动。反之在凸面流动中湍流受到抑制，流动趋于稳定（读者自己证明，可将图 4.3 看作一圆环流动，以方便极坐标的选取）。

4.3.3　旋转圆管流动

考虑旋转圆管内的流动（图 4.4）。假设 $U_z=U_r=0$，湍流的生成机制由对流项和生成项共同组成。由定义可知（采用圆柱坐标系）：

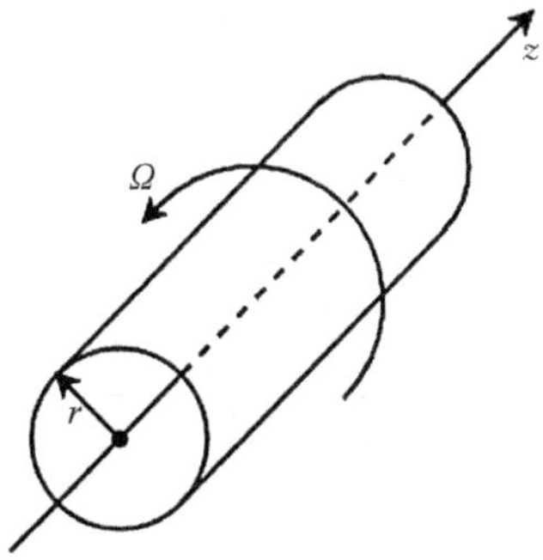

图 4.4　旋转圆管流动

$$\begin{cases} P_{rr}-c_{rr}=4\overline{u_\theta u_r}\dfrac{U_\theta}{r} \\ P_{\theta\theta}-c_{\theta\theta}=-2\overline{u_\theta u_r}\left(\dfrac{\partial U_\theta}{\partial r}+\dfrac{U_\theta}{r}\right) \\ P_{zz}-c_{zz}=0 \\ P_{r\theta}-c_{r\theta}=-\overline{u_r^2}\dfrac{\partial U_\theta}{\partial r}+(2\overline{u_\theta^2}-\overline{u_r^2})\dfrac{U_\theta}{r} \\ P_{rz}-c_{rz}=2\overline{u_\theta u_z}\dfrac{U_\theta}{r} \\ P_{\theta z}-c_{\theta z}=-\overline{u_r u_z}\left(\dfrac{\partial U_\theta}{\partial r}+\dfrac{U_\theta}{r}\right) \end{cases} \tag{4.12}$$

旋转流动在很大程度上取决于切向速度 U_θ 与半径 r 的变化。若取刚体旋转，$U_\theta\propto r$，则 $P_{kk}-c_{kk}=0$，湍动能最终衰减。但在真正的旋转圆管中流动中，

$$U_\theta\propto r^2\Rightarrow\partial U_\theta/\partial r\approx 2U_\theta/r \tag{4.13}$$

因此，

$$P_{kk}-c_{kk}=P_{\theta\theta}+P_{rr}-c_{\theta\theta}-c_{rr}\Rightarrow P_{kk}-c_{kk}=-2\overline{u_\theta u_r}\frac{U_\theta}{r} \tag{4.14}$$

这里，湍动能不为零的条件为 $\overline{u_\theta u_r}$ 小于零，即 $P_{r\theta}-c_{r\theta}=(2\overline{u_\theta^2}-3\overline{u_r^2})\dfrac{U_\theta}{r}<0$，尽管看起来不明确，但事实确实如此。

作为对比，假设 U_θ 与半径 r 的关系成反比，即

$$U_\theta r=A,\quad \frac{\partial U_\theta}{\partial r}=-\frac{A}{r^2}\quad(A=\text{const}>0) \tag{4.15}$$

则

$$\begin{cases} P_{r\theta} - c_{r\theta} = 2\overline{u_\theta^2}\dfrac{U_\theta}{r} > 0 \\ P_{kk} - c_{kk} = 4\overline{u_\theta u_r}\dfrac{U_\theta}{r} > 0 \end{cases} \tag{4.16}$$

即 $\overline{u_\theta u_r}$ 大于零,这里强烈地意味着湍流的增强(请读者自行演绎)。

4.4 压力-应变率关联项的模化

这一项表示为式(4.4)。它在雷诺应力方程中的作用非常重要,但其模化却颇为困难。2.3 节已导出不可压缩湍流中压力脉动满足的 Poisson 方程(2.21)。这个方程可写为

$$\frac{\nabla^2 p}{\rho} = -2\frac{\partial u_l}{\partial x_k}\frac{\partial U_k}{\partial x_l} - \frac{\partial^2}{\partial x_k \partial x_l}(u_k u_l - \overline{u_k u_l}) \tag{4.17}$$

若流动远离固体壁面和自由表面,根据 Green 定理,式(4.17)的解可表示为对整个流动空间的一个积分式:

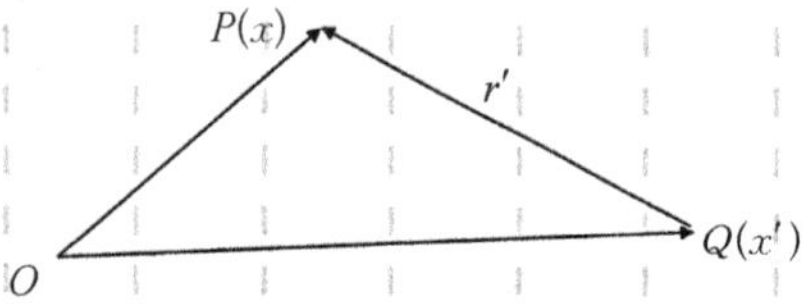

图 4.5　流场中点 $P(x)$ 与 $Q(x')$ 的距离为 r', $x=x'+r'$

$$\frac{p}{\rho} = \frac{1}{4\pi}\iiint_{\mathrm{Vol}}\left[\frac{\partial^2(u'_k u'_l - \overline{u'_k u'_l})}{\partial x'_k \partial x'_l} + 2\frac{\partial u'_l}{\partial x'_k}\frac{\partial U'_k}{\partial x'_l}\right]\frac{\mathrm{d\ Vol}}{r'} \tag{4.18}$$

式中,上标′表示流场中与所论点距离为 r' 的点的坐标和速度分量(图 4.5)。式(4.18)表示对流场中所有的点积分。将式(4.18)等号两边乘以 $(\partial u_i/\partial x_j + \partial u_j/\partial x_i)$,再作系综平均,得

$$\begin{aligned} \Phi_{ij} = \overline{\frac{p}{\rho}\left(\frac{\partial u_i}{\partial x_j} + \frac{\partial u_j}{\partial x_i}\right)} &= \underbrace{\frac{1}{4\pi}\iiint_{\mathrm{Vol}}\overline{\frac{\partial^2 u'_k u'_l}{\partial x'_k \partial x'_l}\left(\frac{\partial u_i}{\partial x_j} + \frac{\partial u_j}{\partial x_i}\right)}\frac{\mathrm{d\ Vol}}{r'}}_{\Phi_{ij1}} \\ &\quad \underbrace{+ \frac{1}{2\pi}\iiint_{\mathrm{Vol}}\frac{\partial U'_k}{\partial x'_l}\overline{\frac{\partial u'_l}{\partial x'_k}\left(\frac{\partial u_i}{\partial x_j} + \frac{\partial u_j}{\partial x_i}\right)}\frac{\mathrm{d\ Vol}}{r'}}_{\Phi_{ij2}} \end{aligned} \tag{4.19}$$

由式(4.19)可见,在远离固体壁面和自由表面的湍流流动中,Φ_{ij} 可分为两个部分,即

$$\Phi_{ij} = \Phi_{ij1} + \Phi_{ij2}$$

式中,Φ_{ij1} 和 Φ_{ij2} 分别表示式(4.19)右边的第一个和第二个体积分。就其物理机制而言,Φ_{ij1} 是由湍流脉动速度场之间的非线性相互作用形成的。这种作用的完成需要一个松弛时间,而且,下文将说明,这种作用的效果是使湍流趋向于各向同性。因此,Φ_{ij1} 通常被称

为压力-应变率关联量的缓变项或回归各向同性项(return-to-isotropy term)。Φ_{ij2} 是由平均速度场和湍流脉动速度场之间的相互作用形成的,完成这种作用的时间要比 Φ_{ij1} 快得多,因而通常称它为速变项(rapid term)。这两种作用的物理机制不同,因而建立其数学模式的途径也不同。另外,由式(4.19)可见,Φ_{ij1} 和 Φ_{ij2} 的精确表达式都包含湍流流动中两点脉动速度场的关联量,它们都具有非局域(non-local)性。但是,在下面建立的近似模式中忽略了这种非局域性,因而也称为单点封闭模式。

4.4.1　缓变项 Φ_{ij1} 的模化

考虑一个各向异性的均匀湍流场,其中各统计平均量的空间梯度为零。在这种情况下雷诺应力输运方程(4.1)可简化为

$$\mathrm{d}\overline{u_i u_j}/\mathrm{d}t = \Phi_{ij1} - \varepsilon_{ij} \tag{4.20}$$

定义一个无量纲的表示雷诺应力各向异性的张量——雷诺应力各向异性张量 a_{ij}:

$$a_{ij} = \overline{u_i u_j}/k - 2\delta_{ij}/3 \tag{4.21}$$

对于各向同性湍流,$a_{ij} = 0$,即

$$\overline{u_i u_j} = \begin{cases} 0, & 若\ i \neq j \\ 2k/3, & 若\ i = j = 1,\ 2,\ 3 \end{cases}$$

式中,$k = \overline{u_i u_i}/2$ 是湍流动能。由式(4.20)和式(4.21),并注意到 $\Phi_{ii1} = 0$,可得 a_{ij} 的输运方程如下:

$$\frac{\mathrm{d}a_{ij}}{\mathrm{d}t} = \frac{1}{k}\left[(\Phi_{ij1} + \varepsilon a_{ij}) - \left(\varepsilon_{ij} - \frac{2}{3}\delta_{ij}\varepsilon\right)\right] \tag{4.22}$$

在高湍流雷诺数流动中,通常假设雷诺应力的耗散率是各向同性的,即 $\varepsilon_{ij} = (2/3)\delta_{ij}\varepsilon$,这里 ε 是湍动能耗散率。由此,式(4.22)可写为

$$\frac{\mathrm{d}a_{ij}}{\mathrm{d}t} = \frac{1}{k}(\Phi_{ij1} + \varepsilon a_{ij}) \tag{4.23}$$

Φ_{ij1} 和 a_{ij} 都是迹为零的二阶张量。由式(4.23)可知,当 $a_{ij} = 0$ 时,Φ_{ij1} 也必为零。换言之,各向同性湍流不能通过湍流速度脉动场的相互作用转变为各向异性,或者说,这种回归各向同性是单向不可逆过程。对 Φ_{ij1} 的最简单的近似是以下正比关系[9]:

$$\Phi_{ij1} = -C_1 \varepsilon a_{ij} \tag{4.24}$$

将式(4.24)代入式(4.23),则有

$$\frac{\mathrm{d}a_{ij}}{\mathrm{d}t} = (1 - C_1)\frac{\varepsilon}{k}a_{ij} \tag{4.25}$$

积分式(4.25),可得

$$a_{ij} = a_{ij}\Big|_{t=0} \exp[(1 - C_1)(\varepsilon/k)t] \tag{4.26}$$

由式(4.26)可见,雷诺应力各向异性的程度是随时间增长还是随时间衰减取决于 C_1 小于 1 还是大于 1。实验表明,在无外力作用的情况下,均匀各向异性湍流是随时间衰减的,各向异性的程度愈小,衰减的速率愈慢。因此, $C_1 > 1$。依据数值实验的结果, Launder 等[69]建议在式(4.24)中取 $C_1 = 1.8$。

4.4.2 速变项 Φ_{ij2} 的模化

1. 准各向同性模式(QIM)

由式(4.19)可见, Φ_{ij2} 的迹为零。在远离固体壁面和自由表面处,近似地假设平均应变率在湍流的积分尺度内是均匀的,因而式(4.19)右边第二个积分符号中的平均应变率可提出到积分号之外,即

$$\Phi_{ij2} = \frac{1}{2\pi}\frac{\partial U_k}{\partial x_l}\iiint_{\text{Vol}} \overline{\frac{\partial u_l'}{\partial x_k'}\left(\frac{\partial u_i}{\partial x_j} + \frac{\partial u_j}{\partial x_i}\right)} \frac{\mathrm{d\,Vol}}{r'} \tag{4.27}$$

因此,式(4.27)右边的积分只与速度脉动场有关,它表示两点速度脉动梯度关联量的全场积分,且与 $\overline{u_i u_j}$ 有相同的量纲。

对式(4.27)右边的两点关联量的积分的最简单的近似,是假设它可以表示为 $\overline{u_i u_j}$ 的线性组合,并具有与相应精确积分式相同的对称性。将式(4.27)表示为

$$\Phi_{ij2} = \frac{\partial U_k}{\partial x_l}(a_{lkij} + a_{lkji}) \tag{4.28}$$

这里, a_{lkij} 是表示两点关联量 $(\partial u_l'/\partial x_k')(\partial u_i/\partial x_j)$ 全场积分的四阶张量。如果把这个四阶张量表示为 $\overline{u_i u_j}$ 的线性组合,则有

$$\begin{aligned} a_{lkij} = {} & \alpha\overline{u_l u_i}\delta_{kj} + \beta(\overline{u_l u_k}\delta_{ij} + \overline{u_i u_j}\delta_{lk} + \overline{u_i u_k}\delta_{lj} + \overline{u_l u_j}\delta_{ik}) \\ & + C_2\overline{u_k u_j}\delta_{il} + [\eta\delta_{il}\delta_{kj} + \nu(\delta_{lj}\delta_{ik} + \delta_{lk}\delta_{ij})k] \end{aligned} \tag{4.29}$$

其中,α、β、C_2、η 和 ν 都是常数。接下来用运动的约束条件来尽可能多地确定这些常数。

由式(4.27)可知, $a_{lkii} = 0$, 因而有

$$(\alpha + 5\beta + C_2)\overline{u_l u_k} + (2\beta + \eta + 4\nu)\delta_{lk}k = 0 \tag{4.30}$$

由于式(4.30)对任意选取的 l 和 k 都成立,故其左边的两项必须分别为零,即

$$\alpha + 5\beta + C_2 = 0 \tag{4.31}$$

$$2\beta + \eta + 4\nu = 0 \tag{4.32}$$

另外,如果令 $k = j$, 则有

$$\alpha_{lkik}=-\frac{1}{2\pi}\iiint_{Vol}\overline{\frac{\partial u'_l}{\partial x'_k}\frac{\partial u_i}{\partial x_k}}\frac{d\ Vol}{r'}=\frac{1}{2\pi}\iiint_{Vol}\overline{\frac{\partial^2 u'_l u_i}{\partial x'_k \partial x_k}}\frac{d\ Vol}{r'} \tag{4.33}$$

即，x_k 与 x'_k 两点相互独立。同时，由于 $r'_k=x'_k-x_k$，r'_k 表示两点间距离的投影，

$$\frac{\partial}{\partial x'_k}(\quad)\Big|_{x_k}=\frac{\partial}{\partial r'_k}(\quad)\Big|_{x_k}$$

$$\frac{\partial}{\partial x_k}(\quad)\Big|_{x'_k}=-\frac{\partial}{\partial r'_k}(\quad)\Big|_{x_k}+\frac{\partial}{\partial x_k}(\quad)\Big|_{r'_k} \tag{4.34}$$

由均匀性近似，式(4.34)右边第二项为零，故有

$$\alpha_{lkik}=-\frac{1}{2\pi}\iiint_{Vol}\overline{\frac{\partial^2 u'_l u_i}{\partial r'_k \partial r'_k}}\frac{d\ Vol}{r'} \tag{4.35}$$

现在，假设两点速度脉动的关联只是 r' 的函数（这相当于假设湍流各向同性），取球坐标系，且令 $d\ Vol=4\pi r'^2 dr'$，并注意到 $\lim_{r'\to\infty}\overline{u'_l u'_i}=0$，则式(4.35)右边可积分得出

$$\alpha_{lkik}=2\overline{u_l u_i} \tag{4.36}$$

由式(4.36)，若在式(4.29)中令 $k=j$，可得

$$(3\alpha+4\beta)\overline{u_l u_i}+(2C_2+3\eta+2\nu)\delta_{li}k=2\overline{u_l u_i} \tag{4.37}$$

由于式(4.37)对任意选取的 l 和 i 都成立，故必有

$$3\alpha+4\beta=2 \tag{4.38}$$

$$2C_2+3\eta+2\nu=0 \tag{4.39}$$

从式(4.31)、式(4.32)、式(4.38)和式(4.39)这四个代数方程可求解 α、β、η 和 ν，并将它们表示为 C_2 的函数。把这些函数代入式(4.29)得到 α_{lkij}，再把 i 与 j 互换得到 α_{lkji}，最后将此二者代入式(4.28)，就得到

$$\Phi_{ij2}=-\frac{C_2+8}{11}\left(P_{ij}-\frac{1}{3}\delta_{ij}P_{kk}\right)-\frac{30C_2-2}{55}k\left(\frac{\partial U_i}{\partial x_j}+\frac{\partial U_j}{\partial x_i}\right)$$
$$-\frac{8C_2-2}{11}\left(D_{ij}-\frac{1}{3}\delta_{ij}D_{kk}\right) \tag{4.40}$$

式中，P_{ij} 即为式(4.3)给出的雷诺应力生成率张量，而

$$D_{ij}=-\left(\overline{u_i u_k}\frac{\partial U_k}{\partial x_j}+\overline{u_j u_k}\frac{\partial U_k}{\partial x_i}\right) \tag{4.41}$$

式(4.40)给出的 Φ_{ij2} 的模式是分别由 Launder 等[69] 和 Naot 等[70] 建立的。这个模式的特点是：

(1) Φ_{ij2} 用 $\overline{u_i u_j}$ 的线性组合来表示；

（2）近似地采用了湍流各向同性假设。因而，这个模式被称为 Φ_{ij2} 的准各向同性模式（quasi-isotropic model，QIM）。

模式中的常数 C_2 是依据简单剪切流动的计算结果与实验数据拟合得到的。Launder 等[13]给出的最佳拟合值是 $C_2 = 0.4$。

2. 应力生成各向同性模式（IPM）

若取 $C_2 = 0.4$，不难看出式（4.40）右边第一项的系数（0.764）要比第二项的系数（0.182）和第三项的系数（0.109）大得多。因此，也许式（4.40）的简化近似可以只保留其右边第一项，而适当调整这一项的系数以补偿对其右边第二和第三项的忽略。事实上，Naot[11]根据直觉提出：Φ_{ij2} 的作用是使由平均应变率引起的 $\overline{u_i u_j}$ 的生成率趋于各向同性，他们假设：

$$\Phi_{ij2} = - C'_2\left(P_{ij} - \frac{1}{3}\delta_{ij}P_{kk}\right) \tag{4.42}$$

式（4.42）亦可理解为式（4.40）的截断形式。对于各向同性湍流，若取 $C'_2 = 0.6$，由式（4.40）可精确导出式（4.42）。因而 Naot 建议在式（4.42）中取 $C'_2 = 0.6$。式（4.42）比式（4.40）简单，且有一定的物理意义，通常被称为 Φ_{ij2} 的应力生成各向同性模式（isotropization-of-production model，IPM）。

计算结果表明，对于接近平衡态的（$P_k \approx \varepsilon$）、较为简单的湍流流动，QIM 的预测结果是可以接受的；对于非平衡态的湍流流动，QIM 往往给出过高（当 $P_k > \varepsilon$）或过低（当 $P_k < \varepsilon$）的雷诺切应力值。对于旋转湍流（见 4.3.3 小节），QIM 有时甚至给出符号与实验结果相反的雷诺切应力分量（Launder 等[13]）。在这些情况下，IPM 的预测结果反而比 QIM 的预测结果更好。

3. 基准模式：应力生成和对流各向同性模式（IPCM）

符松等[17]进一步提出了生成与对流各向同性的压力-应变项模式。他们认识到模拟旋转湍流时需要考虑 P_{ij} 的张量特性。对于定常旋转湍流，将雷诺应力输运方程（4.1）重写为

$$C_{ij} = P_{ij} + \Phi_{ij} - \varepsilon_{ij} + R_{ij} + d_{ij} \tag{4.43}$$

式中，坐标旋转张量 $R_{ij} = - 2\Omega_k(\overline{u_j u_m}\varepsilon_{ikm} + \overline{u_i u_m}\varepsilon_{jkm})$。他们利用压力脉动信息来修正 C_{ij}、P_{ij} 和 R_{ij} 的模式，特别是注意到 C_{ij} 和 P_{ij} 在旋转湍流中起到相似的作用，由此导出（$P_{ij} + R_{ij} - C_{ij}$）是客观张量，又由式（4.42）（即 IPM 模式），有

$$\Phi_{ij2} = - C_2\left[P_{ij} + R_{ij} - C_{ij} - \frac{1}{3}\delta_{ij}(P_{kk} - C_{kk})\right] \tag{4.44}$$

由于 $R_{kk} = 0$，在平衡流中 C_{ij} 为零，上式回归 IPM 模式。对于简单的自由剪切流动，$\left(C_{ij} - \frac{1}{3}\delta_{ij}C_{kk}\right)$ 的影响很小，上式的预测结果仍等同于 IPM。只有在具有较强流向涡量的流动中，通过表 4.1 中包含（W/r）的各分量，$\left(C_{ij} - \frac{1}{3}\delta_{ij}C_{kk}\right)$ 才会产生较大的影响。

基于式(4.44)的模式详见 4.6 节。该模式被视为二阶矩封闭模式中压力应变快速项的“基准模式”,包含于流体仿真商业软件 ANSYS Fluent“默认的二阶矩模式”模块之中。

表 4.1　轴对称旋流对流项和生成项的分量$[D(\ )=U_k\partial(\ )/\partial x_k]$

应　力	$C_{ij}-\frac{1}{3}\delta_{ij}C_{kk}$	P_{ij}
$\overline{u^2}$	$D(\overline{u^2}-\frac{2}{3}k)$	$-2\overline{u^2}\frac{\partial U}{\partial x}-2\overline{uv}\frac{\partial U}{\partial r}$
$\overline{v^2}$	$D(\overline{v^2}-\frac{2}{3}k)-2\overline{vw}\frac{W}{r}$	$-2\overline{uv}\frac{\partial V}{\partial x}-2\overline{v^2}\frac{\partial V}{\partial r}+2\overline{vw}\frac{W}{r}$
$\overline{w^2}$	$D\left(\overline{w^2}-\frac{2}{3}k\right)+2\overline{vw}\frac{W}{r}$	$-2\overline{uw}\frac{\partial W}{\partial x}-2\overline{vw}\frac{\partial W}{\partial r}-2\overline{w^2}\frac{V}{r}$
$\overline{uv}$	$D(\overline{uv})-\overline{uw}\frac{W}{r}$	$-\overline{u^2}\frac{\partial V}{\partial x}-\overline{uv}\frac{\partial V}{\partial r}+\overline{uw}\frac{W}{r}-\overline{uv}\frac{\partial U}{\partial x}-\overline{v^2}\frac{\partial U}{\partial r}$
$\overline{uw}$	$D(\overline{uw})+\overline{uv}\frac{W}{r}$	$-\overline{u^2}\frac{\partial W}{\partial x}-\overline{uv}\frac{\partial W}{\partial r}-\overline{uw}\frac{V}{r}-\overline{uw}\frac{\partial U}{\partial x}-\overline{vw}\frac{\partial U}{\partial r}$
$\overline{vw}$	$D(\overline{vw})+\frac{W}{r}(\overline{v^2}-\overline{w^2})$	$-\overline{uv}\frac{\partial W}{\partial x}-\overline{v^2}\frac{\partial W}{\partial r}-\overline{vw}\frac{V}{r}-\overline{uw}\frac{\partial V}{\partial x}-\overline{vw}\frac{\partial V}{\partial r}+\overline{w^2}\frac{W}{r}$

4.5　压力-应变率关联项模式的近壁修正

壁面边界的存在将使压力-应变率关联项的模拟复杂化。这首先是因为固体壁面会反射压力脉动,即产生所谓回声效应。另外,由于固体壁面的限制,在壁面附近平均速度和速度脉动的法向分量都随与壁面距离的减小而急剧减小,因而在壁面附近湍流流动的非均匀性和各向异性都显著增大。这些因素将使 4.4 节建立的 $\boldsymbol{\Phi}_{ij1}$ 和 $\boldsymbol{\Phi}_{ij2}$ 的近似模式在邻近固体壁面处不完全适用。

为了表现回声效应,考虑 Poisson 方程(4.17)在平壁面 S 一侧的半无限域内的积分。应用 Green 函数,这个积分的一般形式如下:

$$p(M_0)=\frac{1}{4\pi}\iint_S\left(\frac{1}{r(M_0,\ M)}+\frac{1}{r(M_0^*,\ M)}\right)\frac{\partial p(M)}{\partial n}\mathrm{d}s-\frac{1}{4\pi}\iiint_{\mathrm{Vol}}\left(\frac{1}{r(M_0,\ M)}+\frac{1}{r(M_0^*,\ M)}\right)\nabla^2 p\mathrm{d}\ \mathrm{Vol}\tag{4.45}$$

式中,M_0 是计算压力脉动的点;M_0^* 是它的镜像;M 是被积分点;$\mathrm{d}s$ 是壁面面元;$\partial/\partial n$ 是壁面法向导数。将式(4.45)代入 $\boldsymbol{\Phi}_{ij}$ 的表达式(4.4),则有

$$\boldsymbol{\Phi}_{ij}=\boldsymbol{\Phi}_{ij1}+\boldsymbol{\Phi}_{ij2}+\boldsymbol{\Phi}_{ijw}\tag{4.46}$$

其中，Φ_{ij1} 和 Φ_{ij2} 对应于式(4.45)中的两项体积分，也就是上面讨论过的 Φ_{ij} 的缓变项和速变项。Φ_{ijw} 对应式(4.45)中的面积分，其表达式可写为

$$\Phi_{ijw} = \frac{1}{4\pi}\iint_S \left[\frac{1}{r}\frac{\partial}{\partial n'}\overline{\frac{p'}{\rho}\left(\frac{\partial u_i}{\partial x_j}+\frac{\partial u_j}{\partial x_i}\right)} - \overline{\frac{p'}{\rho}\left(\frac{\partial u_i}{\partial x_j}+\frac{\partial u_j}{\partial x_i}\right)}\frac{\partial}{\partial n'}\left(\frac{1}{r}\right) \right] \mathrm{d}s' \tag{4.47}$$

式(4.47)表示的 Φ_{ijw} 是由压力脉动在壁面上的反射造成的。这一壁面效应对雷诺应力输运的影响很难凭直觉判断。但是，以下几点是清楚的：① 其作用使壁面法向的速度脉动分量减小；② 这一作用随着与壁面的距离增加而减小；③ 由于式(4.47)中的 p'/ρ 包含缓变和速变两部分，Φ_{ijw} 也应包含相应的缓变部分和速变部分，即

$$\Phi_{ijw} = \Phi_{ij1w} + \Phi_{ij2w} \tag{4.48}$$

迄今，我们还不能严格地按照物理机制来模拟 Φ_{ij1w} 和 Φ_{ij2w}，最多只能提出这两项的某种半经验模式，使被模拟流动中雷诺应力场的计算结果在总体上接近真实流动。

对于 Φ_{ij1w}，Shir[71] 提出了如下模式：

$$\Phi_{ij1w} = C_{1w}\frac{\varepsilon}{k}\left(\overline{u_k u_m}\, n_k n_m \delta_{ij} - \frac{3}{2}\overline{u_k u_i}\, n_k n_j - \frac{3}{2}\overline{u_k u_j}\, n_k n_i\right) f\left(\frac{l}{x_n}\right) \tag{4.49}$$

式中，n_j 是壁面法向单位矢量；x_n 是计算点与壁面的垂直距离；$l = k^{3/2}/\varepsilon$ 是湍流惯性区的长度尺度；$f(l/x_n)$ 是表示计算点与壁面接近程度的函数，在紧靠壁面处 $f = 0$。Shir 在提出上述 Φ_{ij1w} 的模式时并未对 Φ_{ij2} 作近壁修正。有的研究者[72]认为，因为 Φ_{ij2} 是由尺度较大的平均应变率引起的，它对于固壁的影响比 Φ_{ij1} 更为敏感。为此，Hanjalic[73] 把 Shir 对 Φ_{ij1} 作近壁修正的思想推广于 Φ_{ij2}，他们提出了如下模式：

$$\Phi_{ij2w} = C_{2w}\left(\Phi_{km2} n_k n_m \delta_{ij} - \frac{3}{2}\Phi_{ik2} n_k n_j - \frac{3}{2}\Phi_{jk2} n_k n_i\right) f\left(\frac{l}{x_n}\right) \tag{4.50}$$

式(4.49)和式(4.50)中的经验常数和函数 $f(l/x_n)$ 由计算结果与实验结果的比较标定如下：

$$C_{1w} = 0.5 \qquad C_{2w} = 0.3$$

$$f(l/x_n) = k^{3/2}/c_l \varepsilon x_n \qquad c_l = 2.5$$

显然，上述 Φ_{ij1w} 和 Φ_{ij2w} 的模式是有局限性的，因为，① 它们都是基于对平壁面的考虑建立的，对于一般情况下的大曲率固体边界不一定适用；② 在模式(4.49)和(4.50)中包含了与参考坐标系有关的参变量 l/x_n，严格地说，这不符合建立湍流模式的原则。

4.6 压力-应变率关联项的非线性模式

一些学者致力于采用压力-应变关联项的高阶模式来反映壁面反射项的影响，如 SSG 模式[74]和以 FLT 模式[17]为代表的 TCL 类模式[75]等。这些模式不需要对压力反射效应进行修正，在壁面附近比 LRR 模式表现得更好。本节将详细介绍 TCL 类模式。

Lumley 从可实现性(realizability)的角度出发,提出湍流模式需满足二分量极限(two-component limit, TCL)条件,此时正应力分量中的一个为零,模式结果不能出现负的正应力,否则将不满足可实现性条件。TCL 模式始于符松的工作[72,76],Craft 和 Launder 对其进行了总结[75]。该模式基于 Lumley 平坦因子(flatness factor)A:

$$A = 1 - \frac{9}{8}(A_2 - A_3) \tag{4.51}$$

式中,$A_2 \equiv a_{ij}a_{ji}$ 和 $A_3 \equiv a_{ij}a_{jk}a_{ki}$ 是两个独立的关于雷诺应力张量的不变量,a_{ij} 是式(4.21)所定义的雷诺应力各向异性张量。A 的一个重要性质是它在二分量极限下趋于零。因此,缓变项被模化为

$$\phi_{ij1} = -c_1\varepsilon\left[a_{ij} + c_1'\left(a_{ik}a_{kj} - \frac{1}{3}\delta_{ij}A_2\right)\right] - \varepsilon A a_{ij} \tag{4.52}$$

式中,$c_1 = 3.1(A_2A)^{0.5}$;$c_1' = 1.2$。

接下来,TCL 模式假设式(4.28)中两点关联量 $(\partial u_l'/\partial x_k')(\partial u_i/\partial x_j)$ 全场积分的四阶张量 a_{lkij} 可通过雷诺应力各向异性张量展开为

$$\begin{aligned}
a_{lkij} = {} & \alpha_1\delta_{li}\delta_{kj} + \alpha_2(\delta_{lj}\delta_{ki} + \delta_{lk}\delta_{ij}) \\
& + \alpha_3 a_{li}\delta_{kj} + \alpha_4 a_{kj}\delta_{li} + \alpha_5(a_{lj}\delta_{ki} + a_{lk}\delta_{ij} + a_{ij}\delta_{lk} + a_{ki}\delta_{lj}) \\
& + \alpha_6 a_{li}\delta_{kj} + \alpha_7(a_{lj}a_{ki} + a_{lk}a_{ij}) \\
& + \alpha_8 a_{li}^2\delta_{kj} + \alpha_9 a_{kj}^2\delta_{li} + \alpha_{10}(a_{lj}^2\delta_{ki} + a_{lk}^2\delta_{ij} + a_{ij}^2\delta_{lk} + a_{kj}^2\delta_{li}) \\
& + [\alpha_{11}\delta_{li}\delta_{kj} + \alpha_{12}(\delta_{lj}\delta_{ki} + \delta_{lk}\delta_{ij})]a_{nn}^2 \\
& + \alpha_{13}a_{li}a_{kj}^2 + \alpha_{14}a_{kj}a_{li}^2 + \alpha_{15}(a_{lj}a_{ki}^2 + a_{lk}a_{ij}^2 + a_{ij}a_{lk}^2 + a_{ki}a_{lj}^2) \\
& + [\alpha_{16}\delta_{li}\delta_{kj} + \alpha_{17}(\delta_{lj}\delta_{ki} + \delta_{lk}\delta_{ij})]a_{nn}^3 + [\alpha_{18}a_{li}\delta_{kj} + \alpha_{19}a_{kj}\delta_{li} \\
& + \alpha_{20}(a_{lj}\delta_{ki} + a_{lk}\delta_{ij} + a_{ij}\delta_{lk} + a_{ki}\delta_{lj})]a_{nn}^2
\end{aligned} \tag{4.53}$$

上式截断至三阶项,即使考虑了对称性,仍有 20 个未知参数。于是加入其他限制条件,包括:

$$a_{lkii} = 0 = a_{llij}; \quad a_{lmim} = 2\overline{u_l u_i} \tag{4.54}$$

并且由二分量极限条件,有

$$a_{lk\alpha j} = 0, \text{当} \overline{u_\alpha u_j} = 0 \text{时} \tag{4.55}$$

于是 20 个未知量中的 18 个可以被确定。最终速变项被模化为

$$\begin{aligned}
\phi_{ij2} = {} & -0.6(P_{ij} - \delta_{ij}P_{kk}/3) + 0.3\varepsilon b_{ij}(P_{kk}/\varepsilon) \\
& - 0.2\left[\frac{\overline{u_k u_j u_l u_i}}{k}\left(\frac{\partial U_k}{\partial x_l} + \frac{\partial U_l}{\partial x_k}\right) - \frac{\overline{u_l u_k}}{k}\left(\overline{u_i u_k}\frac{\partial U_j}{\partial x_l} + \overline{u_j u_k}\frac{\partial U_i}{\partial x_l}\right)\right] \\
& - c_2[A_2(P_{ij} - D_{ij}) + 3b_{mi}b_{nj}(P_{mn} - D_{mn})] \\
& + c_2'\left\{\left(\frac{7}{15} - \frac{A_2}{4}\right)\left(P_{ij} - \frac{1}{3}\delta_{ij}P_{kk}\right)\right.
\end{aligned}$$

$$
\begin{aligned}
&+0.1\varepsilon\left[a_{ij}-\frac{1}{2}\left(a_{ik}a_{kj}-\frac{1}{3}\delta_{ij}A_2\right)\right]\left(\frac{P_{kk}}{\varepsilon}\right)\\
&-0.05a_{ij}a_{lk}P_{kl}+0.1\left[\left(\frac{\overline{u_iu_m}}{k}P_{mj}+\frac{\overline{u_ju_m}}{k}P_{mi}\right)-\frac{2}{3}\delta_{ij}\frac{\overline{u_lu_m}}{k}P_{ml}\right]\\
&+0.1\left(\frac{\overline{u_lu_iu_ku_j}}{k^2}-\frac{1}{3}\delta_{ij}\frac{\overline{u_lu_mu_ku_m}}{k^2}\right)\left[6D_{lk}+13k\left(\frac{\partial U_k}{\partial x_l}+\frac{\partial U_l}{\partial x_k}\right)\right]\\
&+0.2\frac{\overline{u_lu_iu_ku_j}}{k^2}(D_{lk}-P_{lk})\Bigg\}
\end{aligned}
\tag{4.56}
$$

式中，$D_{mn}=-\left(\overline{u_mu_k}\frac{\partial U_k}{\partial x_n}+\overline{u_nu_k}\frac{\partial U_k}{\partial x_m}\right)$，与式(4.41)定义一样。

图4.6显示了方形截面U型管内湍流的雷诺切应力剖面。尽管U型管中并未出现流动分离，LRR模式中加入了反映壁面反射效应的经验公式，而TCL模式并未做任何修正。在方管的对称面（$2y/D=0$），LRR和TCL模式均可捕捉到管内外侧相比内侧大得多的雷诺切应力；然而在远离对称面的地方（$2y/D=0.50$ 和 0.75），TCL模式的表现则远好于LRR模式。

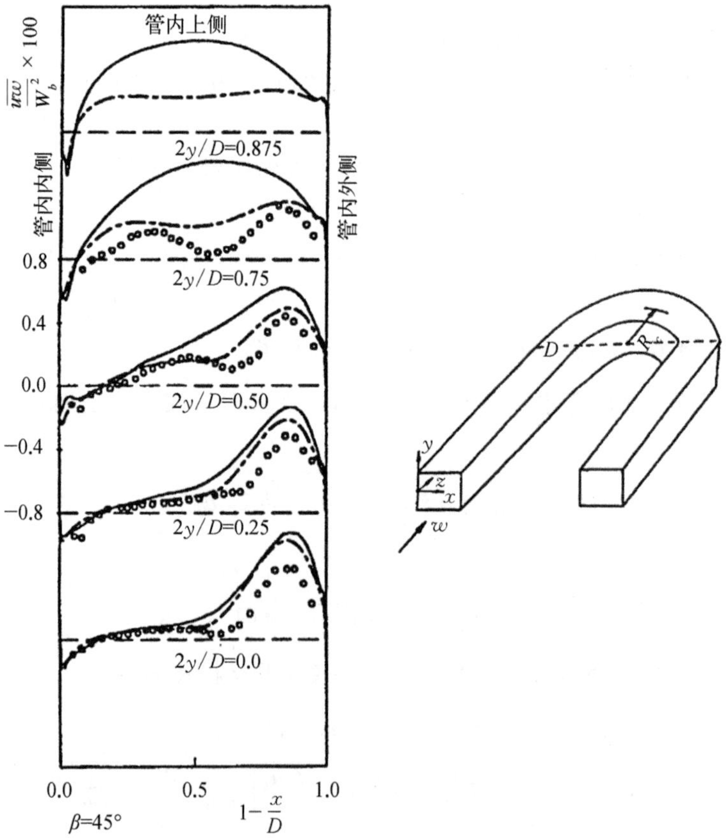

图4.6　方形截面U型管内湍流的雷诺切应力剖面（截面位于45°弯管处）

实线和虚线分别为LRR模式和TCL模式的计算结果，点为实验结果[77]。定义横轴（$1-x/D$）> 0.5的区域为管内外侧，其余区域为内侧

4.7　湍流扩散项的模化

在大多数工程应用涉及的湍流流动中，扩散输运的作用是重要的。对于高湍流雷诺数流动，扩散输运主要由速度脉动和压力脉动引起。在精确的雷诺应力输运方程(4.1)中，这两项分别为式(4.6)和式(4.7)。速度脉动引起的扩散直接取决于速度脉动的三阶矩 $\overline{u_i u_j u_k}$；由压力速度关联 $\overline{p u_i}$ 和式(4.18)可知，压力脉动引起的扩散也与速度脉动的三阶矩有关。为此，首先探讨 $\overline{u_i u_j u_k}$ 的模化。依据速度脉动满足的方程式(2.17)和式(2.19)，可导出三阶矩 $\overline{u_i u_j u_k}$ 的输运方程：

$$U_l \frac{\partial \overline{u_i u_j u_k}}{\partial x_l} = P_{ijk1} + P_{ijk2} + d_{ijk} + \Phi_{ijk} - \varepsilon_{ijk} \tag{4.57}$$

其中，

$$P_{ijk1} = \left(\overline{u_i u_j} \frac{\partial \overline{u_k u_l}}{\partial x_l} + \overline{u_k u_i} \frac{\partial \overline{u_j u_l}}{\partial x_l} + \overline{u_j u_k} \frac{\partial \overline{u_i u_l}}{\partial x_l} \right)$$

$$P_{ijk2} = -\left(\overline{u_i u_j u_l} \frac{\partial U_k}{\partial x_l} + \overline{u_k u_i u_l} \frac{\partial U_j}{\partial x_l} + \overline{u_j u_k u_l} \frac{\partial U_i}{\partial x_l} \right)$$

$$d_{ijk} = -\frac{\partial}{\partial x_l}\left(\overline{u_i u_j u_k u_l} + \frac{\overline{p u_j u_k}}{\rho}\delta_{il} + \frac{\overline{p u_k u_i}}{\rho}\delta_{jl} + \frac{\overline{p u_j u_i}}{\rho}\delta_{kl} - \nu \frac{\partial \overline{u_i u_j u_k}}{\partial x_l} \right)$$

$$\Phi_{ijk} = \overline{\frac{p}{\rho}\left(\frac{\partial u_i u_j}{\partial x_k} + \frac{\partial u_k u_i}{\partial x_j} + \frac{\partial u_j u_k}{\partial x_i} \right)}$$

$$\varepsilon_{ijk} = 2\nu\left(\overline{u_k \frac{\partial u_i}{\partial x_l} \frac{\partial u_j}{\partial x_l}} + \overline{u_j \frac{\partial u_k}{\partial x_l} \frac{\partial u_i}{\partial x_l}} + \overline{u_i \frac{\partial u_j}{\partial x_l} \frac{\partial u_k}{\partial x_l}} \right)$$

Hanjalic[73]根据对式(4.57)的近似简化，得到了 $\overline{u_i u_j u_k}$ 的一个可操作的模式。他们所作的近似如下：

(1) 略去对流项 $U_l \partial \overline{u_i u_j u_k} / \partial x_l$；

(2) 略去平均应变率对生成 $\overline{u_i u_j u_k}$ 的贡献，即 P_{ijk2}；

(3) 略去 $\overline{u_i u_j u_k}$ 的耗损率，即 ε_{ijk}；

(4) 根据 Lumley 的后来的分析，Φ_{ijk} 可近似表示为

$$\Phi_{ijk} = -\frac{3c_1}{T_S}\overline{u_i u_j u_k} + \frac{c_1}{3T_S}(\delta_{ij}\overline{u_l u_l u_k} + \delta_{jk}\overline{u_l u_l u_i} + \delta_{ki}\overline{u_l u_l u_j}) \tag{4.58}$$

式中，T_S 是湍流惯性区的时间尺度，通常取 $T_S = k/\varepsilon$。该近似只保留了式(4.58)右边的第一项，即

$$\Phi_{ijk} = -3c_1 \frac{\varepsilon}{k}\overline{u_i u_j u_k} \tag{4.59}$$

(5) 在 d_{ijk} 中略去压力脉动和分子黏性引起的扩散,而对其中速度脉动的四阶矩应用 Gauss 近似表示为

$$\overline{u_iu_ju_ku_l} = (\overline{u_iu_j}\ \overline{u_ku_l} + \overline{u_iu_k}\ \overline{u_ju_l} + \overline{u_iu_l}\ \overline{u_ku_j}) \tag{4.60}$$

在对式(4.57)作上述近似后,即可得到 $\overline{u_iu_ju_k}$ 的如下模式:

$$-\overline{u_iu_ju_k} = C_S\frac{k}{\varepsilon}\left(\overline{u_ku_l}\frac{\partial\overline{u_iu_j}}{\partial x_l} + \overline{u_ju_l}\frac{\partial\overline{u_iu_k}}{\partial x_l} + \overline{u_iu_l}\frac{\partial\overline{u_ku_j}}{\partial x_l}\right) \tag{4.61}$$

式中, $C_S = (3c_1)^{-1}$, 这个常数由数值计算结果与实验结果比较优化得出, $C_S = 0.11$。

在一般的三维流动中,式(4.61)的分量形式包含的项数很多,在数值计算中颇为繁杂。对于薄剪切层流动,Daly 和 Harlow[78]认为,式(4.61)右边的第一项比其他两项要重要得多。因而,他们近似地略去了(4.61)式右边的第二项和第三项,从而得到一个较简单的模式:

$$-\overline{u_iu_ju_k} = C'_S\frac{k}{\varepsilon}\overline{u_ku_l}\frac{\partial\overline{u_iu_j}}{\partial x_l} \tag{4.62}$$

Cormark 等[79]曾对式(4.61)和式(4.62)的模拟结果作过仔细的比较。比较结果表明,式(4.61)无疑是一个比式(4.62)更精确的模式。但是,大多数湍流模式的研究者认为,如果忽略压力脉动引起的湍流扩散,或者说把速度脉动和压力脉动引起的扩散一起包含在式(4.62)中,选取常数 $C'_S = 0.22$, 对于薄剪切层流动,应用式(4.62)和应用更精确的式(4.61),所得数值模拟的结果具有同量级的精度。因此,在 Launder 和 Shima[80]定义的基准二阶矩封闭模式中,扩散项的模式应用了 Daly 和 Harlow 的模式,即式(4.62),而在计算中不再考虑压力脉动引起的扩散。这一做法符合梯度扩散理论,但也有学者认为湍流中存在着逆梯度扩散现象。

4.8 代数应力模式

上面介绍的雷诺应力输运模式在应用中需要求解 6 个雷诺应力分量的偏微分输运方程,该方程组除对流扩散项外,还有复杂而重要的源项,数值求解往往十分脆弱,对数值方法的鲁棒性要求高。为了简化数值求解过程,Rodi 提出,雷诺应力的输运过程正比于湍动能的输运,因此,

$$c_{ij} - d_{ij} = \frac{\overline{u_iu_j}}{k}(C_k - d_k) \tag{4.63}$$

由雷诺应力输运方程(4.1)可知

$$\begin{cases} c_{ij} - d_{ij} = P_{ij} + \phi_{ij} - \varepsilon_{ij} \\ c_k - d_k = P_k - \varepsilon_k \end{cases} \tag{4.64}$$

因此,

$$P_{ij} + \phi_{ij} - \varepsilon_{ij} = \frac{\overline{u_i u_j}}{k}(P_k - \varepsilon) \tag{4.65}$$

此方程即为雷诺应力的代数方程,雷诺应力不再受控于偏微分导数。

这里,如果 Φ_{ij1} 采用 Rotta 模式,Φ_{ij2} 采用 IPM 模式,上式的代数应力模式可写作

$$\frac{\overline{u_i u_j}}{k} - \frac{2}{3}\delta_{ij} = \frac{1 - C_2}{\varepsilon(C_1 + \lambda - 1)}\left(P_{ij} - \frac{2}{3}\delta_{ij}P_k\right) \tag{4.66}$$

式中,$\lambda = P_k/\varepsilon$。式(4.66)即为雷诺应力代数模式的非线性方程表达式,有学者试图求解完整的非线性方程,但从实际求解角度,对该方程线化迭代求解更为实用。

应当指出,代数应力模式为理解涡黏性模式提供了一个新的视角。例如,对简单剪切流来说,速度梯度 $\partial U/\partial y$,剪切应力 $\overline{uv}$ 为

$$\overline{uv} = \frac{k(1 - C_2)P_{12}}{\varepsilon(C_1 + \lambda - 1)} = \frac{k(1 - C_2)\overline{v^2}}{\varepsilon(C_1 + \lambda - 1)}\frac{\partial U}{\partial y} \tag{4.67}$$

或者可以写作

$$\overline{uv} = \frac{k(1 - C_2)\overline{v^2}}{\varepsilon(C_1 + \lambda - 1)}\frac{\partial U}{\partial y} = \nu_t^* \frac{\partial U}{\partial y} \tag{4.68}$$

这里,

$$\nu_t^* = C_\mu^* \frac{k^2}{\varepsilon}, \quad C_\mu^* = \frac{(1 - C_2)\overline{v^2}}{(C_1 + \lambda - 1)k} \tag{4.69}$$

显然,式(4.67)或式(4.68)为典型的涡黏性模式,但黏性系数由函数式(4.69)给出,与法向脉动能量成正比,而不是前面一直给定的 0.09。更为重要的是,代数应力模式展示了二阶矩模式与涡黏性模式之间的关系,这一点将在第 6 章的非线性涡黏性模式中详细讨论。

第5章
非线性涡黏性模式

线性涡黏性模式简洁实用，但存在一些致命的缺陷，而雷诺应力输运模式由于计算量大因而应用十分有限。非线性涡黏性湍流模式——即雷诺应力与平均速度梯度的非线性关系，能够弥补这两者的缺陷。本章首先阐述了非线性涡黏性模式的数学基础，接着介绍了几种典型的非线性涡黏性模式理论，最后，利用张量表示理论，以五项基展开的显式代数应力模式为基础，提出了一个新型的三阶非线性涡黏性模式。

学习要点：

(1) 基于理性力学的张量表示理论，理解整基和不变量的数学物理意义；

(2) 熟悉几种典型的非线性涡黏性模式理论；

(3) 掌握基于显式代数应力模式的非线性涡黏性模式的理论基础。

5.1 概　　述

第3章详细介绍了建立涡黏性模式的理论基础——布辛尼斯克假设，即雷诺应力类似层流运动中的黏性应力，与流体的平均应变率 S_{ij}［定义见式(5.4)］成线性关系，

$$\overline{u_i u_j} = -2\nu_t S_{ij} + \frac{2}{3}\delta_{ij} k \tag{5.1}$$

对于涡黏性系数 ν_t 不同的模拟方法，布辛尼斯克涡黏性模式(BVM)又可进一步归类为零方程、一方程、二方程，甚至大涡模式等。该模式的核心可归纳为：① 雷诺应力与平均应变率呈线性表示关系；② 涡黏性系数各向同性。其优越性在于数学上形式简洁，易于应用。因此，BVM至今在工业界应用广泛。然而，从湍流的基本物理特性来说，雷诺应力与应变率的一般关系理应是非线性的，且应与平均湍流量有一定的关系。同时，湍流的涡黏性的物理特性亦应是各向异性的。Hinze[81]在其著名的《湍流》一书中就明确证明了涡黏性系数应为一个四阶张量，即

$$\overline{u_i u_j} = -\nu_{ijkl} S_{kl} \tag{5.2}$$

在实际应用中，人们早已发现：BVM 不能有效反映实际问题中湍流各向异性的特点；不能有效再现许多流动中(如非圆管流动)的二次流现象；不能捕捉非惯性系中的重要湍流现象，如旋转圆管流中切向速度在径向的非线性变化和旋转槽流中的科里奥利力作用等。

为了克服 BVM 的上述缺陷，第 4 章中介绍的雷诺应力输运模式(Reynolds stress transport model, RSTM)在许多复杂流动计算的应用中取得了成功。但是，由于 RSTM 需要求解 6 个复杂的偏微分方程，计算量较大，且对数值格式、计算技巧要求较高，这对工程应用来说往往不是一项优先选择。

另一途径是继续保持 BVM 的雷诺应力与应变率的代数形式，但是，认为它们之间的关系是非线性的，从而克服 BVM 物理基础薄弱的缺陷。许多学者在这一方向上通过不同途径已经作出了有意义的努力，建立了一系列的非线性涡黏性湍流模式。就数学表示而言，非线性涡黏性模式的基本思路是在式(5.1)的基础上加入涡量及非线性应变率项，即将雷诺应力表示为

$$\overline{u_i u_j} = \frac{2}{3}\delta_{ij}k - 2\nu_t S_{ij} + \alpha_1 \nu_t \frac{k}{\varepsilon}(S_{ik}W_{kj} + S_{jk}W_{ki}) + \alpha_2 \frac{k}{\varepsilon}\nu_t(S_{ij}^2 - \frac{2}{3}\delta_{ij}S_{kk}^2) + \cdots \tag{5.3}$$

其中，

$$S_{ij} = 0.5(U_{i,j} + U_{j,i}) \qquad W_{ij} = 0.5(U_{i,j} - U_{j,i}) \tag{5.4}$$

分别表示平均应变率和旋转率张量。在数学上，$U_{i,j} = \partial U_i / \partial x_j$。

自 20 世纪 50 年代以来，连续介质力学及其张量表述(亦称为理性力学)发展迅速，对湍流的模式理论也有很大的促进。Pope[82]首先应用理性力学原理，将二维平均流动的代数应力模式(algebraic stress model, ASM)表示为二阶非线性涡黏性模式。然而，这一工作在很长一段时间里未被大家所理解。直到 20 世纪 90 年代，基于理性力学的非线性涡黏性模式才有了较大发展。目前，已有一系列的非线性涡黏性模式得到发展，虽然出发点各不相同，但其中掌握现代张量表述理论，对于发展非线性涡黏性模式来说可以起到提纲挈领、纲举目张的作用，十分有意义。

本章将介绍几种典型的非线性 BVM，这些模式建立的出发点有的立足于统计力学方法[83]，有的立足于理性力学原理[84]，有的立足于直接通过经验对截断后的式(5.3)进行系数标定[85]。不过，本章的重点是介绍作者及其课题组应用理性力学方法发展的基于显式代数应力模式的非线性涡黏性模式，该模式试图回答这样两个重要问题：

(1) 建立非线性涡黏性模式是否存在最佳理论框架？

(2) 雷诺应力与应变率和旋转率之间是否存在紧凑的表达式，还是非线性项的阶数可以无限地提高？

我们将看到，非线性涡黏性模式可以有效地保留二阶矩模式中的重要的物理基础，同时，应用现代理性力学和张量理论可以证明，式(5.3)中的非线性关系存在最少项数表达式。

5.2 非线性涡黏性模式的数学基础

5.2.1 Cayley - Hamilton 理论

发展非线性涡黏性模式的理性力学核心是 Cayley - Hamilton 理论,它使二阶张量的表述关系大大简化。对于任意一个二阶张量 A_{ij}, Cayley - Hamilton 理论给出它的三次张量幂可用低次项来表示,在数学上可写作

$$A_{ij}^3 - J_1A_{ij}^2 + J_2A_{ij} - J_3\delta_{ij} = 0 \tag{5.5}$$

式中, A_{ij} 的张量幂的表达形式为

$$A_{ij}^2 = A_{ik}A_{kj}, A_{ij}^3 = A_{ik}A_{kl}A_{lj},\ \delta_{ij} = \begin{cases}1, & i=j\\0, & i\neq j\end{cases}(\text{不求和}) \tag{5.6}$$

且 J_1、J_2、J_3 为 A_{ij} 三个阶次的不变量 A_{kk}、A_{kk}^2、A_{kk}^3 的函数,为

$$J_1 = A_{kk},\ J_2 = \frac{1}{2}(A_{mm}A_{nn} - A_{kk}^2),\ J_3 = \frac{1}{6}(A_{ll}A_{mm}A_{nn} - 3A_{ii}A_{jj}^2 + 2A_{kk}^3) \tag{5.7}$$

在本书中除非特别声明,两下标的英文字母相同,如 A_{ll}, 即表示张量的缩并,降两个阶次,且取爱因斯坦求和,即

$$A_{ll} = A_{11} + A_{22} + A_{33}。 \tag{5.8}$$

δ_{ij} 亦称为 Kronecker delta,也可视为单位矩阵的张量写法。Cayley - Hamilton 理论表明, A_{ij} 大于二阶的张量幂项都可由二阶和更低阶的项以及 A_{ij} 的不变量来表示,如:

$$\begin{aligned}A_{ij}^4 &= J_1A_{ij}^3 - J_2A_{ij}^2 + J_3A_{ij}\\&= J_1(J_1A_{ij}^2 - J_2A_{ij} + J_3\delta_{ij}) - J_2A_{ij}^2 + J_3A_{ij}\\&= (J_1^2 - J_2)A_{ij}^2 - (J_1J_2 - J_3)A_{ij} + J_1J_3\delta_{ij}\end{aligned} \tag{5.9}$$

即, A_{ij} 的四阶张量次方可由二阶及其以下次方来表示。

5.2.2 广义 Cayley - Hamilton 理论

对于任意三个二阶张量 A_{ij}、B_{ij} 和 C_{ij} 来说,则存在广义 Cayley - Hamilton 理论,数学上表示为

$$\begin{aligned}&A_{ik}B_{kl}C_{lj} + B_{ik}C_{kl}A_{lj} + C_{ik}A_{kl}B_{lj} + B_{ik}A_{kl}C_{lj} + A_{ik}C_{kl}B_{lj} + C_{ik}B_{kl}A_{lj}\\&= (B_{ik}C_{kj} + C_{ik}B_{kj})A_{ll} + (A_{ik}C_{kj} + C_{ik}A_{kj})B_{ll} + (B_{ik}A_{kj} + A_{ik}B_{kj})C_{ll}\\&\quad + A_{ij}(B_{kl}C_{lk} - B_{kk}C_{ll}) + B_{ij}(C_{kl}A_{lk} - C_{kk}A_{ll}) + C_{ij}(A_{kl}B_{lk} - A_{kk}B_{ll})\\&\quad + \delta_{ij}(A_{ii}B_{jj}C_{kk} - A_{ii}B_{jk}C_{kj} - B_{ii}C_{jk}A_{kj} - C_{ii}A_{jk}B_{kj} + A_{ij}B_{jk}C_{ki} + C_{ij}B_{jk}A_{ki})\end{aligned} \tag{5.10}$$

若 $A_{ij} = B_{ij} = C_{ij}$, 则式(5.10)退化为式(5.5)。可以看出,上式的右边为低阶的二阶张量展

开式,其系数为由 A_{ij}、B_{ij} 和 C_{ij} 组成的不变量。应用广义 Cayley－Hamilton 理论可以很好地回答 5.1 节中的第二个问题。本书作者及其课题组正是应用这一个理论,发展了一系列理性非线性涡黏性模式。

5.2.3　Cayley－Hamilton 理论的推论

根据 Cayley－Hamilton 理论,可以推出一系列对流体力学问题十分有意义的关系。对于流体运动来说,应变率张量 S_{ij} 和旋转率张量 W_{ij} 是描述其特性的两个重要参量,后者与涡量 Ω(定义为:$\Omega = \nabla \times V$) 的关系为:$\Omega_i = \varepsilon_{ijk} W_{kj}$。这里,$\varepsilon_{ijk}$ 为置换张量,即,$\varepsilon_{123} = \varepsilon_{231} = \varepsilon_{312} = 1$,$\varepsilon_{213} = \varepsilon_{132} = \varepsilon_{321} = -1$。在不可压缩流动中(对可压缩流动,读者可作为练习进行推导),令 $A_{ij} = S_{ij}$,由流动的连续方程,有 $S_{kk} = 0$。此时,不变量函数 J_1、J_2、J_3 分别为

$$J_1 = 0,\ J_2 = -\frac{1}{2}S_{kk}^2,\ J_3 = \frac{1}{3}S_{kk}^3 \tag{5.11}$$

因此,Cayley－Hamilton 给出

$$S_{ij}^3 = \frac{1}{2}S_{kk}^2 S_{ij} + \frac{1}{3}S_{kk}^3 \delta_{ij} \tag{5.12}$$

对于旋转率张量来说,$A_{ij} = W_{ij}$,式(5.11)和式(5.12)则成为

$$J_1 = J_3 = 0,\ J_2 = -\frac{1}{2}W_{kk}^2,\ W_{ij}^3 = \frac{1}{2}W_{kk}^2 W_{ij} \tag{5.13}$$

对于高阶的 S_{ij}^n 和 $W_{ij}^n (n > 3)$,从式(5.12)和式(5.13)则有

$$\begin{cases} S_{ij}^n = \frac{1}{2}S_{kk}^2 S_{ij}^{n-2} + \frac{1}{3}S_{kk}^3 S_{ij}^{n-3} \\ W_{ij}^n = \frac{1}{2}W_{kk}^2 W_{ij}^{n-2} \end{cases} \tag{5.14}$$

用对称的应变率张量 S_{ij} 和反对称的旋转率张量 W_{ij} 来表示广义 Cayley－Hamilton 理论,其最低阶的形式有两种情况:

(1) $A_{ij} = C_{ij} = S_{ij}$,$B_{ij} = W_{ij}$,式(5.10)成为

$$S_{ik}W_{kl}S_{lj} + W_{il}S_{lj}^2 + W_{jl}S_{li}^2 = 0.5S_{ll}^2 W_{ij} \tag{5.15}$$

(2) $A_{ij} = C_{ij} = W_{ij}$,$B_{ij} = S_{ij}$,式(5.10)成为

$$W_{ik}S_{kl}W_{lj} + S_{il}W_{lj}^2 + S_{jl}W_{li}^2 = 0.5W_{ll}^2 S_{ij} + \delta_{ij}S_{kl}W_{lk}^2 \tag{5.16}$$

式(5.15)和式(5.16)的右边为 S_{ij} 和 W_{ij} 组成的低阶张量项,即其幂的和小于 3。但是,等式左边有 $S_{ik}W_{kl}S_{lj}$、$S_{ik}^2 W_{kj}$ 及 $W_{ik}S_{kl}W_{lj}$ 和 $W_{ik}^2 S_{kj}$ 等类似项,相互间并非完全独立,式(5.15)和式(5.16)是它们之间的关系式。它们可看作是由 S_{ij} 和 W_{ij} 组成的二阶张量基。

若取 $A_{ij} = S_{ij}^l$、$B_{ij} = W_{ij}^m$、$C_{ij} = S_{ij}^n$ 或 $A_{ij} = W_{ij}^l$、$B_{ij} = S_{ij}^m$、$C_{ij} = W_{ij}^n$,这里 l、m、n 为张量的幂 ($l \leqslant 2$, m、$n \geqslant 1$),我们还可得到一些高阶的张量基,但并不是所有的基都相互独立,

更高阶的基可用已有的低阶基来表示。王辰[86]在研究中给出了一系列张量基的表达式，例如，

$$
\begin{aligned}
& S_{ik}W_{kl}^2S_{lj} + W_{il}^2S_{lj}^2 + W_{jl}^2S_{li}^2 \\
&= 0.5S_{ll}^2W_{ij}^2 + W_{ll}^2S_{ij}^2 + S_{kl}W_{lk}^2S_{ij} - \delta_{ij}(0.5S_{ll}^2W_{kk}^2 - S_{kl}^2W_{lk}^2)
\end{aligned}
\tag{5.17}
$$

因此，由式(5.3)表示的非线性涡黏性模式的阶次是有限的。

5.2.4 由 S_{ij} 和 W_{ij} 组成的相互独立的整基与不变量

由于雷诺应力是对称的，这里讨论的整基是指对称的张量基。根据 Spencer[87] 的理论，由一个二阶对称张量和一个反对称二阶张量组成的相互独立的整基 T_{ij} 和不变量的个数是有限的。在一般三维流动情况下，相互独立的整基的个数为 10，由应变率张量 S_{ij} 与旋转率张量表示为

$$
\begin{cases}
T_{ij}^{(1)} = S_{ij}, & T_{ij}^{(6)} = S_{ik}W_{kj}^2 + S_{jk}W_{ki}^2 - \dfrac{2}{3}S_{kl}W_{lk}^2\delta_{ij} \\
T_{ij}^{(2)} = S_{ik}W_{kj} + S_{jk}W_{ki}, & T_{ij}^{(7)} = W_{ik}S_{kl}W_{lj}^2 + W_{jk}S_{kl}W_{li}^2 \\
T_{ij}^{(3)} = S_{ij}^2 - \dfrac{1}{3}S_{kk}^2\delta_{ij}, & T_{ij}^{(8)} = S_{ik}W_{kl}S_{lj}^2 + S_{jk}W_{kl}S_{li}^2 \\
T_{ij}^{(4)} = W_{ij}^2 - \dfrac{1}{3}W_{kk}^2\delta_{ij}, & T_{ij}^{(9)} = S_{ik}^2W_{kj}^2 + S_{jk}^2W_{ki}^2 - \dfrac{2}{3}\delta_{ij}S_{kl}^2W_{lk}^2 \\
T_{ij}^{(5)} = W_{ik}S_{kj}^2 + W_{jk}S_{ki}^2, & T_{ij}^{(10)} = W_{ik}S_{kl}^2W_{lj}^2 + W_{jk}S_{kl}^2W_{li}^2
\end{cases}
\tag{5.18}
$$

它们组成相互独立的不变量的个数为 6，分别是

$$
\eta_0 = S_{kk},\ \eta_1 = S_{kk}^2,\ \eta_2 = W_{kk}^2,\ \eta_3 = S_{kk}^3,\ \eta_4 = S_{ik}W_{ki}^2,\ \eta_5 = S_{ik}^2W_{ki}^2 \tag{5.19}
$$

对于不可压缩流动，$\eta_0 = S_{kk} = 0$。这些不变量意味着它们的值在坐标转换中保持不变，在 Cayley – Hamilton 理论体系下也是不可约的。

5.2.5 整基和不变量的数学物理意义

单纯从数学角度来说，雷诺应力应该严格按照式(5.18)给出的基进行展开。然而，这样获得的表达式非常复杂，太长，难以应用。为了将其简化，需要从物理上来探讨这些基和不变量的物理性质。下面将分析在一些简单流动中的式(5.18)和式(5.19)简化后的数学形式，观察它们的核心物理意义。

1. *无旋变形流动*

在这种流动中，由于平均场无旋，所以旋转率张量的分量全为 0，因此，式(5.18)中含涡旋张量的基消失。余下两个不为 0 的基是

$$
\begin{cases}
T_{ij}^{(1)} = S_{ij} \\
T_{ij}^{(3)} = S_{ij}^2 - \dfrac{1}{3}\delta_{ij}S_{kk}^2
\end{cases}
\tag{5.20}
$$

这两个基体现了流体纯粹应变的特性。因此，这两个基也应该是非线性湍流模式中的最基本的两个基。同时，在此流动下，不变量式(5.19)也得到简化：

$$\eta_1 = S_{kk}^2,\ \eta_2 = 0,\ \eta_3 = S_{kk}^3,\ \eta_4 = 0,\ \eta_5 = 0 \tag{5.21}$$

2. 刚体旋转流动

在刚体旋转流动中，流场不变形，即应变率张量 S_{ij} 的分量全为 0，但流动有旋。因此，式(5.18)中含应变率张量的基消失，余下不为 0 的基是

$$T_{ij}^{(4)} = W_{ij}^2 - \frac{1}{3}\delta_{ij}W_{kk}^2 \tag{5.22}$$

同时，$\eta_2 = W_{kk}^2$，其余不变量为零。

3. 二维平面流动

这里的二维流动是指平均速度场的流动是二维的，湍流仍然有三个脉动分量。此时，

$$\overline{u_i u_j} = \begin{pmatrix} \overline{u^2} & \overline{uv} & 0 \\ \overline{uv} & \overline{v^2} & 0 \\ 0 & 0 & \overline{w^2} \end{pmatrix} \quad S_{ij} = \begin{pmatrix} S_{11} & S_{12} & 0 \\ S_{21} & S_{22} & 0 \\ 0 & 0 & 0 \end{pmatrix} \quad W_{ij} = \begin{pmatrix} 0 & W_{12} & 0 \\ W_{21} & 0 & 0 \\ 0 & 0 & 0 \end{pmatrix} \tag{5.23}$$

注意，S_{ij} 和 W_{ij} 仍取三维的九分量表达式而不是二维的四分量。显然，在二维平面流动中，上面 S_{ij} 和 W_{ij} 的形式使得式(5.18)中的十个基不再相互独立。经过简化后[74,82]，只有三个基是独立的：

$$T_{ij}^{(1)} = S_{ij},\quad T_{ij}^{(2)} = S_{ik}W_{kj} + S_{jk}W_{ki},\quad T_{ij}^{(3)} = S_{ij}^2 - \frac{1}{3}\delta_{ij}S_{kk}^2 \tag{5.24}$$

而不变量关系式(5.19)也得到了简化：

$$\eta_1 = S_{kk}^2,\ \eta_2 = W_{kk}^2,\ \eta_3 = 0,\ \eta_4 = 0,\ \eta_5 = \eta_1\eta_2/2 \tag{5.25}$$

从这里可以看到，对二维平面流动，二阶的非线性涡黏性模式是完整的非线性展开。

4. 充分发展的旋转圆管流动

在充分发展的旋转圆管流动中，取柱坐标，平均速度分量有轴向速度 U 和切向速度 W、$V = 0$；且 $\partial U/\partial r$、$\partial W/\partial r$ 和 $W/r \neq 0$。因此，

$$\overline{u_i u_j} = \begin{pmatrix} \overline{u^2} & \overline{uv} & \overline{uw} \\ \overline{uv} & \overline{v^2} & \overline{vw} \\ \overline{uw} & \overline{vw} & \overline{w^2} \end{pmatrix} \quad S_{ij} = \frac{1}{2}\begin{pmatrix} 0 & \dfrac{\partial U}{\partial r} & 0 \\ \dfrac{\partial U}{\partial r} & 0 & r\dfrac{\partial W/r}{\partial r} \\ 0 & r\dfrac{\partial W/r}{\partial r} & 0 \end{pmatrix} \quad W_{ij} = \begin{pmatrix} 0 & \dfrac{\partial U}{\partial r} & 0 \\ -\dfrac{\partial U}{\partial r} & 0 & -\dfrac{\partial Wr}{r\partial r} \\ 0 & \dfrac{\partial Wr}{r\partial r} & 0 \end{pmatrix} \tag{5.26}$$

经过简化，所有的基仍都存在。所以，虽然这种流动的物理量只与一个坐标有关，它却是

个“三维”流动。但是,此流动中的不变量式(5.19)可以简化为

$$\eta_1 = S_{kk}^2,\ \eta_2 = W_{kk}^2,\ \eta_3 = 0,\ \eta_4 = 0,\ \eta_5 = S_{ik}^2 W_{ki}^2 \tag{5.27}$$

5.3 几种典型的非线性涡黏性模式理论

本节主要介绍两种基于式(5.3)的非线性涡黏性模式,其他形式的非线性模式,如 Yoshizama[83] 和 Speziale[84] 等模式,由于尚未被充分应用,本书予以省略,有兴趣的读者可以参阅有关文献。

1. Shih－Zhu－Lumley(SZL)模式[88]

SZL 模式的建立依赖于理性力学中的不变性原理。作者根据不变性原理进行化简,最后得到了一个二阶非线性的涡黏性模式,表示为

$$\begin{aligned}\overline{u_i u_j} = &\frac{2}{3}k\delta_{ij} - \nu_t(U_{i,j} + U_{j,i}) + \frac{k^3/\varepsilon^2}{A^2 + \eta^2}\Big[c_{\tau1}\Big(U_{i,k}U_{k,j} + U_{j,k}U_{k,i} - \frac{2}{3}\Pi\delta_{ij}\Big)\\ &+ c_{\tau2}\Big(U_{i,k}U_{j,k} - \frac{2}{3}\tilde{\Pi}\delta_{ij}\Big) + c_{\tau3}\Big(U_{k,i}U_{k,j} - \frac{1}{3}\tilde{\Pi}\delta_{ij}\Big)\Big]\end{aligned} \tag{5.28}$$

其中,

$$\nu_t = C_\mu \frac{k^2}{\varepsilon},\ C_\mu = \frac{2/3}{A_1 + \eta + \alpha\xi} \tag{5.29}$$

式(5.28)和式(5.29)中,$\eta = kS/\varepsilon$,$\xi = kW/\varepsilon$,且 $S = \sqrt{2S_{ij}S_{ij}}$,$W = \sqrt{2W_{ij}W_{ij}}$。湍流动能及其耗散率仍由 $k-\varepsilon$ 二方程求解获得。本模式中,它们的方程为

$$\frac{Dk}{Dt} = \frac{\partial}{\partial x_j}\left[\left(\nu + \frac{\nu_t}{\sigma_\mu}\right)\frac{\partial k}{\partial x_j}\right] + P - \varepsilon \tag{5.30}$$

$$\frac{D\varepsilon}{Dt} = \frac{\partial}{\partial x_j}\left[\left(\nu + \frac{\nu_t}{\sigma_\varepsilon}\right)\frac{\partial \varepsilon}{\partial x_j}\right] + \frac{\varepsilon}{k}(C_{\varepsilon1}P - C_{\varepsilon2}\varepsilon) \tag{5.31}$$

该模式中的系数由表 5.1 给出。

表 5.1 SZL 非线性涡黏性模式系数

A_1	A_2	α	$c_{\varepsilon1}$	$c_{\varepsilon2}$	$c_{\tau1}$	$c_{\tau2}$	$c_{\tau3}$	σ_μ	σ_ε
1.25	1 000	0.9	1.44	1.92	−4	13	−2	1	1.3

SZL 模式的一个重要特点是满足湍流的可实现性原则(见 5.5.1 小节),即雷诺正应力分量始终为正。

2. Craft－Launder－Suga(CLS)模式[85]

对于轴对称喷撞射流,标准 BVM 在驻点附近给出的湍流能量过大,只有在三阶非线性的雷诺应力与应变率和涡量关系上这一问题才能得以解决。基于此,CLS 模式给出

$$\overline{u_i u_j} = \frac{2}{3}k\delta_{ij} - 2\nu_t S_{ij} + \frac{k}{\varepsilon}\nu_t \left\{ c_1\left(S_{ij}^2 - \frac{1}{3}\delta_{ij}S_{kk}^2\right) + c_2(W_{ik}S_{kj} + W_{jk}S_{ki}) + c_3\left(W_{ij}^2 - \frac{1}{3}\delta_{ij}W_{kk}^2\right) + c_\mu \frac{k}{\varepsilon}[c_4(S_{ik}^2 W_{kj} + S_{jk}^2 W_{ki}) + (c_5 S_{kk}^2 + c_6 W_{kk}^2)S_{ij}] \right\} \tag{5.32}$$

式中，$\nu_t = C_\mu f_\mu k^2/\tilde{\varepsilon}$，$\tilde{\varepsilon} = \varepsilon - 2\nu(\partial\sqrt{k}/\partial x_i)^2$，且

$$C_\mu = \frac{3}{1 + 0.35[\max(S, W)]^{1.5}}\left(1 - \exp\left\{\frac{-0.36}{\exp[-0.75\max(S, W)]}\right\}\right) \tag{5.33}$$

$$f_\mu = \min(1, 0.2 + 0.8R_t/50), \ R_t = k^2/\nu\tilde{\varepsilon} \tag{5.34}$$

模式系数 $c_1 \sim c_6$ 见表 5.2。实际上，CLS 模式是一低雷诺数形式非线性涡黏性模式，其中的 k 和 $\tilde{\varepsilon}$ 由求解 Launder－Sharma[6] 模式获得，所不同的是在式(3.60)中附加入了一个 Yap[89] 提出的修正源项 S_ε，其表达式为

$$S_\varepsilon = 0.83\left(\frac{l}{l_0} - 1\right)\left(\frac{l}{l_0}\right)^2 \frac{\tilde{\varepsilon}^2}{k} \tag{5.35}$$

式中，l 为湍流的长度尺度 $k^{1.5}/\tilde{\varepsilon}$；$l_0$ 为近壁剪切流平衡状态下的长度尺度 $2.5y_n$，y_n 为壁面的法向距离。

表 5.2　CLS 非线性涡黏性模式系数

c_1	c_2	c_3	c_4	c_5	c_6
-0.4	0.4	-1.04	-8	-0.8	-0.8

CLS 模式为什么不会像 BVM 那样在喷撞射流的驻点附近产生过大的湍流能量呢？在 BVM 中湍动能的生成项为

$$P = -\overline{u_i u_j}S_{ij} = 2\nu_t S_{kk}^2 \tag{5.36}$$

该式始终为正。对于 CLS 模式(5.32)来说，湍动能的生成则为

$$P = 2\nu_t S_{kk}^2 - \frac{k}{\varepsilon}\nu_t\left[c_1 S_{kk}^3 + c_3 W_{ij}^2 S_{ij} + C_\mu \frac{k}{\varepsilon}(c_5 S_{kk}^2 + c_6 W_{kk}^2)S_{kk}^2\right] \tag{5.37}$$

如图 5.1 所示，在驻点附近，喷撞射流的流场基本为无旋流动，即该处流动的剪切与涡量很小。因此，湍流的生成项可进一步写作

$$P = \nu_t\left[2S_{kk}^2 + 0.4\frac{k}{\varepsilon}S_{kk}^3 + 0.8c_\mu\left(\frac{k}{\varepsilon}\right)^2 S_{kk}^2 S_{ll}^2\right] \tag{5.38}$$

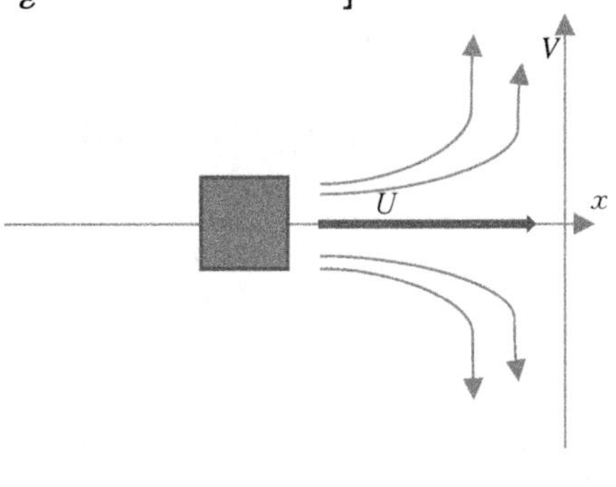

图 5.1　喷撞射流示意图

在无旋流动中，$S_{kk}^3 = S_{11}^3 + S_{22}^3 + S_{33}^3 < 0$，因为，在

驻点附近有

$$S_{kk}^3 = \left(\frac{\partial U}{\partial x}\right)^3 + \left(\frac{\partial V}{\partial r}\right)^3 + \left(\frac{V}{r}\right)^3 = -3\frac{\partial V}{\partial r}\frac{V}{r}\left(\frac{\partial V}{\partial r} + \frac{V}{r}\right) < 0 \tag{5.39}$$

它的出现因而导致湍动能生成的下降。实际上，Chen 等[90]应用该模式在一系列复杂流动中也取得了较好的结果。

5.4 显式代数应力模式：代数应力模式方程的解析

5.4.1 显式代数应力模式的数学推导

代数应力模式可以看作是雷诺应力的线性方程，如果解析的求解代数应力模式方程，将雷诺应力显式地求解出来，即可得到雷诺应力显式模式。这是 Pope[82]提出的显式代数应力模式的基本思想。

4.8 节给出了代数应力模式(4.66)，展开后可以写成

$$\overline{u_i u_j} - \frac{2}{3}\delta_{ij}k = -\frac{k(1 - C_2)}{\varepsilon(C_1 + \lambda - 1)}\left(\overline{u_i u_k}\frac{\partial U_j}{\partial x_k} + \overline{u_j u_k}\frac{\partial U_i}{\partial x_k} - \frac{2}{3}\delta_{ij}\overline{u_l u_k}\frac{\partial U_l}{\partial x_k}\right) \tag{5.40}$$

如果 λ 已知，上式即为雷诺应力的 6 ×6 的线性代数方程组。在此，将速度梯度写作

$$\frac{\partial U_i}{\partial x_j} = \frac{1}{2}\left(\frac{\partial U_i}{\partial x_j} + \frac{\partial U_j}{\partial x_i}\right) + \frac{1}{2}\left(\frac{\partial U_i}{\partial x_j} - \frac{\partial U_j}{\partial x_i}\right) = S_{ij} + W_{ij} \tag{5.41}$$

并定义雷诺应力各向异性张量 b_{ij} 为

$$b_{ij} = \frac{\overline{u_i u_j}}{2k} - \frac{1}{3}\delta_{ij} = \frac{1}{2}a_{ij} \tag{5.42}$$

在旋转坐标系 Ω 下，旋转率张量为

$$W_{ij}^r = \frac{1}{2}\left(\frac{\partial U_i}{\partial x_j} - \frac{\partial U_j}{\partial x_i}\right) - 2\varepsilon_{ijm}\Omega_m = W_{ij} - 2\varepsilon_{ijm}\Omega_m \tag{5.43}$$

则式(5.40)的代数应力模式可写作

$$\begin{aligned} 2(P_k - \varepsilon + C_1\varepsilon)b_{ij} = {} & \left(C_2 - \frac{4}{3}\right)kS_{ij} + (C_3 - 2)k\left(b_{ik}S_{jk} + b_{jk}S_{ik} - \frac{2}{3}b_{mn}S_{mn}\delta_{ij}\right) \\ & + (C_4 - 2)\left[b_{ik}\left(W_{jk} + \frac{C_4 - 4}{C_4 - 2}\varepsilon_{mkj}\Omega_m\right) + b_{jk}\left(W_{ik} + \frac{C_4 - 4}{C_4 - 2}\varepsilon_{mki}\Omega_m\right)\right] \end{aligned} \tag{5.44}$$

且二阶矩中的快速项模式 Φ_{ij2} 不局限于 IPM，可取 QIM 或 SSG 模式。

因此，如果令

$$S_{ij}^{*}=\frac{1}{2}g\tau(2-C_3)S_{ij},W_{ij}^{*}=\frac{1}{2}g\tau(2-C_4)\left[W_{ij}+\left(\frac{C_4-4}{C_2-2}\right)\varepsilon_{mji}\Omega_m\right],\ b_{ij}^{*}=\frac{C_3-2}{C_2-4/3}b_{ij} \tag{5.45}$$

且其中 $g=(C_1/2+P_k/\varepsilon-1)^{-1}$，$\tau=k/\varepsilon$，则式(5.44)可以写成一个简洁的形式：

$$\bar{b}^{*}=-\bar{S}^{*}-\left[\bar{b}^{*}\cdot\bar{S}^{*}+\bar{S}^{*}\cdot\bar{b}^{*}-\frac{2}{3}\mathrm{tr}(\bar{b}^{*}\cdot\bar{S}^{*})\bar{I}\right]+(\bar{b}^{*}\cdot\bar{W}^{*}-\bar{W}^{*}\cdot\bar{b}^{*}) \tag{5.46}$$

式中，$\overline{b^{*}}$、$\overline{S^{*}}$ 和 $\overline{W^{*}}$ 分别代表二阶张量 b_{ij}^{*}、S_{ij}^{*} 和 W_{ij}^{*}。

由上式可以看出，雷诺应力各向异性张量 b_{ij} 为

$$\bar{b}^{*}=\bar{f}(\bar{S}^{*},\bar{W}^{*}) \tag{5.47}$$

由坐标变换的不变性：

$$\bar{Q}\cdot\bar{f}\cdot\bar{Q}^{\mathrm{T}}=\bar{f}(\bar{Q}\cdot\bar{S}^{*}\cdot\bar{Q}^{\mathrm{T}},\bar{Q}\cdot\bar{W}^{*}\cdot\bar{Q}^{\mathrm{T}}) \tag{5.48}$$

容易证明 $\bar{b}^{*}$ 是而且仅是 $\bar{S}^{*}$、$\bar{W}^{*}$ 的各向同性的张量函数。根据 Spencer[87] 的观点，应变率张量 S_{ij} 与涡旋张量 W_{ij} 组成的相互独立的基的个数为 10[式(5.18)]。令

$$\overline{b^{*}}=\sum_{\lambda\leqslant 10}G_{\lambda}T^{*(\lambda)} \tag{5.49}$$

为雷诺应力显式模式的一般表达式，G_{λ} 为 $T^{*(\lambda)}$ 项的系数，代入式(5.46)中，有

$$\begin{aligned}\sum_{\lambda}G_{\lambda}T^{*(\lambda)}=&-\sum_{\lambda}\delta_{1\lambda}T^{*(\lambda)}-\sum_{\lambda}G_{\lambda}\Big[T^{*(\lambda)}\cdot\overline{S^{*}}+\overline{S^{*}}\cdot T^{*(\lambda)}\\&-\frac{2}{3}\mathrm{tr}(T^{*(\lambda)}\cdot\overline{S^{*}})\bar{I}-T^{*(\lambda)}\cdot\overline{W^{*}}+\overline{W^{*}}\cdot T^{*(\lambda)}\Big]\end{aligned} \tag{5.50}$$

这是一个关于 G_{λ} 的线性方程组，解出后带回到雷诺应力各向异性张量的展开式中，就得到了雷诺应力的显式代数应力模式。由于条件限制，Pope 没有得到完全三维的形式。Gatski 和 Speziale[74] 利用数学符号运算工具得到了全三维的显式代数应力模式，其系数 $G_{\lambda}(\lambda=1,\cdots,10)$ 为

$$\begin{cases}G_1=-\dfrac{1}{2}(6-3\eta_1-21\eta_2-2\eta_3+30\eta_4)/D, & G_6=-9/D\\ G_2=-(3+3\eta_1-6\eta_2+2\eta_3+6\eta_4)/D, & G_7=9/D\\ G_3=(6-3\eta_1-12\eta_2-2\eta_3-6\eta_4)/D, & G_8=9/D\\ G_4=-3(3\eta_1+2\eta_3+6\eta_4)/D, & G_9=18/D\\ G_5=-9/D, & G_{10}=0\end{cases} \tag{5.51}$$

式中，$G_{\lambda}(\lambda=1,\cdots,10)$ 具有相同的分母：

$$D=3-\frac{7}{2}\eta_1+\eta_1^2-\frac{15}{2}\eta_2-8\eta_1\eta_2+3\eta_2^2-\eta_3+\frac{2}{3}\eta_1\eta_3$$

$$- 2\eta_2\eta_3 + 21\eta_4 + 24\eta_5 + 2\eta_1\eta_4 - 6\eta_2\eta_4 \tag{5.52}$$

不变量 $\eta_1 - \eta_5$ 仍取式(5.19)中形式,但应变率 S 与涡量 W 则由式(5.45)中正则化后的定义所替代。至此,本小节通过严格的数学推导建立了显式代数应力模式。

5.4.2 显式代数应力模式的意义及其紧凑形式

式(5.49)表明显式代数应力模式与非线性涡黏性模式在数学形式上是等价的。这一点非常有意义。人们通常认为,雷诺应力二阶矩模式与涡黏性模式的建立是基于不同的物理基础,它们之间没有共同的数学和物理基础。后者与黏性应力的牛顿流体本构关系雷同,即认为雷诺应力类似黏性应力与应变率成正比,但是比例系数则被看作为涡黏性系数;而前者则立足于由 N-S 方程推导而来的雷诺应力输运方程,因而在物理上对雷诺应力的描述更准确、更合理。这二者之间没有数学和物理上的联系。由于二阶矩模式在平衡湍流条件下等价于代数应力模式,亦即等价于由式(5.18)、式(5.49)~式(5.52)组成的显式代数应力模式。可见,显式代数应力模式是二阶矩模式与涡黏性模式之间关系的桥梁,它们在一定流动物理条件下可以是等价的、等同的。

非线性涡黏性模式的建立可有诸多不同途径,但这些模式的理论基础都弱于二阶矩模式。因此,由显式代数应力模式表示的非线性涡黏性模式具有较好的理论基础,它保留了二阶矩模式中的应力生成、再分配、耗散等湍流运动的物理机制。尤其值得注意的是,显式代数应力模式没有引进任何新的模式参数,模式系数由二阶矩模式中的再分配项模式引入,表 5.3 给出了式(5.44)中不同的压力-应变率模式系数 $C_1 \sim C_4$ 的值。

表 5.3 显式代数应力模式系数

模　式	C_1	C_2	C_3	C_4
GL	1.8	0.8	1.2	1.2
LRR	1.5	0.8	1.75	1.31
SSG	3.4	0.36	1.25	0.4

GL: Gibson-Launder; LRR: Launder-Reece-Rodi; SSG: Speziale-Sarkar-Gatski

从理性力学角度来说,显式代数应力模式(5.49)表达的雷诺应力与应变率和涡量的非线性关系是完备的,但不是紧凑的,即其张量基 T 的个数不是最少。根据数学上的一一对应关系,雷诺应力各向异性张量 b 有 5 个自由度,显式代数应力模式的最紧凑表达式也应由 5 个张量基 T 组成。为方便起见,取整基定义式(5.18)中的前 5 项,则显式代数应力模式的紧凑表达式可写为

$$b^* = \sum_{\lambda} G_\lambda T^{*(\lambda)} = \sum_i H_i T_i^*,\ \lambda = 1, \cdots, 10,\ i = 1, 2, 3, 4, 5 \tag{5.53}$$

这里,10 项的显式代数应力模式(5.49)中的后 5 项整基可由 Cayley - Hamilton 理论导出[91],前 5 项表达如下:

$$T^{(\xi)} = \sum_i C_i^{\xi} T_i,\ i = 1, 2, 3, 4, 5,\ \xi = 6, 7, 8, 9, 10 \tag{5.54}$$

其中,式(5.53)与式(5.54)中系数的关系为

$$\begin{cases}H_1 = G_1 + C_1^6 G_6 + C_1^7 G_7 + C_1^8 G_8 + C_1^9 G_9 \\ H_2 = G_2 + C_2^6 G_6 + C_2^7 G_7 + C_2^8 G_8 + C_2^9 G_9 \\ H_3 = G_3 + C_3^6 G_6 + C_3^7 G_7 + C_3^8 G_8 + C_3^9 G_9 \\ H_4 = G_4 + C_4^6 G_6 + C_4^7 G_7 + C_4^8 G_8 + C_4^9 G_9 \\ H_5 = G_5 + C_5^6 G_6 + C_5^7 G_7 + C_5^8 G_8 + C_5^9 G_9\end{cases} \tag{5.55}$$

H_1、H_2、H_3、H_4、H_5 的具体形式见相关文献[86]。这样,我们就得到了一个只有5项基的完全三维的显式代数应力模式,即

$$b_{ij}^* = H_1 T_{ij}^{*(1)} + H_2 T_{ij}^{*(2)} + H_3 T_{ij}^{*(3)} + H_4 T_{ij}^{*(4)} + H_5 T_{ij}^{*(5)} \tag{5.56}$$

或

$$\begin{aligned} b_{ij}^* = & H_1 S_{ij}^* + H_2(S_{ik}^* W_{kj}^* + S_{jk}^* W_{ki}^*) + H_3\left(S_{ij}^{*2} - \frac{1}{3}\delta_{ij} S_{kk}^{*2}\right) \\ & + H_4\left(W_{ij}^{*2} - \frac{1}{3}\delta_{ij} W_{kk}^{*2}\right) + H_5(W_{ik}^* S_{kj}^{*2} + W_{jk}^* S_{ki}^{*2}) \end{aligned} \tag{5.57}$$

需要说明的是,虽然整基的个数少了,但系数 H 的形式极为复杂。追求纯粹的显式代数应力模式的紧凑表达式的实用意义不大。可以说,紧凑并不意味着简单。所以我们在此予以介绍显式代数应力模式的紧凑形式是为了表达一种思路,即由5项整基 T 组成非线性涡黏性模式是描述三维流动最紧凑的形式,它为我们进一步对模式优化提供了一个很好的理论基础。

5.4.3　显式代数应力模式的二维形式——GS模式

对于二维平均流动,显式代数应力模式的非线性形式可大为简化。此时,$\eta_3 = \eta_4 = 0$,且 $\eta_5 = 0.5\eta_1\eta_2$(见5.2节),系数 H 简化为(王辰[86])

$$H_1 = -\frac{3}{3 - 2\eta^2 + 6\xi^2} \tag{5.58a}$$

$$H_2 = -\frac{3}{3 - 2\eta^2 + 6\xi^2} \tag{5.58b}$$

$$H_3 = \frac{6}{3 - 2\eta^2 + 6\xi^2} - \frac{9\xi^2/[\beta(\eta/\xi - \xi/\eta)]}{3 - 2\eta^2 + 6\xi^2} \tag{5.58c}$$

$$H_4 = -\frac{9\eta^2/[\beta(\eta/\xi - \xi/\eta)]}{3 - 2\eta^2 + 6\xi^2} \tag{5.58d}$$

$$H_5 = -\frac{18(1 - \xi/\eta)/\beta}{3 - 2\eta^2 + 6\xi^2} \tag{5.58e}$$

其中,

$$\eta^2=\frac{1}{8}(S\beta_3)^2,\ \xi^2=\frac{1}{2}(\Omega\beta_2)^2,\ S=\frac{k}{\varepsilon}\sqrt{2S_{kk}^2}$$

$$\Omega=\frac{k}{\varepsilon}\sqrt{-2W_{kk}^2},\ \beta=2-\eta^2+\xi^2$$

同时,由于二维流动中 $\eta_1T^{(4)}-\eta_2T^{(3)}=0$ 和 $T^{(5)}=0$,显式代数应力模式的表达式简化为

$$\overline{u_iu_j}=\frac{2}{3}\delta_{ij}k-2\nu_t\left[S_{ij}+\beta_2\frac{k}{\varepsilon}(S_{ik}W_{kj}+S_{jk}W_{ki})-\beta_3\frac{k}{\varepsilon}\left(S_{ij}^2-\frac{1}{3}\delta_{ij}S_{kk}^2\right)\right] \tag{5.59}$$

其中,ν_t 为涡黏性系数,定义为

$$\nu_t=\frac{3\beta_1}{3-2\eta^2+6\xi^2}\frac{k^2}{\varepsilon} \tag{5.60}$$

且 $g=\left(\frac{1}{2}C_1+\frac{P_k}{\varepsilon}-1\right)^{-1}$, $\beta_1=\left(\frac{2}{3}-\frac{C_2}{2}\right)g$, $\beta_2=\left(1-\frac{C_4}{2}\right)g$, $\beta_3=(2-C_3)g$。该模式首先由 Gatski 和 Speziale[74] 导出,简称 GS 模式。

对应于线性涡黏性模式的系数 C_μ,GS 模式将其记为 C_μ^*,由式(5.60)可知

$$C_\mu^*=\frac{3\beta_1}{3-2\eta^2+6\xi^2} \tag{5.61}$$

该系数为应变率与涡量二阶不变量的函数,而非常数值 0.09,它可以更好地反映不同流动的物理特性。然而,该涡黏性系数有奇异性,即式(5.61)的分母有可能为零或负数从而失去物理意义。为此,Gatski 和 Speziale 对式(5.60)作所谓的帕德(Pade)近似,令

$$\eta^2\approx\frac{\eta^2}{1+\eta^2}\Rightarrow C_\mu^*=\frac{3\beta_1(1+\eta^2)}{3+\eta^2+6\xi^2(1+\eta^2)} \tag{5.62}$$

从而保证了涡黏性系数总是为正。实际上,王辰[86] 的工作表明帕德近似并无必要,即 η^2 在理论上是有界的,在实际计算中可保持计算的稳定性。

另外,实际应用中 GS 模式中的系数 β 往往被取为常数,这就要求确定 g(即 P_k/ε)的值。对于平衡湍流来说,

$$\begin{cases}\dfrac{\mathrm{d}k}{\mathrm{d}t}=P_k-\varepsilon\\[2ex]\dfrac{\mathrm{d}\varepsilon}{\mathrm{d}t}=\dfrac{\varepsilon}{k}(C_{\varepsilon1}P_k-C_{\varepsilon2}\varepsilon)\end{cases} \tag{5.63}$$

由于湍流的时间尺度不变,即,$\mathrm{d}(k/\varepsilon)/\mathrm{d}t=0$。因此,可以推出湍流能量的生成与耗散之比为

$$\frac{P_k}{\varepsilon}=\frac{C_{\varepsilon2}-1}{C_{\varepsilon1}-1} \tag{5.64}$$

不同的湍流模式其耗散方程中的系数略有区别,表 5.4 给出了 GS 模式的有关系数。

表 5.4　GS 模式系数

模　式	P_k/ε	g	β_1	β_2	β_3
GL	2.09	2.8	2/7	1/7	2/7
LRR	2.09	2.5	0.107	0.14	0.1
SSG	1.89	2.6	0.11	0.19	0.18

值得注意的是,表 5.4 给出 P_k/ε 接近于 2,在湍流局部平衡(如湍流边界层问题)假设中,$P_k/\varepsilon \approx 1$,即湍流能量的生成率与其耗散率平衡。理论上,$P_k/\varepsilon$ 应为变量以反映不同流动的物理特性。根据定义:

$$\frac{P_k}{\varepsilon} = -\frac{\overline{u_i u_j}}{\varepsilon}\frac{\partial U_i}{\partial x_j} = 2\frac{\nu_t}{\varepsilon}\left(S_{ij}S_{ij} - \beta_3\frac{k}{\varepsilon}S_{ij}S_{jk}S_{ki}\right) \tag{5.65}$$

式中的 ν_t 由式(5.60)给出。但是,式(5.60)继续包含 P_k/ε,因此,困难之处在于如何得出显式的 P_k/ε 的表达式。

另外要指出的是,尽管在二维平面流动中,$S_{kk}^3 = 0$,式(5.65)表示的湍动能生成项为常见的 $P_k = 2\nu_t S_{kk}^2 > 0$,即不能描述流动的再层流化过程或是风洞中收缩段的"整流"效应。但是,该二维模式如果应用于三维流动,仍然有

$$P_k = 2\nu_t\left(S_{kk}^2 - \beta_3\frac{k}{\varepsilon}S_{kk}^3\right) \tag{5.66}$$

此时的 S_{kk}^3(方便起见,称为 S_3)是可以大于零的。例如,在风洞的收缩段中,假设 $S_{11} > 0$,$S_{22} = S_{33} < 0$,则,$S_{kk}^3 = 3S_{11}S_{22}S_{33} > 0$。因此,三阶不变量 S_3 在此起到了抑制湍流的"整流"作用。

5.5　基于显式代数应力模式的非线性涡黏性模式

5.5.1　满足可实现性原则的非线性涡黏性模式

1. 可实现性原则

可实现性原则就是湍流模式得到的湍流量必须满足物理现实。湍流模式必须满足:① 湍流能量的各分量必须为正;② Schwartz 不等式成立[14,15]。表示为

$$\overline{u_\alpha^2} \geqslant 0,\quad \left|\frac{\overline{u_\alpha u_\beta}}{\sqrt{\overline{u_\alpha^2}}\sqrt{\overline{u_\beta^2}}}\right| \leqslant 1 \tag{5.67}$$

其中,u_α 表示湍流脉动速度分量。一个湍流模式只有满足了上述可实现性原则,它模拟

出来的流动才可能是真实的物理流动;反之,数值计算结果可能没有物理意义。然而,许多已广泛应用的湍流模式给出了非物理的湍流量。最典型的例子就是经典的 Boussinesq 涡黏性模式(BVM),其形式为

$$\overline{u_i u_i} = \frac{2}{3}\delta_{ij}k - 2\nu_t S_{ij}, \quad \nu_t = C_\mu \frac{k^2}{\varepsilon} \tag{5.68}$$

对于雷诺应力的某一分量(如 $\overline{u_1^2}$)来说,$\overline{u_1^2} = 2k/3 - 2\nu_t S_{11}$,当 S_{11} 很大时,很可能出现 $\overline{u_1^2} = 2k/3 - 2\nu_t S_{11} < 0$ 这样非物理的情况。

可实现性原则主要应用于雷诺应力输运模式研究,在涡黏性模式研究中没有得到足够的重视。GS 非线性模式的出现,使得构造可实现非线性涡黏性模式成为可能。符松等[92]在 GS 模式的基础上,通过对一系列基本流动(如平面剪切流、弯曲与旋转剪切流和无旋拉伸变形流等)的物理分析,给出了可实现的非线性涡黏性模式(FRT 模式)。下面对其进行介绍。

2. 平面剪切流的可实现性

平面剪切流(如边界层、混合层、平面射流等)是一类常见而重要的流动,应用湍流模式对此类问题的计算应当展现可实现性。以边界层问题为例(图 5.2),湍流能量主要集中于流动方向,壁面的存在使垂直于壁面方向的湍流脉动 $\overline{u_2^2}$ 受到抑制。根据可实现性原理可知,不管 $\overline{u_2^2}$ 多小它必须大于零。由于此时的平均速度梯度仅有 $\partial U_1/\partial x_2$,即应变率与旋转张量为

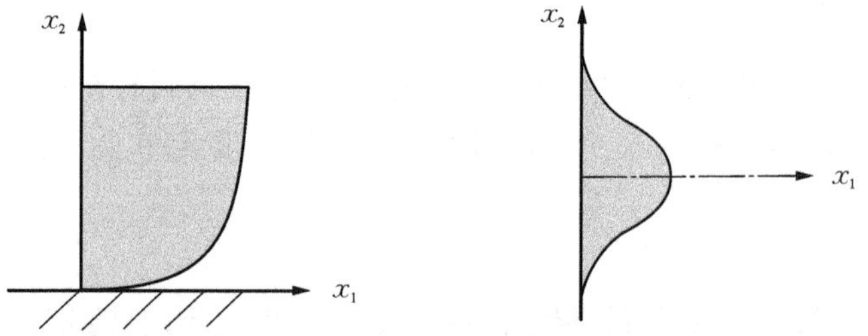

图 5.2 边界层、射流等简单剪切流动示意图

$$S_{ij} = \begin{pmatrix} 0 & S_{12} & 0 \\ S_{12} & 0 & 0 \\ 0 & 0 & 0 \end{pmatrix}, \quad W_{ij} = \begin{pmatrix} 0 & W_{12} & 0 \\ -W_{12} & 0 & 0 \\ 0 & 0 & 0 \end{pmatrix} \tag{5.69}$$

且 $S = \Omega = (k/\varepsilon)\partial U_1/\partial x_2$,GS 模式因而必须满足:

$$\overline{u_2^2} = \frac{2}{3}k - 2\nu_t \frac{k}{\varepsilon}\left[2\beta_2 S_{12}W_{12} - \beta_3\left(S_{12}S_{12} - \frac{1}{3}S_{kk}^2\right)\right] \geqslant 0 \tag{5.70}$$

此时,将经过式(5.60)修正后的涡黏性系数 ν_t 代入上式,整理后有

$$\frac{\beta_2}{\beta_3} \leqslant \frac{\beta_3}{\beta_1}\frac{3+\theta+24(\beta_2/\beta_3)^2\theta(1+\theta)}{36\theta(1+\theta)}+\frac{1}{6} \tag{5.71}$$

式中，$\theta=(\beta_3 S)^2/8 \geqslant 0$。上面不等式必须对所有 θ 值成立，这需要求出上式右边项的最小值（即 $\theta \to \infty$）。因此，式(5.61)演化为

$$\frac{\beta_2}{\beta_3} \leqslant \frac{2}{3}\frac{\beta_3}{\beta_1}\left(\frac{\beta_2}{\beta_3}\right)^2+\frac{1}{6}=B \tag{5.72}$$

这就是平面剪切流的可实现性条件。根据 GS 模式系数 β_i（表 5.4），可以计算出采用不同压力-应变率模式给出的上面不等式两边的值，如表 5.5 所示。显然，LRR 模式给出的值不满足平面剪切流的可实现性条件，也就是说，在 $(k/\varepsilon)\partial U_1/\partial x_2$ 很大时，$\overline{u_2^2}$ 可能小于零而成为非物理解。

表 5.5　不等式(5.62)两边值的比较

模　式	$\beta_2/\beta_3 \leqslant B$	β_1/β_3
GL	1/2≤2/3	1/3
LRR	1.38≥1.36	1.07
SSG	1.07≤1.34	0.65

3. 弯曲与旋转剪切流的可实现性

湍流模式的发展、调试大都基于简单的单向流动，在其他流动中许多模式的缺陷很快就凸显出来，最典型的例子就是弯曲的剪切流和充分发展的旋转槽流，后者旋转角速度为 Ω_3，如图 5.3 所示。在这两种情况下，曲率和科里奥利力都会导致剪切应力的减小（如凸面附近）或增大（如凹面附近），从而使湍流减弱或是加强。

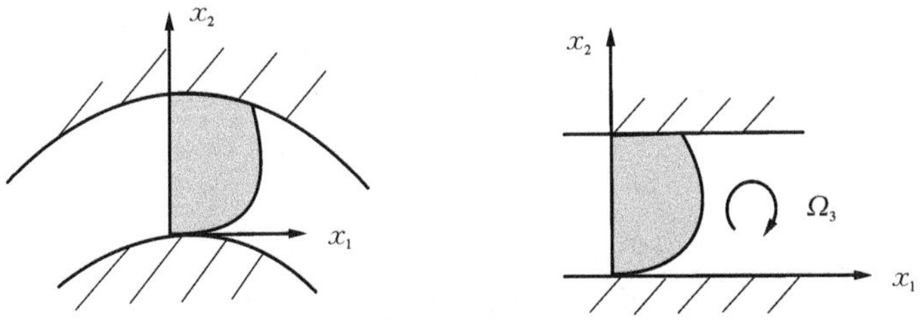

图 5.3　充分发展的旋转槽流示意图

对于充分发展的弯曲剪切流与旋转槽流来说，应变率与旋转率张量形式与平面剪切流类似，可由式(5.69)表示，对弯曲剪切流来说：

$$S_{12}=\frac{1}{2}\left(\frac{\partial U_1}{\partial x_2}-\frac{U_1}{x_2}\right),\quad W_{12}=\frac{1}{2}\left(\frac{\partial U_1}{\partial x_2}+\frac{U_1}{x_2}\right) \tag{5.73}$$

与旋转槽流来说：

$$S_{12} = \frac{1}{2}\frac{\partial U_1}{\partial x_2}, \quad W_{12} = \frac{1}{2}\frac{\partial U_1}{\partial x_2} - \frac{4 - C_4}{2 - C_4}\Omega_3 \tag{5.74}$$

就可实现性条件而言,湍流受抑现象是关注的焦点。因此,进一步探讨凸面剪切流和旋转槽流吸力面附近的雷诺应力的法向脉动分量 $\overline{u_2^2}$,它必须大于零。不等式(5.70)继续成立并可简化为

$$C_\mu^*\left(\beta_2\tilde{\Omega} - \frac{1}{6}\beta_3\tilde{S}\right)\tilde{S} \leqslant \frac{2}{3} \tag{5.75}$$

式中,$\tilde{S} = \pm 2(k/\varepsilon)\mid S_{12}\mid$;$\tilde{\Omega} = \pm 2(k/\varepsilon)\mid W_{12}\mid$。将式(5.61)代入式(5.75),可实现性条件为

$$\frac{\beta_1}{\beta_3}\frac{3\rho(3\theta - \rho)}{1 + 3\theta^2 + 4/(2 + \rho^2)} \leqslant 1 \tag{5.76}$$

参数 $\theta = \beta_2\tilde{\Omega}$, $\rho = \beta_3\tilde{S}/2$,分别代表无量纲旋转率和应变率。

对式(5.76)作简单的分析表明,若 θ 和 ρ 异号且 $\beta_1/\beta_3 > 0$,该式无条件成立,并意味着 $\rho(3\theta - \rho) < 0$。若 θ 和 ρ 同号,可实现性条件式(5.76)的成立则对系数 β_1 和 β_3 提出制约。令

$$f(\theta, \rho) = \frac{3\rho(3\theta - \rho)}{1 + 3\theta^2 + 4/(2 + \rho^2)} \tag{5.77}$$

若式(5.66)对任何 θ 和 ρ 值都始终成立,则 $f(\theta, \rho)$ 的最大值 f_{max} 满足:

$$\frac{\beta_1}{\beta_3} \leqslant \frac{1}{f_{max}} \tag{5.78}$$

图 5.4 给出了 $f(\theta,\rho)$ 的变化关系。可见,$f(\theta, \rho)$ 可有无穷多个极大值,且随 θ 和 ρ 值的增加而增加。求解 f_{max} 的公式可写作

$$f(\theta, \rho) = \frac{\rho}{\theta}\left(3 - \frac{\rho}{\theta}\right) \tag{5.79}$$

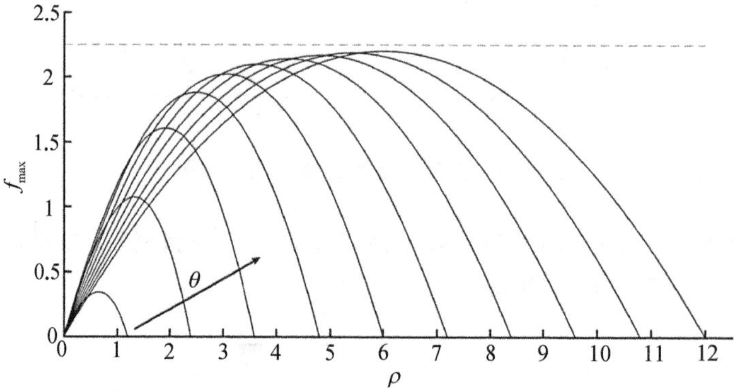

图 5.4　式(5.77)中函数 f 的变化

该式表明当$\rho/\theta=1.5$时有$f_{\max}=2.25$。由此,要使 GS 模式在充分发展的弯曲剪切流与旋转槽流中满足可实现性条件,其模式系数必须满足:

$$\frac{\beta_1}{\beta_3}\leqslant\frac{4}{9} \tag{5.80}$$

表 5.5 表明,只有 GL 压力-应变率模式系数满足以上关系,LRR 和 SSG 模式系数都不满足可实现性条件。

4. 无旋拉伸变形流的可实现性

无剪切、无旋拉伸变形流动包括收缩段、扩张段内的流动、喷撞射流驻点附近的流动等,如同对线性的式(5.68)讨论,流动的拉伸或是加速可导致线性涡黏性模式违反可实现性条件。拉伸变形流动的应变率和旋转率场为

$$S_{ij}=\begin{pmatrix} S_{11} & 0 & 0 \\ 0 & S_{22} & 0 \\ 0 & 0 & S_{33} \end{pmatrix},\quad W_{ij}=\begin{pmatrix} 0 & 0 & 0 \\ 0 & 0 & 0 \\ 0 & 0 & 0 \end{pmatrix} \tag{5.81}$$

同时,连续方程给出:

$$S_{11}+S_{22}+S_{33}=0 \tag{5.82}$$

在这类流动中,流体的拉伸变形有两种特殊情况:

(1) 二维拉伸:$S_{33}=0, S_{22}=-S_{11}$;

(2) 轴对称变形:$S_{33}=S_{22}=-S_{11}/2$。

假设$S_{11}>0$为拉伸分量,这两类状况则分别对应二维平面无旋变形流和轴对称收缩流动(图 5.5)。在这两种情况下,对 GS 模式应用可实现性条件有

$$\overline{u_1^2}=\frac{2}{3}k-2\nu_t\frac{k}{\varepsilon}\left[S_{11}-\beta_3\left(S_{11}S_{11}-\frac{1}{3}S_{kk}^2\right)\right]\geqslant 0 \tag{5.83}$$

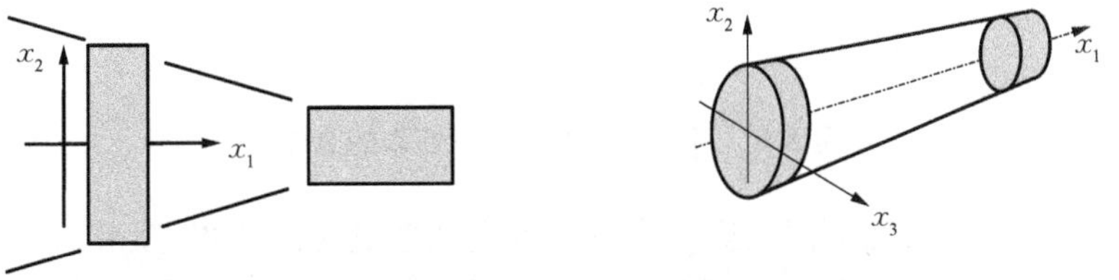

图 5.5　二维平面无旋变形流和轴对称收缩流动示意图

对于二维平面无旋变形流来说,定义无量纲变形量$S=2(k/\varepsilon)S_{11}$,公式(5.83)可简化为

$$C_\mu^*\left(1-\frac{1}{6}\beta_3 S\right)S\leqslant\frac{2}{3} \tag{5.84}$$

二维平面无旋变形流的可实现性进而可以给出

$$F_1 = \frac{\beta_1}{\beta_3} \frac{3\rho(3-\rho)}{1+4/(2+\rho^2)} \leqslant 1 \tag{5.85}$$

对于轴对称收缩流动,式(5.83)可简化为

$$C_\mu^* \left(\frac{2}{\sqrt{3}} - \frac{1}{3}\beta_3 S \right) S \leqslant \frac{2}{3} \tag{5.86}$$

式中,$S=\sqrt{3}(k/\varepsilon)S_{11}$。轴对称收缩流动的可实现性条件给出

$$F_2 = \frac{\beta_1}{\beta_3} \frac{6\rho(\sqrt{3}-\rho)}{1+4/(2+\rho^2)} \leqslant 1 \tag{5.87}$$

在式(5.85)和式(5.87)中,$\rho=\beta_3 S/2$。可实现性参数 F_1 和 F_2 随应变率 ρ 的变化分别在图 5.6 中显示。可见,无旋拉伸流动的可实现性条件没有得到遵守,证实了在剪切流动中发展起来的湍流模式对拉伸变形流动计算效果的不确定性。

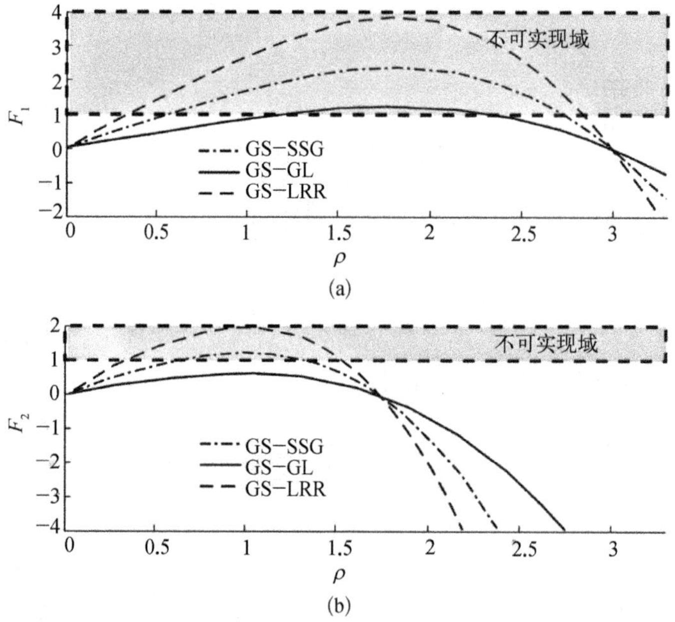

图 5.6 可实现性参数随应变率的变化

图 5.6 同时表明,二维平面无旋变形流的可实现性更易被破坏,如果它的可实现性条件式(5.85)满足了,轴对称收缩流动的可实现性条件式(5.87)应当自动满足。为此,欲使式(5.85)得到无条件的满足,需要

$$\frac{\beta_1}{\beta_3} \leqslant \frac{1}{f_{\max}}, \quad f(\rho) = \frac{3\rho(3-\rho)}{1+4/(2+\rho^2)} \tag{5.88}$$

上式给出在 $\rho \approx 1.83$ 时,$f_{\max}=3.675$。至此,二维平面无旋变形流的可实现性条件对模式系数的制约为

$$\frac{\beta_1}{\beta_3} \leqslant \frac{1}{f_{\max}} \approx 0.272 \tag{5.89}$$

该制约条件明显比充分发展的弯曲剪切流与旋转槽流的可实现性制约条件式(5.80)更严格。

5. 可实现性非线性涡黏性模式

根据以上分析,符松等[92,93]在 $k-\varepsilon$ 方程的框架下,建立了满足可实现性原则的二阶非线性涡黏性模式(简称 FRT 模式),该模式系数满足不等式(5.72)与式(5.89),即

$$\frac{\beta_2}{\beta_3} \leqslant \frac{2}{3}\frac{\beta_3}{\beta_1}\left(\frac{\beta_2}{\beta_3}\right)^2 + \frac{1}{6}, \quad \frac{\beta_1}{\beta_3} \leqslant 0.272 \tag{5.90}$$

该模式类似 GS 显式代数应力模式,为

$$\overline{u_i u_j} = \frac{2}{3}\delta_{ij}k - 2\nu_t\left[S_{ij} + \beta_2\frac{k}{\varepsilon}(S_{ik}W_{kj} + S_{jk}W_{ki}) - \beta_3\frac{k}{\varepsilon}\left(S_{ij}^2 - \frac{1}{3}\delta_{ij}S_{kk}^2\right)\right] \tag{5.91}$$

相关的模式系数在表 5.6 中给出。

表 5.6　二阶可实现性非线性涡黏性模式系数

模　式	FRT
β_1	0.12
β_2	0.21
β_3	0.46
$C_{\varepsilon1}$	1.42
$C_{\varepsilon2}$	1.83

总之,FRT 模式立足于:① 显式代数应力模式(GS 模式);② 满足可实现性原则。王辰[86]比较了一系列涡黏性模式,计算的算例包括后台阶流动、有法向射流的槽道流等,FRT 模式计算结果令人满意,在消除非物理解方面尤其有效。图 5.7 显示了后台阶流线,相对于 BVM,FRT 模式给出了较为准确的回流区长度。图 5.8 和图 5.9 为有法向射流的槽道流的计算结果。FRT 模式结果不但回流区长度与实验相符,而且没有负的湍流能量分量区域,与之相对,BVM 存在射流上方的流体加速区 $\overline{uu} < 0$ 的荒谬结果。

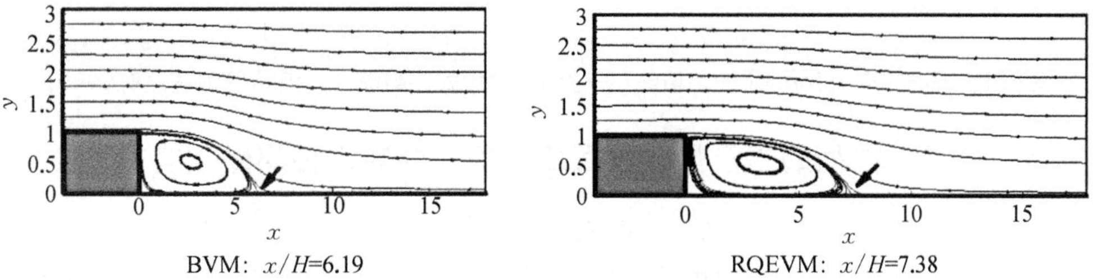

图 5.7　后台阶流动回流区长度

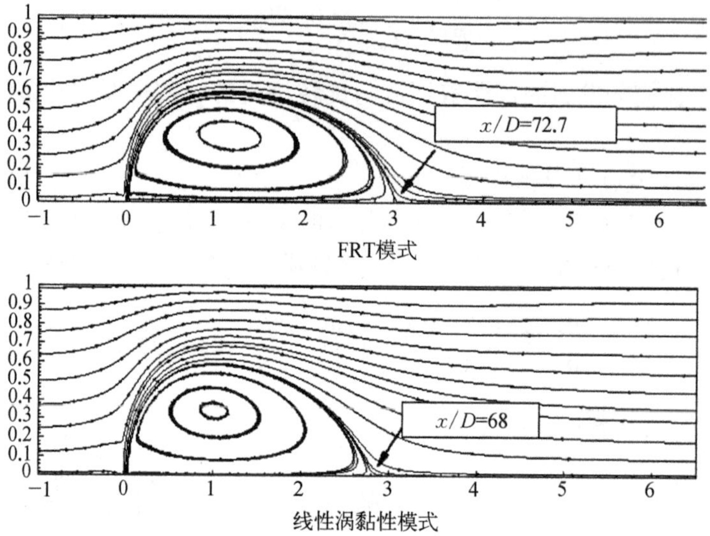

图 5.8　两种模式计算的横向流中射流流动的流线图及回流区分离点位置

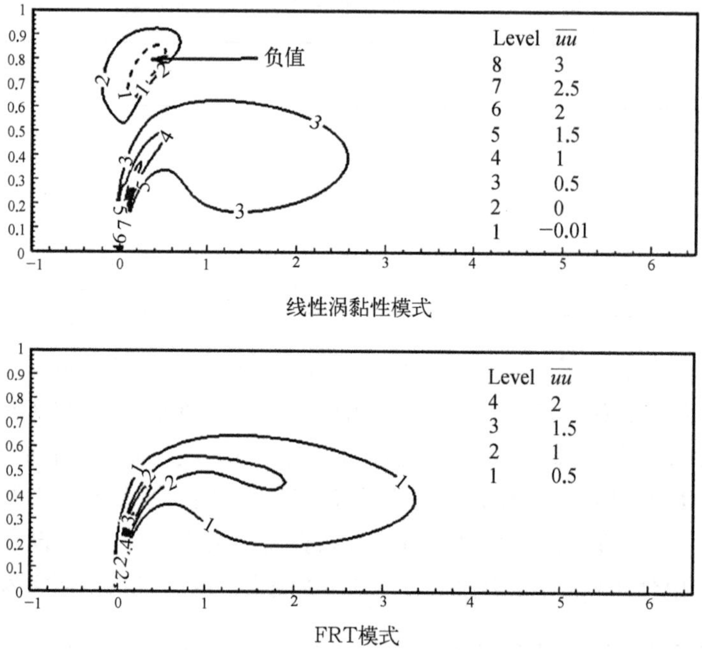

图 5.9　雷诺正应力分量$\overline{uu}$ 的等值线(线性涡黏性模式在射流上方流体的加速区有$\overline{uu}$<0)

5.5.2　几种典型的基于显式代数应力模式的非线性涡黏性模式

1. 紧凑显式代数应力模式的简化形式

5.4 节对二维显式代数应力模式进行了可实现性分析,尽管它可应用于三维流动计算,但它缺少描述三维流动的整基,而三维流动的一些重要特征只能用三维整基来表现。

对显式代数应力模式简化时,我们立足其紧凑形式,即将整基的个数限制在 5 项,对其系数函数作合理简化。实际上,流动的三维特性主要由三阶整基 $T_{ij}^{(5)}$ 来表示,模式系数虽也包含重要物理信息,但二维假设造成的信息丢失与其简化后的实用性相比可以忽略。因此,取式(5.58a~e)的 GS 模式系数的函数形式,代数应力模式的紧凑形式简化为

$$\overline{u_i u_j} = \frac{2}{3}\delta_{ij}k - 2\nu_t\left[S_{ij} + \beta_2\frac{k}{\varepsilon}(S_{ik}W_{kj} + S_{jk}W_{ki}) - \beta_3\frac{k}{\varepsilon}\left(S_{ij}^2 - \frac{1}{3}\delta_{ij}S_{kk}^2\right)\right.$$
$$\left. + \frac{3\beta_3}{2\beta}\left(\frac{\eta}{\xi} - \frac{\xi}{\eta}\right)\frac{k}{\varepsilon}\left(\xi^2 S_{ij}^2 + \eta^2\frac{4\beta_2^2}{\beta_3^2}W_{ij}^2\right) + \frac{3\beta_2\beta_3}{\beta}\left(1 - \frac{\xi}{\eta}\right)\left(\frac{k}{\varepsilon}\right)^2(W_{ik}S_{kj}^2 + W_{jk}S_{ki}^2)\right] \tag{5.92}$$

式中,涡黏性系数仍为

$$\nu_t = \frac{3\beta_1}{3 - 2\eta^2 + 6\xi^2}\frac{k^2}{\varepsilon} \tag{5.93}$$

其他参数定义为

$$\begin{cases} g = \left(\frac{1}{2}C_1 + \frac{P_k}{\varepsilon} - 1\right)^{-1}, & \beta = 2 - \eta^2 + \xi^2, \quad S = \frac{k}{\varepsilon}\sqrt{2S_{kk}^2} \\ \Omega = \frac{k}{\varepsilon}\sqrt{-2W_{kk}^2}, & \eta^2 = \frac{1}{8}(S\beta_3)^2, \quad \xi^2 = \frac{1}{2}(\Omega\beta_2)^2 \\ \beta_1 = \left(\frac{2}{3} - \frac{C_2}{2}\right)g, & \beta_2 = \left(1 - \frac{C_4}{2}\right)g, \quad \beta_3 = (2 - C_3)g \end{cases} \tag{5.94}$$

对于充分发展的旋转圆管流动,可以证明,线性和二阶非线性涡黏性模式只能给出刚体旋转解——管内流体角速度为常数($\omega = W/r =$ 常数)。而实验表明,切向速度 W 与半径 r 大致为 $W \propto r^2$。图 5.10 比较了模式(5.92)和其他模式的计算结果。前者与实验、LES

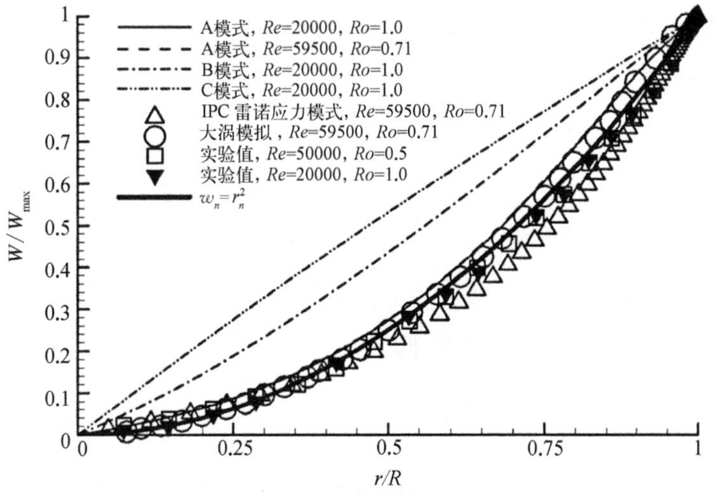

图 5.10　旋转圆管的切向速度剖面

A 模式为式(5.82),详见文献[86]

和 IPC 雷诺应力模式结果吻合。对于其他复杂三维问题,该模式均取得了很好的效果[86]。

2. Wallin－Johansson 模式(2000)[94]

Wallin－Johansson 模式(简称 WJ 模式)可看作是代数应力模式完整显式解的一个简化形式。它源自 Taulbee[95]采用 LRR 压力-应变率模式后的代数应力模式。WJ 模式的最大特点是将隐式代数应力模式方程(5.44)简化为

$$(P_k - \varepsilon + C_1\varepsilon)a_{ij} = -\frac{4}{15}kS_{ij} + \frac{4}{9}k(a_{ik}W_{kj} + a_{jk}W_{ki}) \tag{5.95}$$

或

$$N\frac{\varepsilon}{k}a_{ij} = -\frac{6}{5}S_{ij} + (a_{ik}W_{kj} + a_{jk}W_{ki}) \tag{5.96}$$

式中,$N = c_1' + (9P_k)/4\varepsilon$, $c_1' = 9(C_1 - 1)/4$。

根据显式代数应力模式的解析解(见 5.4 节),可以给出式(5.96)的显式形式。对于二维平均流动,有 $\beta_3 = 0$, WJ 模式的二维形式为

$$\overline{u_i u_j} = \frac{2}{3}\delta_{ij}k - 2\nu_t\left[S_{ij} + \beta_2\frac{k}{\varepsilon}(S_{ik}W_{kj} + S_{jk}W_{ki})\right] \tag{5.97}$$

式中,

$$\nu_t = \frac{3}{5}\frac{N}{N^2 - 2II_\Omega}, \quad \beta_2 = N^{-1} \tag{5.98}$$

这里,$II_\Omega = (k/\varepsilon)^2 W_{ll}^2$。显然,WJ 模式在形式上较 GS 模式或 FRT 模式更为简单,理论上其优点为 N 值或是 P_k/ε 由以下方程控制:

$$N^3 - c_1'N^2 - (2.7II_S + 2II_\Omega)N + 2c_1'II_\Omega = 0 \tag{5.99}$$

其中,$II_S = (k/\varepsilon)^2 S_{ll}^2$。上式三阶多项式有解析解,其正根为

$$N = \begin{cases} \dfrac{c_1'}{3} + (P_1 + \sqrt{P_2})^{1/3} + \mathrm{sign}(P_1 + \sqrt{P_2})\,|\,P_1 + \sqrt{P_2}\,|^{1/3}, & P_2 \geqslant 0 \\ \dfrac{c_1'}{3} + (P_1 + \sqrt{P_2})^{1/6}\cos\left[\dfrac{1}{3}\arccos\left(\dfrac{P_1}{\sqrt{P_1^2 - P_2}}\right)\right], & P_2 < 0 \end{cases} \tag{5.100}$$

这里,arccos 函数给出 0 与 π 之间的值,同时,

$$P_1 = \left(\frac{1}{27}c_1'^2 + \frac{9}{20}II_S - \frac{2}{3}II_\Omega\right)c_1', \quad P_2 = P_1^2 - \left(\frac{1}{9}c_1'^2 + \frac{9}{10}II_S + \frac{2}{3}II_\Omega\right)^3 \tag{5.101}$$

可以证明,对于任何应变率和涡量,$N > 0$ 无条件成立。因此,式(5.98)给出的涡黏系数也始终为正,不会出现 GS 模式中的奇值。

对于三维平均流动，WJ 模式也具有简单的形式。相对于完整的显式代数应力模式，它只有 5 项整基，式(5.43)中的模式系数为

$$G_3 = G_5 = G_8 = G_9 = G_{10} = 0 \tag{5.102}$$

总之，WJ 模式的完整形式为

$$\begin{aligned}\overline{u_i u_j} = \frac{2}{3}\delta_{ij}k - 2\nu_t\Big\{S_{ij} + \frac{k}{\varepsilon}\Big[\gamma_1(S_{ik}W_{kj} + S_{jk}W_{ki}) + \gamma_2\Big(W_{ij}^2 - \frac{1}{3}\delta_{ij}W_{kk}^2\Big)\Big] \\ + \gamma_3\left(\frac{k}{\varepsilon}\right)^2\left(S_{il}W_{lj}^2 + S_{jl}W_{li}^2 - \frac{2}{3}\delta_{ij}IV\right) + \gamma_4\left(\frac{k}{\varepsilon}\right)^3(W_{ik}S_{kl}W_{lj}^2 + W_{jk}S_{kl}W_{li}^2)\Big\}\end{aligned} \tag{5.103}$$

其中，

$$\nu_t = \frac{3}{5}\frac{N(2N^2 - 7II_\Omega)}{(N^2 - 2II_\Omega)(2N^2 - II_\Omega)} \tag{5.104}$$

$$\begin{cases}\gamma_1 = \dfrac{12IV}{N^2(2N^2 - 7II_\Omega)}, \quad \gamma_2 = \dfrac{2(N^2 - 2II_\Omega)}{N(2N^2 - 7II_\Omega)}, \quad IV = \left(\dfrac{k}{\varepsilon}\right)^3 S_{kl}W_{lk}^2 \\ \gamma_3 = \dfrac{6}{2N^2 - 7II_\Omega}, \qquad \gamma_4 = -\dfrac{6}{N(2N^2 - 7II_\Omega)}\end{cases} \tag{5.105}$$

同样，因为 $II_\Omega \leqslant 0$，式(5.104)也始终为正。N 值可通过求解二维流动方程(5.100)获得。

第 6 章
低雷诺数非线性涡黏性模式理论

本章首先比较了雷诺应力的近壁特性和高雷诺数湍流模式的近壁特性，指出它们之间的差异并提出了解决办法。在此基础上引入阻尼函数的概念，并利用低雷诺数情况下雷诺应力模式和非线性涡黏性模式的补充关系，对第 5 章发展的基于显式代数应力模式的非线性涡黏性模式进行了低雷诺数修正。最后，针对 $k-\varepsilon$ 模式和 $k-\omega$ 模式，分别提出了修正方法：加入附加的分子扩散项保证 ε 方程在近壁区的平衡；修正 ω 方程的生成项系数以反映湍流的非局部平衡效应。

学习要点：

(1) 理解雷诺应力的近壁特性和高雷诺数湍流模式的近壁特性；

(2) 掌握基于显式代数应力模式的非线性涡黏性模式的低雷诺数修正方法；

(3) 掌握 $k-\varepsilon$ 模式和 $k-\omega$ 模式的低雷诺数修正方法。

6.1 概　　述

低雷诺数湍流模式既适用于充分发展的湍流流动，又适用于黏性效应起重要作用的近壁流动，它摒弃了传统的壁函数方法（见 3.3.3 小节），满足各湍流统计量的近壁特性，减少了人为因素和对特定流动的依赖性，因而具有更广的适用性。决定低雷诺数模式性能的因素有两方面：一个较好的高雷诺数模式和恰当的近壁修正。低雷诺数模式要满足湍流的近壁特性，而在远离壁面处应回归到高雷诺数模式，因此在建立低雷诺数模式之前要选择适当的高雷诺数模式作为背景模式。

第 5 章详细介绍了高雷诺数非线性涡黏性模式，包括由作者及其研究组发展起来的基于显式代数应力模式的 FRT 模式。由于低雷诺数模式能够较准确地反映近壁湍流的特点，而非线性涡黏性模式能够抓住湍流的各向异性和非局部平衡效应，因此将低雷诺数模式和非线性涡黏性模式相结合，可以处理有壁面约束的复杂湍流流动。本章将具体推导低雷诺数 FRT 模式，其特点是不显含壁面参数，并且拥有雷诺应力模式的部分机制。

图 6.1 给出了建立低雷诺数非线性涡黏性模式的总体思路。本书将湍流的近壁特性分析作为主要手段，同时利用雷诺应力输运模式和显式代数应力模式的关系使得模式能

反映雷诺应力在近壁区的生成、耗散和再分配机制。篇幅所限,本章局限于二维不可压缩流动,该模式向可压缩三维流动的推广工作见郭阳博士论文[96]。

本章 6.2 节首先讨论雷诺应力的近壁特性和高雷诺数湍流模式的近壁特性,指出它们之间的差异和解决办法;6.3 节分析低雷诺数雷诺应力输运模式的近壁特性;6.4 节引入阻尼函数的概念,并利用雷诺应力模式和非线性涡黏性模式在近壁区的补充关系来导出低雷诺数非线性涡黏性模式。最后,该模式的算例验证工作在 6.5 节中给出。

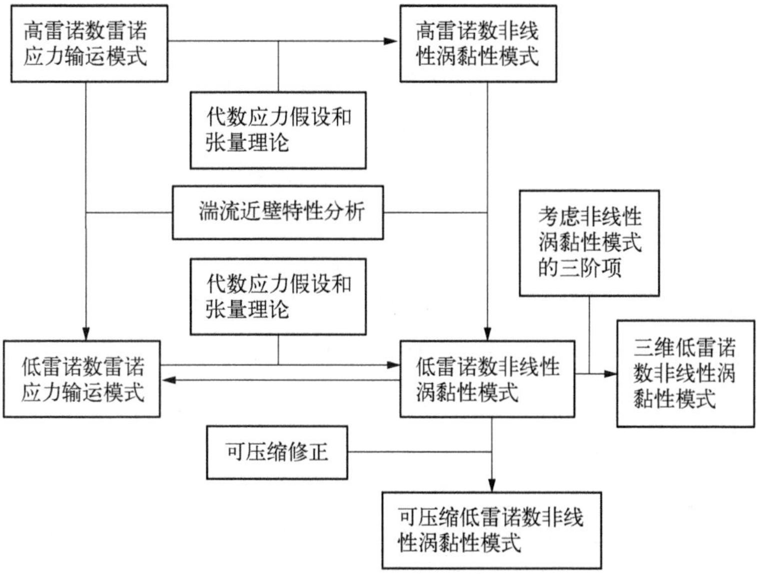

图 6.1　建立低雷诺数非线性涡黏性模式的总体思路

6.2　湍流各统计量的近壁特性

湍流在近壁区有着特殊的性质,把脉动速度 u_i 以壁面距离 y 作 Taylor 展开,由于壁面的无滑移条件,脉动速度 u_i 的零阶项系数均为零。设 u 和 w 为平行于壁面的速度分量,而 v 为垂直于壁面的速度分量。根据连续方程有

$$\frac{\partial u}{\partial x}+\frac{\partial v}{\partial y}+\frac{\partial w}{\partial z}=0 \tag{6.1}$$

再由壁面的无滑移条件,

$$\left.\frac{\partial u}{\partial x}\right|_{y=0}=0,\ \left.\frac{\partial w}{\partial z}\right|_{y=0}=0\Rightarrow\left.\frac{\partial v}{\partial y}\right|_{y=0}=0 \tag{6.2}$$

可见垂直于壁面的脉动速度 v 的一阶项系数也为零,v 是比平行壁面的脉动速度高一阶的小量。这反映了壁面对垂直于壁面的速度脉动的抑制要大于对平行于壁面的速度脉动的抑制。可见,近壁区雷诺应力呈强烈的各向异性,被称为二分量湍流状态。脉动速度的

Taylor 展开可写为

$$\begin{cases}u = a_1 y + a_2 y^2 + a_3 y^3 + \cdots \\ v = b_2 y^2 + b_3 y^3 + \cdots \\ w = c_1 y + c_2 y^2 + c_3 y^3 + \cdots\end{cases} \tag{6.3}$$

u、v、w 的量级为

$$u \sim O(y),\ v \sim O(y^2),\ w \sim O(y) \tag{6.4}$$

类似地,对平均速度有

$$\begin{cases}U = A_1 y + A_2 y^2 + A_3 y^3 + \cdots \\ V = B_2 y^2 + B_3 y^3 + \cdots \\ W = C_1 y + C_2 y^2 + C_3 y^3 + \cdots\end{cases} \tag{6.5}$$

一般情况下有

$$U \sim O(y),\ V \sim O(y^2),\ W \sim O(y) \tag{6.6}$$

需要对式(6.6)说明的是:① 对二维平均流动($W=0$),在分离点处 $\partial U/\partial y|_{y=0}=0$,因此该处的平均速度 U 和 V 均为 $O(y^2)$;② 对于三维平均流动,如果存在闭式分离区,则在分离点处有 $\partial U/\partial y|_{y=0}=0$ 和 $\partial W/\partial y|_{y=0}=0$,从而该处平均速度 U、V 和 W 均为 $O(y^2)$ 的量级。

然而,式(6.3)对于上述情况仍然成立,因为从瞬时速度的观点看,在空间并无固定的分离点。我们建立湍流模式时都是对脉动速度的关联项进行模化,即使在某个时刻 u 或 w 为 $O(y^2)$,也不会改变脉动速度的关联项的量级。由式(6.3)可得雷诺应力各分量的近壁特性:

$$\begin{cases}\overline{u^2} = \overline{a_1^2}\, y^2 + 2\overline{a_1 a_2}\, y^3 + \cdots \\ \overline{v^2} = \overline{b_2^2}\, y^4 + 2\overline{b_2 b_3}\, y^5 + \cdots \\ \overline{w^2} = \overline{c_1^2}\, y^2 + 2\overline{c_1 c_2}\, y^3 + \cdots \\ \overline{uv} = \overline{a_1 b_2}\, y^3 + (\overline{a_1 b_3} + \overline{a_2 b_2})y^4 + \cdots \\ \overline{vw} = \overline{c_1 b_2}\, y^3 + (\overline{c_1 b_3} + \overline{c_2 b_2})y^4 + \cdots \\ \overline{uw} = \overline{a_1 c_1}\, y^2 + (\overline{a_1 c_2} + \overline{a_2 c_1})y^3 + \cdots\end{cases} \tag{6.7}$$

雷诺应力分量输运方程的近壁特性将在对低雷诺数雷诺应力模式进行分析时给出(见 6.3 节)。而 k 和 ε 的近壁特性为

$$\begin{cases}k = \dfrac{1}{2}(\overline{a_1^2} + \overline{c_1^2})y^2 + (\overline{a_1 a_2} + \overline{c_1 c_2})y^3 + \cdots \\ \varepsilon = \nu(\overline{a_1^2} + \overline{c_1^2}) + 4\nu(\overline{a_1 a_2} + \overline{c_1 c_2})y + \cdots\end{cases} \tag{6.8}$$

对于二维平均流动，由式(6.7)和式(6.8)，雷诺应力各向异性张量 a_{ij} 在趋向壁面时的渐近变化为

$$\begin{cases} a_{12,\mathrm{w}} = O(y) \\ a_{11,\mathrm{w}} = B - 2/3 + O(y) \\ a_{22,\mathrm{w}} = -2/3 + O(y^2) \end{cases} \tag{6.9}$$

式中，$B = 2\overline{a_1^2}/(\overline{a_1^2} + \overline{c_1^2})$。

再假设该流动的平均应变率和涡量为

$$S_{11} = S_{22} = 0,\ S_{12} = W_{12} = \frac{1}{2}\frac{\partial U}{\partial y} \tag{6.10}$$

定义无量纲应变率 $S = (k/\varepsilon)\partial U/\partial y \sim O(y^2)$，将上式代入高雷诺数 FRT 模式(5.91)，有

$$\begin{cases} a_{12} = -C_\mu^* S = O(y^2) \\ a_{11} = C_\mu^* S^2(\beta_3/6 + \beta_2) = O(y^4) \\ a_{22} = C_\mu^* S^2(\beta_3/6 - \beta_2) = O(y^4) \end{cases} \tag{6.11}$$

式(6.9)和式(6.11)的巨大差距表明对模式的近壁修正是必要的。由于非线性涡黏性模式和雷诺应力输运模式有着紧密的联系，下节首先对雷诺应力输运模式的低雷诺数修正进行分析。

6.3　低雷诺数雷诺应力模式分析

定常的雷诺应力输运方程写为

$$C_{ij} = d_{ij}^{\mathrm{T}} + d_{ij}^{\nu} + d_{ij}^{\mathrm{p}} + P_{ij} + \phi_{ij} - \varepsilon_{ij} \tag{6.12}$$

式中各项的定义与意义详见 4.2 节。它们在近壁区的量级如表 6.1 所示。可见，对流项 C_{ij} 与雷诺应力的湍流扩散项 d_{ij}^{T} 的量级至少为 $O(y^3)$，而现有的低雷诺数雷诺应力模式无法使雷诺应力输运方程在 $O(y^3)$ 以上的量级平衡[实际上能在 $O(y^2)$ 量级上平衡的模式也很少]，因此分析时不用考虑 C_{ij} 与 d_{ij}^{T} 对雷诺应力近壁输运平衡的影响，需要进行近壁修正的是雷诺应力的耗散项 ε_{ij}、压力-应变率关联项 ϕ_{ij} 和压力扩散项 d_{ij}^{p}。

表 6.1　雷诺应力输运方程各项在近壁区的量级[系数 a_1、b_1、c_1 等的定义见式(6.3)]

下标 ij	C_{ij}	d_{ij}^{T}	d_{ij}^{ν}	P_{ij}	ε_{ij}
11	$O(y^3)$	$O(y^3)$	$2\nu\overline{a_1^2} + 12\nu\overline{a_1a_2}\,y + O(y^2)$	$O(y^3)$	$2\nu\overline{a_1^2} + 8\nu\overline{a_1a_2}\,y + O(y^2)$
33	$O(y^3)$	$O(y^3)$	$2\nu\overline{c_1^2} + 12\nu\overline{c_1c_2}\,y + O(y^2)$	$O(y^3)$	$2\nu\overline{c_1^2} + 8\nu\overline{c_1c_2}\,y + O(y^2)$
13	$O(y^3)$	$O(y^3)$	$2\nu\overline{a_1c_1} + 6\nu(\overline{a_1c_2} + \overline{c_1a_2})y + O(y^2)$	$O(y^3)$	$2\nu\overline{a_1c_1} + 4\nu(\overline{a_1c_2} + \overline{c_1a_2})y + O(y^2)$

续 表

下标 ij	C_{ij}	d_{ij}^{T}	d_{ij}^{v}	P_{ij}	ε_{ij}
12	$O(y^4)$	$O(y^4)$	$6\nu\overline{a_1 b_2}\,y + O(y^2)$	$O(y^4)$	$4\nu\overline{a_1 b_2}\,y + O(y^2)$
23	$O(y^4)$	$O(y^4)$	$6\nu\overline{b_2 c_1}\,y + O(y^2)$	$O(y^4)$	$4\nu\overline{b_2 c_1}\,y + O(y^2)$
22	$O(y^5)$	$O(y^5)$	$12\nu\overline{b_2^2}\,y^2 + O(y^3)$	$O(y^5)$	$8\nu\overline{b_2^2}\,y^2 + O(y^3)$

雷诺应力的耗散项 ε_{ij} 的壁面极限值可以和雷诺应力及 k、ε 联系起来[97]，表示如下：

$$
\begin{aligned}
&\frac{\varepsilon_{11}}{\overline{u^2}} = \frac{\varepsilon_{33}}{\overline{w^2}} = \frac{\varepsilon_{13}}{\overline{uw}} = \frac{\varepsilon}{k}\\
&\frac{\varepsilon_{23}}{\overline{vw}} = \frac{\varepsilon_{12}}{\overline{uv}} = 2\,\frac{\varepsilon}{k}\\
&\frac{\varepsilon_{22}}{\overline{v^2}} = 4\,\frac{\varepsilon}{k}
\end{aligned}
\tag{6.13}
$$

式(6.13)可归纳为

$$
\varepsilon_{ij\mathrm{w}} = \frac{\dfrac{\varepsilon}{k}\left(\overline{u_i u_j} + \overline{u_i u_k}\,n_k n_j + \overline{u_j u_k}\,n_k n_i + n_i n_j \overline{u_k u_l}\,n_k n_l\right)}{1 + \dfrac{3\overline{u_k u_l}\,n_k n_l}{2k}} \tag{6.14}
$$

式中，n_i、n_j 等为垂直于壁面的单位向量的分量。该式显示在近壁区 ε_{ij} 呈强烈的各向异性。

一种模拟方法是假设 ε_{ij} 远离壁面时各向同性，而趋于壁面时遵循式(6.14)，用插值方法将 ε_{ij} 表示为二者的组合：

$$
\varepsilon_{ij} = f_{\varepsilon}\left(\frac{2}{3}\varepsilon\delta_{ij}\right) + (1 - f_{\varepsilon})\,\varepsilon_{ij\mathrm{w}} \tag{6.15}
$$

LL 模式[98]和 HJ 模式[99]给出了不同的 f_{ε} 表达式。然而，壁面上 ε_{ij} 与雷诺应力的关系式具有方向性，为体现这个特点必须引入壁面参数。Speziale 等[100]借鉴显式代数应力模式的构造思路，把 ε_{ij} 表示为应变率和涡量张量及 k、ε 的函数，提出了一个不含壁面参数的模式。不过其形式十分复杂，进行低雷诺数修正后无法应用于工程。

Lumley[15]建议，ε_{ij} 仍可采用各向同性的模式，其各向异性将被吸收到压力-应变率关联项的缓变部分 ϕ_{ij1} 当中。这样做既可以抓住了主要的近壁区特征，也更易于建立低雷诺数非线性涡黏性模式。因此，这里对 ε_{ij} 的模化与高雷诺数情况下相同，即 $\varepsilon_{ij} = \dfrac{2}{3}\delta_{ij}\varepsilon$。考虑到雷诺应力输运方程的平衡(表 6.1)，$\phi_{ij1}$ 的系数 C_1 在壁面应趋于 1(若 ε_{ij} 的各向异

性不被吸收到 ϕ_{ij1} 当中，C_1 在壁面应趋于 0）。C_1 值在壁面减小这一点与缓变部分的名称是吻合的：ϕ_{ij1} 的模式也被称为各向同性回归模式，它有使湍流缓慢回到各向同性状态的作用（见 4.4.1 小节）。C_1 值的减小意味着 ϕ_{ij1} 减弱，有利于预测靠近壁面处雷诺应力的强各向异性特征。这里的 ϕ_{ij1} 模式表示为

$$\phi_{ij,1} = -[1 + f_\phi(C_1 - 1)]\varepsilon a_{ij} \tag{6.16}$$

式中，函数 f_ϕ 反映 ϕ_{ij1} 衰减的快慢，在壁面 $f_\phi = 0$，远离壁面 $f_\phi = 1$。

压力-应变率关联项 ϕ_{ij} 和压力扩散项 d_{ij}^{p} 都与脉动压力相关。如 4.5 节所述，在近壁区 ϕ_{ij} 存在壁面反射项，它来源于压力泊松方程的解中的边界积分项。根据 Lai 和 So 的近壁特性分析[101]，壁面反射项与 d_{ij}^{p} 之和在远离壁面处和非常靠近壁面处均为小量。这带来的启示在于可以对壁面反射项与 d_{ij}^{p} 之和进行模化，由于它们只改变 ϕ_{ij} 在中间区域的分布，因此适当调整速变部分 ϕ_{ij2} 的系数，就可使壁面反射项的作用体现出来，表示如下：

$$\phi_{ij2} + \phi_{ijw} + d_{ij}^{\mathrm{p}} = \phi_{ij2,\ \mathrm{high}} + \phi'_{ij2} \tag{6.17}$$

式中，$\phi_{ij2,\ \mathrm{high}}$ 为高雷诺数情况下 ϕ_{ij2} 的模化形式；ϕ'_{ij2} 为壁面反射项与压力扩散项 d_{ij}^{p} 之和的模化项。为体现近壁区雷诺应力强各向异性的特点，将其模化如下：

$$\phi'_{ij2} = (1 - f_\phi)\left[\alpha^*\left(P_{ij} - \frac{1}{3}\delta_{ij}P_{kk}\right) + \beta^*\left(D_{ij} - \frac{1}{3}\delta_{ij}P_{kk}\right)\right] \tag{6.18}$$

$$D_{ij} = -\left(\overline{u'_i u'_k}\frac{\partial U_k}{\partial x_j} + \overline{u'_j u'_k}\frac{\partial U_k}{\partial x_i}\right) \tag{6.19}$$

在远离壁面时 $\phi'_{ij2} \to 0$，从而保证远离壁面时回归高雷诺数模式。

式(6.17)和式(6.18)可进一步表示为

$$\begin{aligned}\phi_{ij2,\ \mathrm{high}} + \phi'_{ij2} = &-\frac{4}{3}(1 - f_\phi)(\alpha^* + \beta^*)kS_{ij} \\ &- 2(1 - f_\phi)(\alpha^* + \beta^*)k\left(b_{ik}S_{jk} + b_{jk}S_{ik} - \frac{2}{3}b_{mn}S_{mn}\delta_{ij}\right) \\ &- 2(1 - f_\phi)(\alpha^* - \beta^*)k(b_{ik}W_{jk} + b_{jk}W_{ik})\end{aligned} \tag{6.20}$$

这里通过求解低雷诺数情况下的代数应力方程，获得显式代数应力模式的表达式。将其代入式(6.11)，并与式(6.9)比较以确定式(6.20)系数 α^*、β^* 的值。可见，低雷诺数情况下的显式代数应力模式不再完全由雷诺应力输运模式确定，它会反过来对雷诺应力输运模式的建立起辅助作用。将 ϕ_{ij1} 的模化形式(6.16)与 ϕ_{ij2} 的模化形式(6.20)代入 5.4 节中的代数应力方程(5.44)，并且考虑到湍流时间尺度的变化，可得到在低雷诺数情况下的代数应力方程：

$$\begin{aligned}2[P/\varepsilon - f_\phi(C_1 - 1)]b_{ij} = &\left[C_2 - \frac{4}{3}(1 - f_\phi)(\alpha^* + \beta^*) - \frac{4}{3}\right]\frac{k + \sqrt{\nu\varepsilon}}{\varepsilon}S_{ij} \\ &+ [C_3 - 2(1 - f_\phi)(\alpha^* + \beta^*) - 2]\frac{k + \sqrt{\nu\varepsilon}}{\varepsilon}\left(b_{ik}S_{jk} + b_{jk}S_{ik} - \frac{2}{3}b_{mn}S_{mn}\delta_{ij}\right)\end{aligned}$$

$$+\left[C_4 - 2(1-f_\phi)(\alpha^* - \beta^*) - 2\right]\frac{k+\sqrt{\nu\varepsilon}}{\varepsilon}(b_{ik}W_{jk} + b_{jk}W_{ik}) \tag{6.21}$$

与高雷诺数情况下类似，求解方程(6.21)可得与高雷诺数模式(5.91)类似的形式，但在低雷诺数情况下模式的系数有所不同：

$$\begin{aligned}
\overline{\beta_1} &= \left[2/3 - C_2/2 + 2/3(1-f_\phi)(\alpha^* + \beta^*)\right]/(f_\phi f_\tau g^*) \\
\overline{\beta_2} &= \left[1 - C_4/2 + (1-f_\phi)(\alpha^* - \beta^*)\right]/(f_\phi f_\tau g^*) \\
\overline{\beta_3} &= \left[2 - C_3 + 2(1-f_\phi)(\alpha^* + \beta^*)\right]/(f_\phi f_\tau g^*)
\end{aligned} \tag{6.22}$$

式中，$f_\tau = \dfrac{k}{k+\sqrt{\nu\varepsilon}}$; $g^* = \dfrac{P_k}{f_\phi \varepsilon} + C_1 - 1$。

将式(6.22)代入式(6.11)，并令 $y \to 0$，且利用表征雷诺正应力近壁特性的式(6.9)，有

$$\begin{aligned}
&\frac{\beta_1'}{\beta_2'^2 - \frac{1}{12}\beta_3'^2}\left(\frac{\beta_3'}{6} + \beta_2'\right) = B - 2/3 \\
&\frac{\beta_1'}{\beta_2'^2 - \frac{1}{12}\beta_3'^2}\left(\frac{\beta_3'}{6} - \beta_2'\right) = -2/3
\end{aligned} \tag{6.23}$$

式中，$\beta_1' = \beta_1 + \beta_1^*$；$\beta_2' = \beta_2 + \beta_2^*$；$\beta_3' = \beta_3 + \beta_3^*$。$\beta_1^*$、$\beta_2^*$、$\beta_3^*$ 是由于参数 α^*、β^* 而在近壁区引入的附加系数。它们与参数 α^*、β^* 的关系如下：

$$\beta_1^* = \frac{\frac{2}{3}(\alpha^* + \beta^*)}{g^*},\ \beta_2^* = \frac{\alpha^* - \beta^*}{g^*},\ \beta_3^* = 3\beta_1^* \tag{6.24}$$

由式(6.23)可解得

$$\beta_1^* = \frac{2(3B-4)}{3B(B-2)}\left(\frac{\beta_3}{3} - \beta_1\right) - \frac{\beta_3}{3},\ \beta_2^* = \frac{1}{B-2}\left(\frac{\beta_3}{3} - \beta_1\right) - \beta_2,\ \beta_3^* = 3\beta_1^* \tag{6.25}$$

将式(6.22)代入式(6.11)的雷诺剪应力分量有 $a_{12} = O(y)$，量级上是满足的。为使雷诺应力分量满足近壁特性而引入的函数被称为阻尼函数，其主要来源于脉动压力相关项的衰减(其中已经吸收了耗散项的各向异性)[102]。用显式代数应力假设可得阻尼函数与脉动压力相关项衰减函数的显式关系式，具体的讨论见下节。

6.4 低雷诺数非线性涡黏性模式的建立

本节首先引入阻尼函数的概念，并分别用三个无壁面参数的阻尼函数来模拟雷诺正应力和雷诺剪应力的近壁特性。之后分别对非线性涡黏性模式所基于的二方程模式($k-$

ε 模式和 $k-\omega$ 模式）开展了近壁修正。

6.4.1 阻尼函数的引入

阻尼函数用于模拟脉动压力相关项的衰减。线性涡黏性模式只有一个阻尼函数。而非线性模式则需要三个阻尼函数，它不仅要满足雷诺剪应力的近壁特性，还要满足雷诺正应力的近壁特性。

由表征近壁区雷诺剪应力量级的式(6.9)和高雷诺数非线性涡黏性模式量级的式(6.11)，可知剪应力的阻尼函数的量级为 $O(y)$，这与低雷诺数雷诺应力模式分析是一致的。观察式(6.11)，可发现高雷诺数 FRT 模式的近壁特性与实际雷诺应力的特性相差较大的一个原因是无量纲应变率中的时间尺度量级为 $O(y^2)$。当趋于壁面时，时间尺度趋于零，这显然是不符合实际的。为此，首先对湍流时间尺度应进行修正，而单点统计矩模式的出发点之一就是湍流现象可用基于 k 和 ε 的含能涡尺度以及基于分子黏性 ν 和 ε 的 Kolmogorov 尺度来描述。高雷诺数模式中时间尺度表示为 $T_t = k/\varepsilon$，而在靠近壁面时由于分子黏性起主要作用，因此时间尺度 $T_t = \sqrt{\nu/\varepsilon}$。可以统一表示为

$$T_t = (k + \sqrt{\nu\varepsilon})/\varepsilon \tag{6.26}$$

式(6.26)最早被 Yang 和 Shih[102] 所采用。

为满足雷诺剪应力的近壁特性，引入关于涡黏性系数的修正：

$$\hat{\nu}_t = C_\mu^* f_\mu (k + \sqrt{\nu\varepsilon}) k/\varepsilon \tag{6.27}$$

式中，f_μ 是为满足雷诺剪应力的量级而引入的阻尼函数，将式(6.27)与式(6.9)相比较，可知 f_μ 的性质为 $y\to 0,\ f_\mu \sim O(y);\ y\to\infty,\ f_\mu\to 1$。

文献[37]和[102]在低雷诺数线性模式中引入了参数 R 来构造阻尼函数。该参数定义为：$R=\sqrt{k(k+\sqrt{\nu\varepsilon})^3}/\nu\varepsilon$，其近壁特性为 $y\to 0,\ R\to O(y);\ y\to\infty,\ R\to Re_t$。这里发现在低雷诺数非线性模式中引入参数 R' 效果更好。参数 R' 定义为

$$R' = \sqrt{k}(k+\sqrt{\nu\varepsilon})/(\nu\varepsilon)^{\frac{3}{4}},\ y\to 0,\ R'\to O(y);\ y\to\infty,\ R'\to (Re_t)^{\frac{3}{4}} \tag{6.28}$$

无壁面参数阻尼函数 f_μ 取为

$$f_\mu = 1 - \exp(-R'/\alpha) \tag{6.29}$$

不难验证它满足雷诺剪应力的近壁特性。

对涡黏性系数进行修正后，低雷诺数 FRT 非线性涡黏性模式可表示为

$$\overline{u_i u_j} = \frac{2}{3}\delta_{ij}k - 2\hat{\nu}_t\left\{S_{ij} + \frac{k+\sqrt{\nu\varepsilon}}{\varepsilon}\left[\hat{\beta}_2(S_{ik}W_{kj} + S_{jk}W_{ki}) - \hat{\beta}_3\left(S_{ij}^2 - \frac{1}{3}\delta_{ij}S_{kk}^2\right)\right]\right\} \tag{6.30}$$

由式(6.30)，雷诺正应力分量的量级为

$$a_{11} = f_\mu C_\mu^* \hat{S}^2(\hat{\beta}_2/6 + \hat{\beta}_2)$$
$$a_{22} = f_\mu C_\mu^* \hat{S}^2(\hat{\beta}_2/6 - \hat{\beta}_2) \tag{6.31}$$

式中，

$$\hat{S} = (k + \sqrt{\nu\varepsilon}/\varepsilon)\partial U/\partial y \sim O(1) \tag{6.32}$$

为满足雷诺正应力的近壁特性，需要引入另外的阻尼函数。Wallin 和 Johansson[94] 将雷诺正应力的各向异性表示为高雷诺数情况下的值和壁面值的组合。更简单的做法是对系数 $\hat{\beta}_2$ 和 $\hat{\beta}_3$ 取阻尼函数，将其表示为高雷诺数模式的系数 β_2 和 β_3 与壁面值 β_{2w} 和 β_{3w} 的组合：

$$\hat{\beta}_2 = [f_{\beta 2}\beta_2 + (1 - f_{\beta 2})\beta_{2w}]/f_\mu \tag{6.33}$$

$$\hat{\beta}_3 = [f_{\beta 3}\beta_3 + (1 - f_{\beta 3})\beta_{3w}]/f_\mu \tag{6.34}$$

式中，β_{2w} 和 β_{3w} 可由式(6.31)和式(6.11)得

$$\beta_{2w} = B/(2C_\mu^* \hat{S}^2)$$
$$\beta_{3w} = (3B - 4)/(2C_\mu^* \hat{S}^2) \tag{6.35}$$

本书取正应力的阻尼函数 $f_{\beta 2}$ 和 $f_{\beta 3}$ 为与 f_μ 类似的函数形式：

$$f_{\beta 2} = 1 - \exp(-R'/\alpha_2) \tag{6.36}$$

$$f_{\beta 3} = 1 - \exp(-R'/\alpha_3) \tag{6.37}$$

下一步是确定模式系数 α、α_2、α_3。根据 6.3 节对低雷诺数雷诺应力模式的讨论，阻尼函数之间应存在一定关系，因此 α、α_2、α_3 不是独立的，下一节将讨论阻尼函数之间的约束关系。

6.4.2 阻尼函数之间的约束关系

阻尼函数之间的关系可由雷诺应力各分量的近壁特性得到，而正应力和剪应力的阻尼函数均由压力-应变关联项的衰减函数决定，它们也存在一定的约束关系。

首先讨论雷诺正应力的阻尼函数之间的关系。将式(6.33)～式(6.35)代入式(6.11)可得

$$f_{\beta 3}(\beta_3 - \beta_{3w})/6 + f_{\beta 2}(\beta_2 - \beta_{2w}) = O(y)$$
$$f_{\beta 3}(\beta_3 - \beta_{3w})/6 - f_{\beta 2}(\beta_2 - \beta_{2w}) = O(y^2) \tag{6.38}$$

由于 β_3、β_{3w} 均为 $O(1)$ 的量级，由式(6.38)可知 $f_{\beta 2}$ 和 $f_{\beta 3}$ 的量级均为 $O(y)$，且

$$C_{\beta 3}(\beta_3 - \beta_{3w})/6 - C_{\beta 2}(\beta_2 - \beta_{2w}) = 0 \tag{6.39}$$

式中，$C_{\beta 2}$、$C_{\beta 3}$ 为 $f_{\beta 2}$ 和 $f_{\beta 3}$ 的一阶项系数。将式(6.36)和式(6.37)代入式(6.39)，可以得到正应力阻尼函数的模式系数的关系：

$$\alpha_2/\alpha_3 = 6(\beta_2 - \beta_{2w})/(\beta_3 - \beta_{3w}) \tag{6.40}$$

下面讨论雷诺正应力和剪应力的阻尼函数之间的关系。本节以低雷诺数雷诺应力模式中的衰减函数为桥梁来确立,即将雷诺正应力的阻尼函数和剪应力的阻尼函数均表示为低雷诺数雷诺应力模式中压力-应变关联项的衰减函数 f_ϕ 的函数。首先根据由式(6.22)计算出来的涡黏性和低雷诺数非线性涡黏性模式的涡黏性之对应关系:

$$f_\mu C_\mu^* k \frac{k + \sqrt{\nu\varepsilon}}{\varepsilon} = C_\mu'^* \frac{k^2}{\varepsilon} \tag{6.41}$$

式中, $C_\mu'^* = \bar{\beta}_1 \Big/ \left[1 - \frac{1}{12}(\bar{\beta}_3 S)^2 + (\bar{\beta}_2 \Omega)^2\right]$ 为根据式(6.22)计算出来的系数,令 $y \to 0$,可得到 f_ϕ 和 f_μ 的关系式:

$$y \to 0, \quad \frac{f_\mu}{f_\phi} \to \frac{C_{\mu 1}^*}{C_{\mu 2}^*} \tag{6.42}$$

式中, $C_{\mu 1}^* = \dfrac{\beta_1'}{(\beta_2' \hat{\Omega})^2 - \frac{1}{12}(\beta_3' \hat{S})^2}$; $C_{\mu 2}^* = \dfrac{\beta_1}{1 + (\beta_2 \hat{\Omega})^2 - \frac{1}{12}(\beta_3 \hat{S})^2}$。

根据由式(6.22)求出的 a_{11}、a_{22} 和式(6.31)的对应关系,有

$$C_\mu'^* S^2 \bar{\beta}_2 = f_\mu C_\mu^* \hat{S}^2 \hat{\beta}_2 \tag{6.43}$$

令 $y \to 0$, 可得到 $f_{\beta 2}$ 和 f_μ 的关系式:

$$y \to 0, \quad \frac{f_{\beta 2}}{f_\mu} \to \frac{\beta_2^*}{\frac{f_\mu}{f_\phi}\beta_2' - \beta_2} \tag{6.44}$$

将式(6.36)、式(6.37)和式(6.42)代入式(6.44),可得

$$\frac{\alpha_2}{\alpha} = \frac{\frac{C_{\mu 1}^*}{C_{\mu 2}^*}\beta_2' - \beta_2}{\beta_2^*} \tag{6.45}$$

β_2' 和 β_2^* 由式(6.23)和式(6.24)给出。由于阻尼函数存在约束关系,模式系数 α、α_2、α_3 中只有一个独立,这里根据试算取 $\alpha = 28$, 其余系数由约束关系式(6.40)、式(6.45)给出。

此外,参数 B 对于雷诺正应力的预测有重要作用,它的意义是 $\overline{u^2}/k$ 在壁面上的极限值,它是一个"边界条件",必须单独给出。根据 So 等对 DNS 结果的总结[103], $B = 1.56 - 1.84$, 这里取 $B = 1.8$[95]。

6.4.3　$k-\omega$ 模式的修正

Wilcox $k-\omega$ 模式[104]的 k 和 ω 方程表示如下:

$$\begin{aligned} \frac{\mathrm{D}k}{\mathrm{D}t} &= \frac{\partial}{\partial x_j}\left[\left(\nu + \frac{\hat{\nu}_{\mathrm{t}}}{\sigma_k}\right)\frac{\partial k}{\partial x_j}\right] + P_k - \beta^* k\omega \\ \frac{\mathrm{D}\omega}{\mathrm{D}t} &= \frac{\partial}{\partial x_j}\left[\left(\nu + \frac{\hat{\nu}_{\mathrm{t}}}{\sigma_\omega}\right)\frac{\partial \omega}{\partial x_j}\right] + \alpha_\omega \frac{\omega}{k}P_k - \beta\omega^2 \end{aligned} \tag{6.46}$$

其中，

$$\begin{aligned} &\alpha_\omega = \frac{5}{9}\frac{0.1 + Re_{\mathrm{t}}/2.7}{1 + Re_{\mathrm{t}}/2.7}\frac{1}{\alpha^*},\ \alpha^* = \frac{0.025 + Re_{\mathrm{t}}/6}{1 + Re_{\mathrm{t}}/6} \\ &\beta^* = 0.09\frac{5/18 + (Re_{\mathrm{t}}/8)^4}{1 + (Re_{\mathrm{t}}/8)^4},\ \beta = 0.075 \\ &\sigma_k = \sigma_\omega = 2,\ Re_{\mathrm{t}} \equiv \frac{k}{\nu\omega} \end{aligned} \tag{6.47}$$

下面对 ω 方程生成项的系数进行修正。这里借鉴重整化群(RNG)理论。建立 RNG 模式首先要考虑修正的 N－S 方程。在修正方程中,湍流的产生被认为是在流场中存在一个搅动力(例如来自流场边界),这个搅动力在高雷诺数流动中使得流体挠动被非线性放大、扩散而成湍流。Yakhot 和 Orszag[18]将修正方程转换到 Fourier 空间,应用 RNG 理论对转换后的谱空间方程进行分析、展开,进而得到了描述大尺度运动的 k 和 ω 的输运方程。这两个方程的形式与传统的 $k-\omega$ 二方程模式相同,但是它们之间有着重要的区别,RNG $k-\omega$ 模式的系数来自理论计算,而不是经验标定。

RNG 模式的 ε 方程生成项系数 $C_{\varepsilon 1} = f(S)$，它的推导具有一定的理论基础。然而，Speziale 和 Gatski[105]指出，ε 或 ω 方程的生成项系数应同时包含无量纲应变率和涡量的影响。这里将 ω 方程的生成项系数(记为 α_c)修正为 P_k/ε 的函数：当湍流趋向于壁面时,有 $P_k/\varepsilon \to 0$，而 ω 方程在近壁区已经平衡，α_c 应趋于原始值 α_ω；当 $P_k/\varepsilon \to 1$ 时,湍流趋于局部平衡状态,而 Wilcox $k-\omega$ 模式在接近平衡时效果很好,因此 $\alpha_c \to \alpha_\omega$；当 $P_k/\varepsilon \to \infty$ 时,有 $S \to \infty$，RNG 模式的 ε 方程生成项系数为原始值,有 $\alpha_c \to \alpha_\omega$。最终，$\omega$ 方程的生成项系数可表示为

$$\alpha_c = \alpha_\omega\left[1 + \frac{P_k}{\varepsilon}\left(\frac{P_k}{\varepsilon} - 1\right)\Big/\left(1 + C_\omega\frac{P_k}{\varepsilon}\right)^3\right] = f_c\alpha_\omega \tag{6.48}$$

式中，C_ω 为模式常数,本书取0.55。$f_c \sim P_k/\varepsilon$ 曲线见图 6.2。由 P_k/ε 与 g 的关系可得

$$\frac{P_k}{\varepsilon} = g - C_1 + 1 \tag{6.49}$$

式中，g 的表达式见式(5.94)。P_k/ε 满足：

$$\frac{P_k}{\varepsilon} = \psi(S,\ \Omega) \tag{6.50}$$

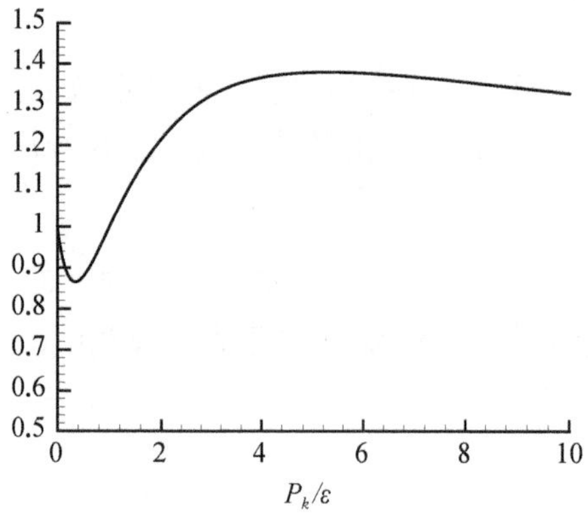

图 6.2 f_c 随 P_k/ε 变化曲线

这里，

$$\psi(S,\ \Omega) = \frac{S^2}{7.78 + 1.83\sqrt{0.2S^2 + 0.8\Omega^2}}$$

6.4.4 $k-\varepsilon$ 模式的修正

$k-\varepsilon$ 型模式的低雷诺数通用形式为

$$\frac{\mathrm{D}k}{\mathrm{D}t} = \frac{\partial}{\partial x_j}\left[\left(\nu + \frac{\hat{\nu}_{\mathrm{t}}}{\sigma_k}\right)\frac{\partial k}{\partial x_j}\right] - \overline{u_i u_j}\frac{\partial U_i}{\partial x_j} - \varepsilon \tag{6.51}$$

$$\frac{\mathrm{D}\tilde{\varepsilon}}{\mathrm{D}t} = \frac{\partial}{\partial x_j}\left[\left(\nu + \frac{\hat{\nu}_{\mathrm{t}}}{\sigma_\varepsilon}\right)\frac{\partial \tilde{\varepsilon}}{\partial x_j}\right] + \frac{\tilde{\varepsilon}}{k}(C_{\varepsilon 1} f_1 P_k - C_{\varepsilon 2} f_2 \tilde{\varepsilon}) + E \tag{6.52}$$

$$\tilde{\varepsilon} = \varepsilon - D \tag{6.53}$$

式中，f_1 和附加项 E 用于增大近壁区 ε 的生成。阻尼函数 f_2 的作用是在 ε 方程的耗散项中加入低雷诺数效应，它的物理基础在于实验发现：均匀各向同性湍流动能衰减后期的幂次律指数由1.25变为2.5。而衰减后期湍流雷诺数是较低的，因此在对 ε 方程作近壁修正时，考虑到这一点，在原来 ε 方程耗散项的系数乘以 f_2。若 $D=0$，则求解原始的耗散率 ε，若 $D \neq 0$，则求解修正的耗散率 $\tilde{\varepsilon}$，此时常用的取法为

$$D = 2\nu \frac{\partial \sqrt{k}}{\partial x_j}\frac{\partial \sqrt{k}}{\partial x_j} \text{ 或 } D = \nu \frac{\partial^2 k}{\partial x_j \partial x_j} \tag{6.54}$$

求解修正的湍流耗散率 $\tilde{\varepsilon}$ 的优点是方便设置边界条件——固壁边界上 $\tilde{\varepsilon}=0$。但缺点是数值求解时稳定性不好，正如 Patel 等[106]指出的那样，$\tilde{\varepsilon}$ 在固壁边界附近有比较大的梯度，而且解对网格比较敏感，从数值计算的角度求解原始的湍流耗散率 ε 更好。这里立足于求解 ε 方程，即 $D=0$。考虑到以上因素，对 k 方程和 ε 方程进行以下模化。

k 方程模化为

$$\frac{\mathrm{D}k}{\mathrm{D}t} = \frac{\partial}{\partial x_j}\left[\left(\nu + \frac{\hat{\nu}_{\mathrm{t}}}{\sigma_k}\right)\frac{\partial k}{\partial x_j}\right] + P_k - \beta^* \varepsilon \tag{6.55}$$

式中，$\beta^* = \dfrac{4/5 + (0.009Re_{\mathrm{t}})^4}{1 + (0.009Re_{\mathrm{t}})^4}$。

参数 β^* 的作用是模拟 k 方程中压力-扩散项的作用，更好地捕捉近壁区 k 的峰值。注意到 $Re_{\mathrm{t}} \to \infty$ 时，$\beta^* \to 1$，因此 β^* 仅在近壁区起作用。Hwang 和 Lin[107]在 k 方程中加入了压力-扩散项，使得 k 方程在近壁区平衡，并且能捕捉到近壁区 k 的峰值。这里取参数 β^* 能起到类似的作用。

ε 方程模化为

$$\frac{\mathrm{D}\varepsilon}{\mathrm{D}t} = \frac{\partial}{\partial x_j}\left[\left(\nu + \frac{\hat{\nu}_{\mathrm{t}}}{\sigma_\varepsilon}\right)\frac{\partial \varepsilon}{\partial x_j}\right] + C_{\varepsilon 1} f_{\varepsilon 1}(\varepsilon/k) P_k - C_{\varepsilon 2} f_{\varepsilon 2}(\varepsilon \bar{\varepsilon}/k) - \frac{\partial}{\partial x_j}\left(\nu \frac{\partial \varepsilon_{\mathrm{w}}}{\partial x_j}\right) \tag{6.56}$$

式中，$f_{\varepsilon 1}=1+\dfrac{3(C_{\varepsilon 1}-1)}{C_{\varepsilon 1}}\exp[-(Re_t/39)^2]$；$f_{\varepsilon 2}=1-\dfrac{C_{\varepsilon 2}-1}{C_{\varepsilon 2}}\exp[-(Re_t/6)^2]$；$\varepsilon_w=2\nu\dfrac{\partial\sqrt{k}}{\partial x_j}\dfrac{\partial\sqrt{k}}{\partial x_j}$，$\tilde{\varepsilon}=\varepsilon-\varepsilon_w$。

k 方程和 ε 方程的模式系数取法如下：首先选取 k 方程和 ε 方程的一组常用系数为

$$C_{\varepsilon 1}^1=1.44,\ C_{\varepsilon 2}^1=1.83,\ \sigma_k^1=1.0,\ \sigma_\varepsilon^1=1.3 \tag{6.57}$$

另外考虑到 ω 方程在近壁区有较好的性质，将 Wilcox $k-\omega$ 模式[104]变换为 $k-\varepsilon$ 模式的形式并略去交叉导数项得到另一组系数：

$$C_{\varepsilon 1}^2=1.55,\ C_{\varepsilon 2}^2=1.83,\ \sigma_k^2=2.0,\ \sigma_\varepsilon^2=2.0 \tag{6.58}$$

最后系数表达为两组系数的加权平均：

$$\begin{aligned}&C_{\varepsilon 1}=fC_{\varepsilon 1}^1+(1-f)C_{\varepsilon 1}^2,\ C_{\varepsilon 2}=fC_{\varepsilon 2}^1+(1-f)C_{\varepsilon 2}^2\\&\sigma_k=f\sigma_k^1+(1-f)\sigma_k^2,\ \sigma_\varepsilon=f\sigma_\varepsilon^1+(1-f)\sigma_\varepsilon^2\end{aligned} \tag{6.59}$$

其中加权函数取为

$$f=\frac{Re_t^{1/4}}{30+Re_t^{1/4}} \tag{6.60}$$

本书对 ε 方程的模化借鉴了 Hwang 和 Lin[107]在近壁区保持 $\tilde{\varepsilon}$ 方程平衡的思路，不同之处在于重点讨论 ε 方程的近壁平衡，前面已说明从数值稳定性角度求解原始的湍流耗散率 ε 比求解修正的耗散率 $\tilde{\varepsilon}$ 方程更好。通过近壁特性分析发现，原始的 ε 模化方程不完全平衡。下面分析 ε 模化方程(6.56)各项的量级，k、ε、ε_w、$\tilde{\varepsilon}$ 的近壁特性如下：

$$\begin{aligned}&k=\frac{1}{2}by^2+cy^3+dy^4+\cdots\\&\varepsilon=\nu b+4\nu cy+d_\varepsilon y^2+\cdots\\&\varepsilon_w=\nu b+4\nu cy+d_{\hat{\varepsilon}}y^2+\cdots\\&\tilde{\varepsilon}=\varepsilon-\varepsilon_w=(d_\varepsilon-d_{\hat{\varepsilon}})y^2+\cdots\end{aligned} \tag{6.61}$$

式中，$b=\overline{a_1^2}+\overline{c_1^2}$；$c=\overline{a_1a_2}+\overline{c_1c_2}$。

趋于壁面时，ε 方程的其他项均趋于零，只有分子扩散项和 ε 的耗散项保留下来：

$$\begin{aligned}&\frac{\partial}{\partial y}\left(\nu\frac{\partial\varepsilon}{\partial y}\right)=2\nu d_\varepsilon+\cdots\\&-C_{\varepsilon 2}f_{\varepsilon 2}(\varepsilon\tilde{\varepsilon})/k=-2\nu(d_\varepsilon-d_{\hat{\varepsilon}})+\cdots\end{aligned} \tag{6.62}$$

由式(6.62)可知，它们不完全平衡。因此，本书再添加一个附加的分子扩散项[即(6.56)式的最后一项]。它的量级如下：

$$-\frac{\partial}{\partial y}\left(\nu\frac{\partial \varepsilon_{\mathrm{w}}}{\partial y}\right)=-2\nu d_{\hat{\varepsilon}}+\cdots \tag{6.63}$$

由式(6.62)和式(6.63)可以看到,附加的分子扩散项可使 ε 的模化方程在近壁区平衡。需要指出的是,该项在远离壁面时被忽略以保证向高雷诺数模式的回归。本书的处理方法比 Launder 和 Shama[6] 在 ε 方程中加入 $\nu\nu_t(\partial^2 U/\partial y^2)^2$ 方法计算量要小,比 Hwang 和 Lin[107] 在 $\tilde{\varepsilon}$ 方程中加入压力-扩散项的方法数值稳定性更好,原因前面已阐述。

6.5 算例考核

本节选取槽道流动、二维定常分离流动的典型算例,对上节发展的低雷诺数 FRT 模式进行验证。除了与实验或 DNS 数据比较之外,还对比了 Wilcox $k-\omega$ 模式、高雷诺数 FRT 模式加壁面律的方法及 HJ 低雷诺数雷诺应力模式[99]的计算结果。

6.5.1 充分发展槽道湍流

该算例基于壁面摩擦速度和槽道半宽的雷诺数为 395。为模拟充分发展的流动,在计算过程不断地将出口的值赋给进口。第一层网格与壁面的无量纲距离为 $y^+=0.5$。由于高雷诺数模式加壁面律的方法无法得出黏性次层和过渡层的分布,无法与 DNS 结果比较,因此本算例只比较低雷诺数模式。

图 6.3 和图 6.4 分别给出了平均速度和雷诺正应力分量沿槽道法向的分布,并与 DNS 数据[43]进行了比较。可见,线性模式和非线性模式均能抓住壁面律,后者比前者略好。然而,采用各向同性假设的线性模式无法抓住近壁区雷诺应力各向异性的特征(Wilcox $k-\omega$ 模式三条正应力曲线重合)。通过在非线性模式中引入阻尼函数来满足近壁区雷诺正应力的各向异性,低雷诺数 FRT 模式(本书模式)得到了与 DNS 数据相符的结果,即流向的雷诺正应力要远大于法向的雷诺正应力。$k-\omega$ 型的低雷诺数 FRT 模式对雷诺正应力流向分量的预测甚至优于 HJ 低雷诺数雷诺应力模式。

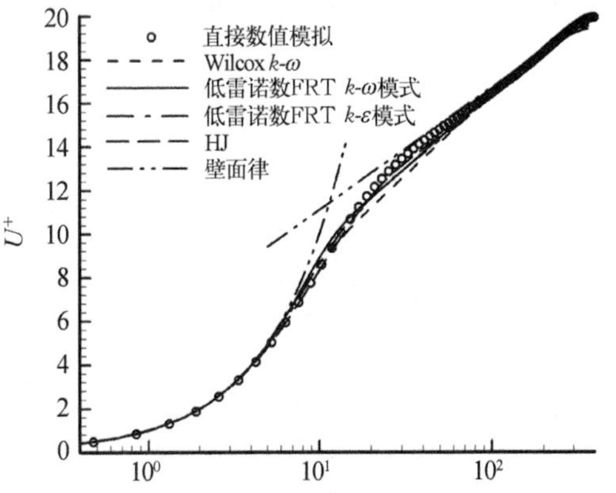

图 6.3　充分发展直槽流平均速度剖面

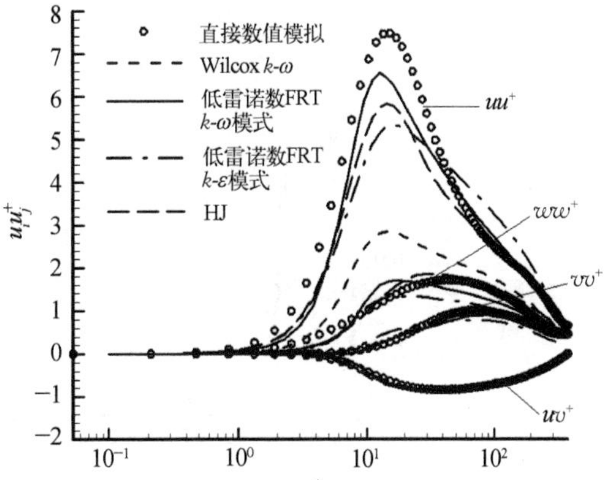

图 6.4　充分发展直槽流雷诺应力的近壁特性

6.5.2 二维扩压器内定常不可压分离流动

该算例外形是一个平面非对称 13.3°扩张通道[108]。通道扩张产生的逆压梯度导致下壁面拐角附近存在分离。基于进口平均速度和进口宽度的雷诺数为 20 000。将上节的充分发展槽道湍流速度型和 k、ε 剖面作为本计算的进口条件。出口离进口的距离为进口槽道宽的约 75 倍，出口处提流向充分发展条件，固壁采用无滑移条件，网格数为 300×100。

从流线(图 6.5)与壁面摩阻系数分布(图 6.6)可以看出，Wilcox $k-\omega$ 模式预测了偏小的回流区，$k-\omega$ 型的低雷诺数 FRT 模式能较准确地预测回流区的起始位置和长度。图

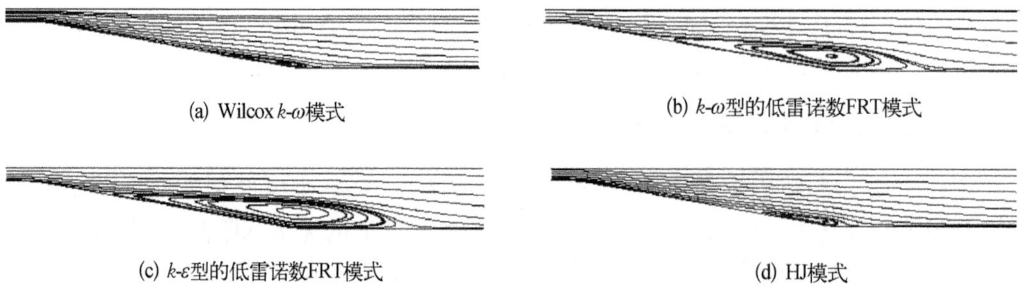

图 6.5 扩压器流线图

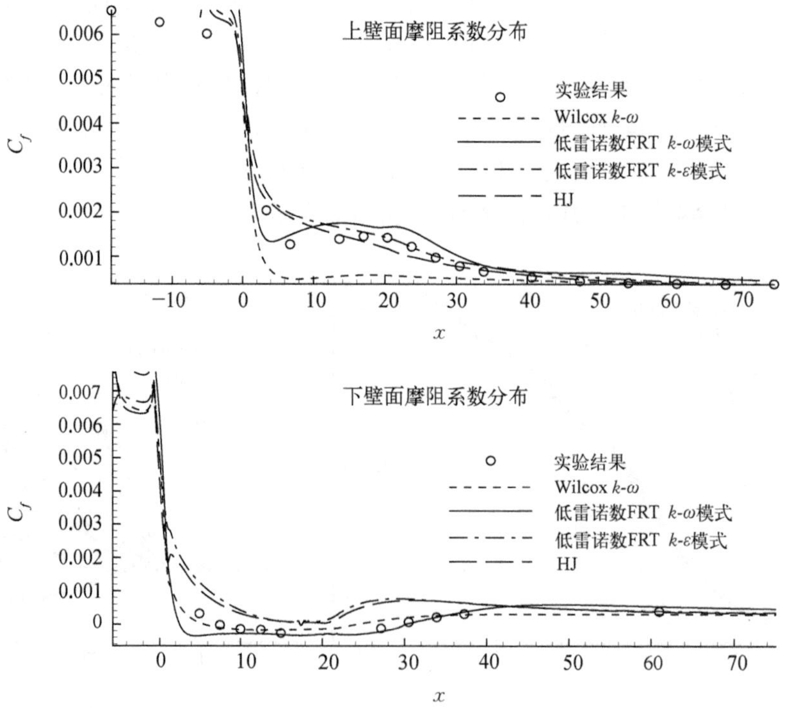

图 6.6 扩压器表面摩阻系数

6.7 显示 Wilcox $k-\omega$ 模式的压力系数较实验偏高，而低雷诺数 FRT 模式与实验符合较好。Wilcox $k-\omega$ 模式得到的平均速度(图 6.8)在上壁面附近偏小，而在下壁面附近稍偏大，而雷诺切应力(图 6.9)的绝对值在上壁面附近始终偏大，在下壁面分离点之前雷诺切应力偏大，使得分离推迟。$k-\omega$ 型的低雷诺数 FRT 模式对于上述变量的预测有了较大的改善。Wilcox $k-\omega$ 模式的雷诺正应力分量 $\overline{u^2}$ 偏小，而 $k-\omega$ 型的低雷诺数 FRT 模式能较准确地预测出雷诺正应力的各向异性特征，尤其是对雷诺正应力分量 $\overline{u^2}$ 的峰值预测得较准确。HJ 低雷诺数雷诺应力模式预测出的压力系数值与实验符合很好，壁面摩阻系数分布与 $k-\varepsilon$ 型的低雷诺数 FRT 模式相似，在下壁面的摩阻系数都偏高。另外 HJ 模式对雷诺正应力分量 $\overline{u^2}$ 的峰值预测偏低，对雷诺正应力分量 $\overline{v^2}$ 的预测结果较好。总体来说，$k-\omega$ 型的低雷诺数 FRT 模式与实验吻合得最好(图 6.10 和图 6.11)。

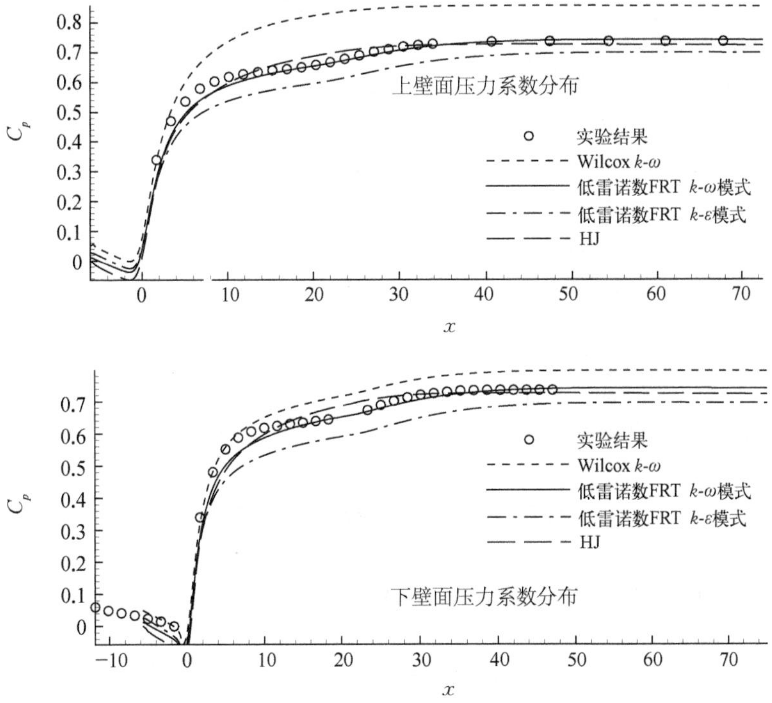

图 6.7　扩压器表面压力系数

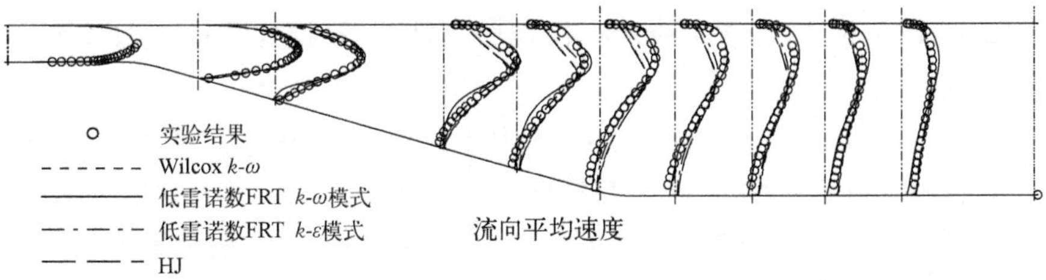

图 6.8　扩压器平均速度剖面

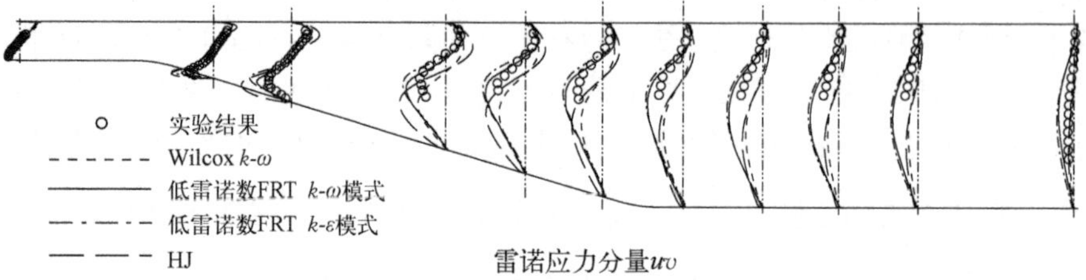

图 6.9　扩压器雷诺剪应力剖面

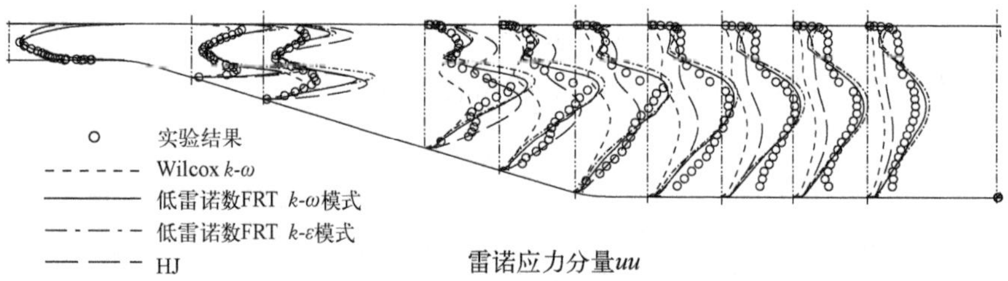

图 6.10　扩压器雷诺正应力$\overline{u^2}$剖面

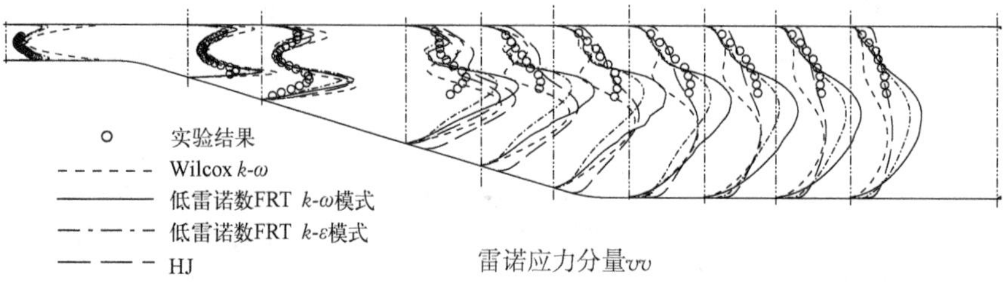

图 6.11　扩压器雷诺正应力$\overline{v^2}$剖面

6.5.3　二维不可压近失速翼型绕流

二维 ONERA A－airfoil 不可压绕流是近失速翼型绕流的典型算例[109]，攻角 13.3°，基于来流平均速度和翼型弦长的雷诺数为二百万。逆压梯度导致翼型尾部存在中等程度分离(mild separation)。计算域进口距离翼型头部为 10 倍弦长，出口离翼型尾部为 15 倍弦长，网格数为 264×82。来流湍流度取 1%，且 $\nu_t/\nu=0.01$。本节用四种模式对该算例进行了计算：Wilcox $k-\omega$ 模式、高雷诺数 FRT 模式加壁面律、HJ 模式及 $k-\varepsilon$ 型和 $k-\omega$ 型的低雷诺数 FRT 模式。

如图 6.12 所示，各种模式对压力系数分布的计算结果只在翼型前缘的上表面有一些差异；对于壁面摩阻系数分布，在靠近翼型的尾缘处，Wilcox $k-\omega$ 模式比实验值偏大，高雷诺数非线性涡黏性模式加壁面律的方法稍好，低雷诺数 FRT 模式的结果最接近实验。从翼型的平均速度剖面(图 6.13)来看，结果在靠近翼型尾部相差较大，低雷诺数 FRT 模式结果比较接近实验，抓住了尾缘处的分离，不过在非常靠近壁面处分离区仍偏小，其他模式对涡黏性的预测偏大，没有得到分离区。此外，高雷诺数非线性涡黏性模式加壁面律的效果不理想，说明存在逆压梯度时，“通用”的壁面律难以成立。HJ 低雷诺数雷诺应力模式预测出的压力和壁面摩阻系数较好，但平均速度剖面却不能令人满意，同样对分离预测不足。总之，本算例中低雷诺数 FRT 模式表现是最好的。

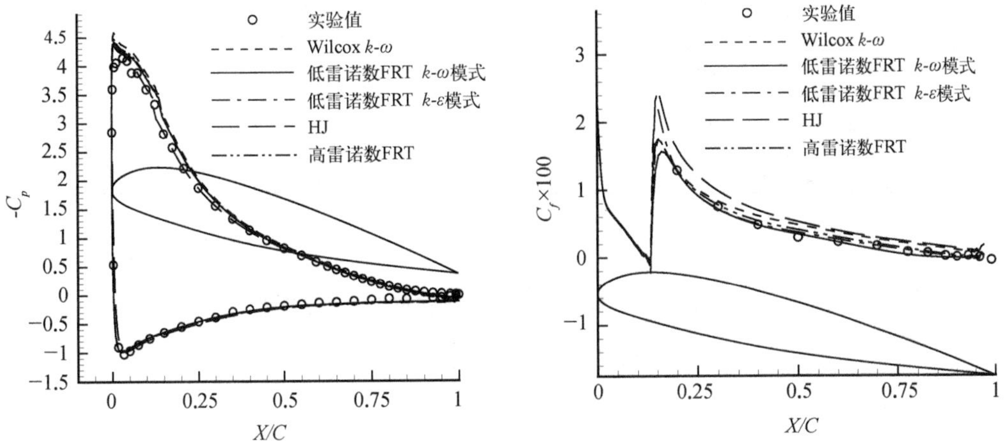

图 6.12　ONERA A -翼型表面压力系数(左)和摩阻系数(右)分布

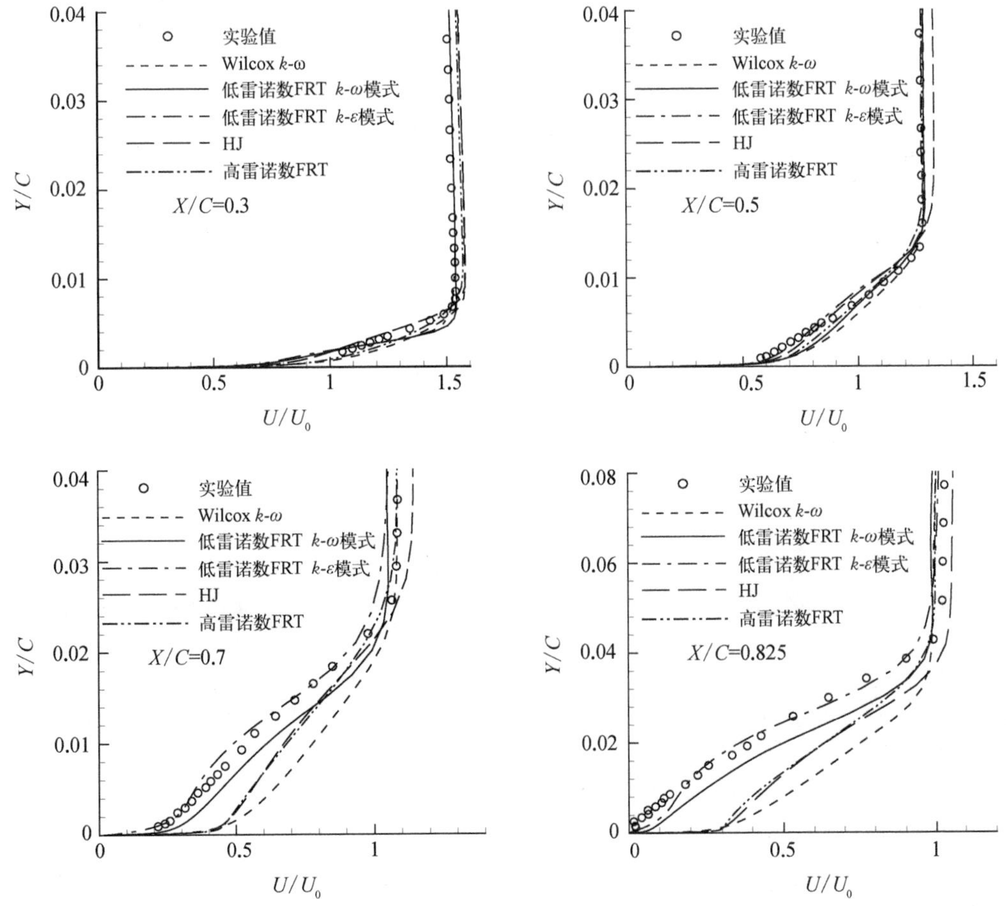

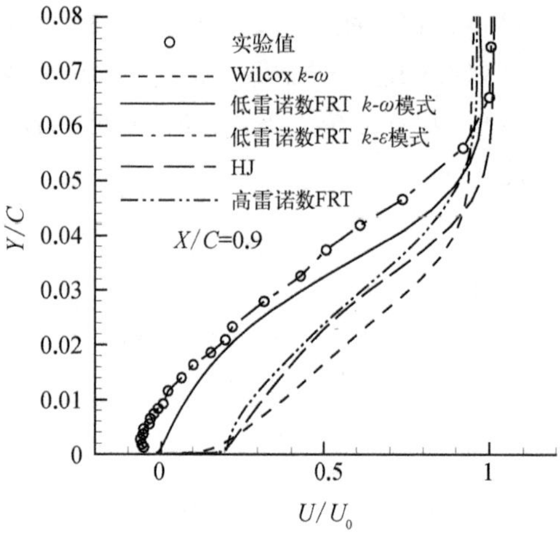

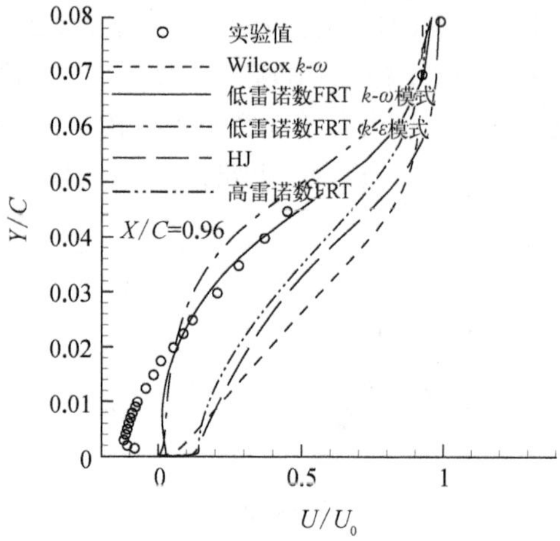

图 6.13　ONERA A-翼型平均速度 U-剖面变化

第 7 章 可压缩湍流的雷诺应力输运模式

相比于不可压的情况，可压缩湍流需求解能量方程流体的状态方程。而且，除二阶速度关联项 τ_{ij}（即雷诺应力）外，还需模化一些与压缩性相关的二阶关联项，如表征体胀率效应的压力–体胀率和体胀耗散率 e_d、湍流热通量 $\widetilde{u_i''T''}$ 和质量通量 $\overline{u_i''} = -\overline{\rho' u_i'}/\bar{\rho}$。其中，压力–体胀率关联项、体胀耗散率和质量通量是可压缩湍流问题中特有的。同时，也有形式上类似但模化过程有极大差别的压力–应变关联项 $\bar{\rho}\Phi_{ij}$，本章将对上述各项的模化问题进行讨论。

学习要点：

（1）掌握可压缩湍流基本控制方程的推导过程；

（2）理解湍流马赫数和变形马赫数的物理意义；

（3）掌握可压缩效应对均匀剪切湍流的影响规律。

7.1 可压缩湍流的基本控制方程

本章讨论可压缩湍流的雷诺应力输运模式。可压缩湍流的涡黏性模式可由不可压缩湍流的涡黏性模式简单推广得到，例如，线性涡黏性模式可写为

$$\bar{\rho}\widetilde{u_i''u_j''} = \frac{2}{3}\delta_{ij}\bar{\rho}k - 2\mu_t\left(S_{ij} - \frac{1}{3}\delta_{ij}S_{kk}\right)$$

将速度散度项包含在应变率中即可，即使是非线性涡黏性模式也可作此类推。当然，这里的雷诺平均进行了质量加权，下面予以详述。

7.1.1 Favre 平均控制方程

在研究可压缩流动的统计行为时，一般使用 Favre 平均，或称质量加权平均，即一个瞬时变量 f 也可分为质量加权的平均量和相应的脉动量两部分，计作

$$\begin{cases} f = \tilde{f} + f'' = \bar{f} + f' \\ \tilde{f} = \overline{\rho f}/\bar{\rho} \end{cases} \tag{7.1}$$

式中,波浪符号"~"代表质量加权的 Favre 平均量;"-"为不可压流动中常用的时间平均、体积平均或系综平均;上标′表示时均脉动;上标″表示 Favre 平均脉动。可压缩流动 Favre 平均形式的守恒型控制方程可写为

连续方程
$$\frac{\partial\bar{\rho}}{\partial t}+\frac{\partial\bar{\rho}\tilde{U}_i}{\partial x_i}=0 \tag{7.2}$$

动量方程
$$\frac{\partial\bar{\rho}\tilde{U}_i}{\partial t}+\frac{\partial\bar{\rho}\tilde{U}_i\tilde{U}_j}{\partial x_j}=-\frac{\partial\bar{P}}{\partial x_i}+\frac{\partial\bar{\sigma}_{ij}}{\partial x_j}-\frac{\partial\bar{\rho}\tau_{ij}}{\partial x_j} \tag{7.3}$$

能量方程
$$\frac{\partial}{\partial t}\left[\bar{\rho}\left(c_v\tilde{T}+\frac{\tilde{U}_i\tilde{U}_i}{2}+\frac{\widetilde{u''_iu''_i}}{2}\right)\right]+\frac{\partial}{\partial x_j}\left[\tilde{U}_j\bar{\rho}\left(c_v\tilde{T}+\frac{\tilde{U}_i\tilde{U}_i}{2}+\frac{\widetilde{u''_iu''_i}}{2}+\frac{\bar{P}}{\bar{\rho}}\right)\right]$$
$$=\frac{\partial}{\partial x_j}(\bar{\sigma}_{ij}\tilde{U}_i+\bar{\sigma}_{ij}\overline{u''_i}+\overline{u''_i\sigma'_{ij}})-\frac{\partial\bar{q}_j}{\partial x_j}-\frac{\partial}{\partial x_j}\left(\bar{\rho}c_p\widetilde{u''_jT''}+\bar{\rho}\tau_{ij}\tilde{U}_i+\frac{\bar{\rho}\widetilde{u''_iu''_iu''_j}}{2}\right) \tag{7.4}$$

状态方程
$$\bar{P}=\bar{\rho}R\tilde{T} \tag{7.5}$$

式中,$\bar{\sigma}_{ij}\simeq 2\bar{\mu}(\tilde{S}_{ij}-\tilde{S}_{kk}\delta_{ij}/3)$ 为黏性应力项;$\tau_{ij}=\widetilde{u''_iu''_j}$ 为 Favre 平均雷诺应力项;$\bar{q}_k\simeq-\bar{k}_T\partial\tilde{T}/\partial x_k$;$c_v$ 为比定容热容;c_p 为比定压热容。

在平均方程式(7.2)~式(7.5)中,出现了四个基本的可压缩湍流的未知关联项,需要对它们进行模化、封闭。它们是:二阶速度关联项 τ_{ij}(即雷诺应力),湍流热通量项 $\widetilde{u''_iT''}$,质量通量项 $\overline{u''_i}=-\overline{\rho'u'_i}/\bar{\rho}$ 和湍流扩散项 $\widetilde{u''_iu''_iu''_j}$;后三项都出现于能量方程,其中质量通量项是可压缩流动中特有的量。完整的可压缩湍流的模化需要建立有关这四项封闭的模式方程,下面会看到,Favre 平均的可压缩雷诺应力输运方程中会出现一些新的湍流关联项,它们的封闭与流动的压缩性相关,需要对可压缩湍流的机制有新的认识。然而,在许多场合,如自由湍流,湍流的总焓可近似地看作不变,能量方程(7.4)因而大为简化,模式研究的核心仍然为雷诺应力。本章重点讨论的对象即是可压缩湍流中雷诺应力的模化,亦称可压缩二阶矩模化。

7.1.2 可压缩雷诺应力输运方程

2.4 节建立了不可压流动的雷诺应力输运方程,采用类似做法,通过瞬时的和 Favre 平均后的 N-S 方程,即式(7.2)~式(7.5),可压缩雷诺应力输运方程可推导并写为

$$\frac{\partial\bar{\rho}\tau_{ij}}{\partial t}+\frac{\partial}{\partial x_k}(\tilde{U}_k\bar{\rho}\tau_{ij})=\bar{\rho}\tilde{P}_{ij}+\bar{\rho}\Phi_{ij}+\frac{2}{3}\overline{p'\frac{\partial u''_k}{\partial x_k}}\delta_{ij}+M_{ij}-\bar{\rho}\varepsilon_{ij}+\frac{\partial\bar{\rho}\tilde{D}^{\mathrm{t}}_{ijk}}{\partial x_k}+\frac{\partial\tilde{D}^{\mathrm{v}}_{ijk}}{\partial x_k} \tag{7.6}$$

式中,方程左边为应力的时间增长率和对流输运项,右边的各项分别为

湍流生成项
$$\bar{\rho}\tilde{P}_{ij}=-\bar{\rho}\tau_{ik}\frac{\partial\tilde{U}_j}{\partial x_k}-\bar{\rho}\tau_{jk}\frac{\partial\tilde{U}_i}{\partial x_k} \tag{7.6a}$$

压力-应变关联项　　$\bar{\rho}\Phi_{ij} = \overline{p'\left(\frac{\partial u''_i}{\partial x_j} + \frac{\partial u''_j}{\partial x_i}\right)} - \frac{2}{3}\overline{p'\frac{\partial u''_k}{\partial x_k}}\delta_{ij}$　　(7.6b)

压力-体胀关联项　　$\overline{p'(\partial u''_k/\partial x_k)} = \overline{p'd''}$　　(7.6c)

质量通量项　　$M_{ij} = \overline{u''_i}\left(\frac{\partial \bar{\sigma}_{jk}}{\partial x_k} - \frac{\partial \bar{P}}{\partial x_j}\right) + \overline{u''_j}\left(\frac{\partial \bar{\sigma}_{ik}}{\partial x_k} - \frac{\partial \bar{P}}{\partial x_i}\right)$　　(7.6d)

湍流耗散率　　$\bar{\rho}\varepsilon_{ij} = \overline{\sigma'_{ik}\frac{\partial u''_j}{\partial x_k}} + \overline{\sigma'_{jk}\frac{\partial u''_i}{\partial x_k}}$　　(7.6e)

湍流扩散项　　$\bar{\rho}\tilde{D}^{\mathrm{t}}_{ijk} = -\left[\bar{\rho}\widetilde{u''_i u''_j u''_k} + \overline{p'(u''_i\delta_{jk} + u''_j\delta_{ik})}\right]$　　(7.6f)

分子扩散项　　$\tilde{D}^{\mathrm{v}}_{ijk} = \overline{\sigma'_{ik}u''_j} + \overline{\sigma'_{jk}u''_i} \approx \bar{\mu}\left(\frac{\partial \tau_{jk}}{\partial x_i} + \frac{\partial \tau_{ki}}{\partial x_j} + \frac{\partial \tau_{ij}}{\partial x_k}\right)$　　(7.6g)

式(7.6a~g)分别表征可压缩湍流雷诺应力输运的各种物理机制。尽管有些项的表达式名称与不可压雷诺应力输运方程(2.23)相同,但其中也反映了湍流的可压缩效应,最典型的就是式(7.6b)中的压力应变关联项。为体现该项的缩并为零,$\bar{\rho}\Phi_{ii} = 0$, 压力-体胀项包含其中。而在不可压流动中由于速度散度为零,体胀 $\partial u''_i/\partial x_i$ 消失。

7.1.3　湍动能输运方程

方程(7.6)中对下标求和($i=j$)可得湍动能 $k(=\widetilde{u''_i u''_i}/2)$ 的输运方程,即

$$\frac{\partial \bar{\rho}k}{\partial t} + \frac{\partial}{\partial x_j}(\tilde{U}_j\bar{\rho}k) = \bar{\rho}\tilde{\mathcal{P}} + \overline{p'\frac{\partial u''_k}{\partial x_k}} + \mathcal{M} - \bar{\rho}\varepsilon + \frac{\partial \bar{\rho}\tilde{D}^{\mathrm{t}}_j}{\partial x_j} + \frac{\partial \tilde{D}^{\mathrm{v}}_j}{\partial x_j} \tag{7.7}$$

式中,$\bar{\rho}\tilde{\mathcal{P}} \equiv \bar{\rho}\tilde{P}_{ii}/2$ 为湍动能生成项;$\mathcal{M} = M_{ii}/2$;$\bar{\rho}\tilde{D}^{\mathrm{t}}_j = \bar{\rho}\tilde{D}^{\mathrm{t}}_{iij}/2$;$\tilde{D}^{\mathrm{v}}_j = \tilde{D}^{\mathrm{v}}_{iij}/2 \approx \bar{\mu}(\partial k/\partial x_j)$。可压缩流动的耗散率可分解为[110,111]

$$\begin{aligned}
\bar{\rho}\,\epsilon &\approx 2\bar{\mu}\overline{s'_{ik}s'_{ki}} - \frac{2}{3}\bar{\mu}\overline{s'_{kk}s'_{ll}} = 2\bar{\mu}\overline{w'_{ik}w'_{ik}} + 2\bar{\mu}\overline{\frac{\partial u'_i}{\partial x_k}\frac{\partial u'_k}{\partial x_i}} - \frac{2}{3}\bar{\mu}\overline{s'_{kk}s'_{ll}} \\
&= \bar{\mu}\overline{\omega'_i\omega'_i} + 2\bar{\mu}\overline{\frac{\partial u'_i}{\partial x_k}\frac{\partial u'_k}{\partial x_i}} - \frac{2}{3}\bar{\mu}\overline{s'_{kk}s'_{ll}} \\
&= \underbrace{\bar{\mu}\overline{\omega'_i\omega'_i}}_{\varepsilon_s} + \underbrace{2\bar{\mu}\frac{\partial}{\partial x_k}\left[\frac{\partial(\overline{u'_k u'_l})}{\partial x_l} - 2(\overline{u'_k s'_{ll}})\right]}_{\varepsilon_{inh}} + \underbrace{\frac{4}{3}\bar{\mu}\overline{s'_{kk}s'_{ll}}}_{\varepsilon_d}
\end{aligned} \tag{7.8}$$

式中,$s'_{ij} = \frac{1}{2}\left(\frac{\partial u'_i}{\partial x_j} + \frac{\partial u'_j}{\partial x_i}\right)$,$w'_{ij} = \frac{1}{2}\left(\frac{\partial u'_i}{\partial x_j} - \frac{\partial u'_j}{\partial x_i}\right)$,$\omega'_k = e_{kij}w'_{ij}$,分别表示脉动场的应变率张量、旋转率张量和涡量。

式(7.8)中的 ε_s 等同于不可压流动中的表达式,ε_{inh} 为流动各向异性所导致,而 ε_d 表

征可压缩流动特有的体胀耗散率项。ε_{inh} 包含脉动速度二阶矩项和脉动体胀项。二阶矩项与湍流应力场相关,被认为是已知的,而且远大于体胀项,因此 ε_{inh} 不需要单独模化。利用可压缩各向同性湍流的直接数值模拟结果可以对 ε_s 和 ε_d 进行模化(见 7.4 节)。

7.2　可压缩均匀剪切湍流的平均方程和二阶矩封闭

DNS[112,113]结果表明,压缩性对自由剪切流动中湍动能的增长率有抑制作用,主要是由于压缩性导致湍动能生成项,即各向异性剪切应力 b_{12} 的减小。因此,本章将重点讨论压力-应变关联项的模式(详见 7.3 节)。

为了简化问题,假设流动是均匀的,且剪切率 $S=\partial\tilde{U}_1/\partial x_2$ 为常数,则平均流场没有散度,$\tilde{U}_{k,k}=0$,而脉动速度的散度并不为零。此时,连续方程和动量方程自动满足。能量方程(7.4)简化为

$$\bar{\rho}c_v\mathrm{d}\tilde{T}/\mathrm{d}t=\bar{\sigma}_{ij}\tilde{U}_{i,j}-\overline{pd''}+\bar{\rho}\varepsilon_s+\bar{\rho}\varepsilon_d \tag{7.9}$$

湍动能方程(7.7)化简并写成无量纲形式为

$$\frac{\mathrm{d}k}{k\mathrm{d}(St)}=-2b_{12}-\frac{\varepsilon_s}{ks}-\left(\frac{\varepsilon_d}{ks}-\frac{\overline{pd''}}{\bar{\rho}ks}\right) \tag{7.10}$$

式中,$b_{12}=\widetilde{u''_1u''_2}/(2k)$ 为剪切应力分量。方程左边即为无量纲湍动能增长率,以符号 Λ 表示,$\Lambda=(\mathrm{d}k/\mathrm{d}t)/(kS)$。当湍流发展足够长时间后,湍流各向异性结构将达到平衡状态,此时 Λ 为常数,湍动能 k 呈指数增长。随着湍流马赫数的增加,平衡态时的 Λ 值将逐渐减小[112]。

假设耗散率各向同性,雷诺应力方程(7.6)简化为

$$\frac{\mathrm{d}\bar{\rho}\tau_{ij}}{\mathrm{d}t}=\bar{\rho}\tilde{P}_{ij}+\bar{\rho}\Phi_{ij}-\frac{2}{3}\delta_{ij}(\bar{\rho}\varepsilon_s+\bar{\rho}\varepsilon_d-\overline{p'd''}) \tag{7.11}$$

由式(7.11)和式(7.10),各向异性雷诺应力 $b_{ij}=\tau_{ij}/2k-\delta_{ij}/3$ 的方程可以推导出来:

$$\frac{\mathrm{d}b_{ij}}{\mathrm{d}(St)}=\frac{1}{2}\left(P^*_{ij}-\frac{1}{3}\delta_{ij}P^*_{kk}\right)+\frac{1}{2}\Phi^*_{ij}-(P^*_k-\varepsilon^*_s)b_{ij}+D^*b_{ij} \tag{7.12}$$

式中,$D^*=\varepsilon^*_d-\overline{pd''}^*$ 为无量纲脉动体胀率效应;上标"*"代表用 kS 或 $\bar{\rho}kS$ 无量纲化了的项。ε_s、D 和 Φ_{ij} 都需要模化。

此处先推导与无量纲平均温度有关的马赫数方程。剪切流动中可压缩效应取决于至少三个时间尺度:平均变形时间尺度 $\tau_d=(\tilde{U}_{i,j}\tilde{U}_{i,j})^{-1/2}$,湍流衰变时间尺度 $\tau_t=l/q$ 及声速时间尺度 $\tau_a=l/\bar{a}$,其中 $q=\sqrt{2k}$,l 为湍流长度尺度,$\bar{a}$ 为平均声速。根据量纲分析,这三个时间尺度与以下两个无量纲参数有关:

$$M_\mathrm{t}=\tau_\mathrm{a}/\tau_\mathrm{t}=q/\bar{a} \tag{7.13}$$

$$M_{\mathrm{d}} = \tau_{\mathrm{a}}/\tau_{\mathrm{d}} = l\sqrt{\tilde{U}_{i,j}\tilde{U}_{i,j}}\Big/\bar{a} \tag{7.14}$$

M_{t} 和 M_{d} 分别称为湍流马赫数和变形马赫数。一旦这两个马赫数确定了，可压缩湍流的状态也就确定了。

均匀剪切湍流中，变形马赫数 $M_{\mathrm{d}} = Sl/\bar{a}$，如果湍流长度尺度取为 $l \propto \bar{\rho}q^3/\varepsilon_s$，则有

$$M_{\mathrm{d}} \propto \bar{\rho}Sq^3/(\varepsilon_s\bar{a}) = 2M_{\mathrm{t}}/\varepsilon_s^* \tag{7.15}$$

由上式可见，剪切湍流的可压缩效应取决于湍流马赫数 M_{t} 和无量纲耗散率 ε_s^*。在理想气体流动中，$M_{\mathrm{t}} = \sqrt{2k/\gamma R\tilde{T}}$，由式(7.9)和式(7.10)，可以推出 M_{t} 的输运方程：

$$\frac{\mathrm{d}M_{\mathrm{t}}}{\mathrm{d}(St)} = \frac{1}{2}M_{\mathrm{t}}P_k^* - \frac{1}{2}M_{\mathrm{t}}\left[1 + \frac{1}{2}\gamma(\gamma - 1)M_{\mathrm{t}}^2\right](\varepsilon_s^* + D^*) \tag{7.16}$$

式中，黏性项 $\bar{\sigma}_{ij}\tilde{U}_{i,j}$ 可以被忽略。

7.3　压力-应变关联项的模化

7.3.1　可压缩 Poisson 方程分析

由连续方程和动量方程，能够推出脉动压力 p（省略上标"′"）满足的 Poisson 方程[114]。可压缩均匀剪切湍流中，该方程可简化为

$$\begin{aligned}\nabla^2 p = &- 2\tilde{U}_{i,j}(\bar{\rho}u_j'')_{,i} - (\bar{\rho}u_i''u_j'')_{,ij} \\ &- 2\tilde{U}_{i,j}(\rho' u_j'')_{,i} - (\rho' u_i''u_j'')_{,ij} + \mathrm{D}^2\rho'/\mathrm{D}t^2 + \tau'_{ij,ij}\end{aligned} \tag{7.17}$$

对不可压湍流，$\rho' = 0$，式(7.17)第二行前三项消失，最后一项相应于压力脉动的黏性耗散，在含能范畴这一项可以忽略。

与不可压 Poisson 方程式(2.21)相比，式(7.17)第二行代表了压缩性对压力脉动的贡献，第一行即为不可压部分。这样一来，可压缩湍流的压力脉动可以分解为不可压部分 p_{I} 和可压缩部分 p_{C}，分别满足

$$\nabla^2 p_{\mathrm{I}} = - 2\tilde{U}_{i,j}(\bar{\rho}u_j'')_{,i} - (\bar{\rho}u_i''u_j'')_{,ij} \tag{7.18}$$

$$\nabla^2 p_{\mathrm{C}} = - 2\tilde{U}_{i,j}(\rho' u_j'')_{,i} - (\rho' u_i''u_j'')_{,ij} + \mathrm{D}^2\rho'/\mathrm{D}t^2 + \tau'_{ij,ij} \tag{7.19}$$

根据线化理论，密度扰动是以声速传播的，密度脉动的时间尺度为 $\tau_a = l/\bar{a}$。式(7.19)右边三项的量级分别为

$$\tilde{U}_{i,j}(\rho' u_j'')_{,i} = O(\rho'\tau_{\mathrm{t}}^{-1}\tau_{\mathrm{d}}^{-1})$$

$$(\rho' u_i''u_j'')_{,ij} = O(\rho'\tau_{\mathrm{t}}^{-2})$$

$$\mathrm{D}^2\rho'/\mathrm{D}t^2 = O(\rho'\tau_a^{-2})$$

而式(7.18)右边两项的量级为

$$\tilde{U}_{i,j}(\bar{\rho}u''_j)_{,i} = O(\bar{\rho}\tau_t^{-1}\tau_d^{-1})$$

$$(\bar{\rho}u''_i u''_j)_{,ij} = O(\bar{\rho}\tau_t^{-2})$$

当 $\tau_t/\tau_d = O(1)$ 时，上面两项的量级相同。可见，p_C 的量级不一定小于 p_I。然而，由于密度脉动的时间尺度为声速时间尺度，p_C 的频率比 p_I 高得多。均匀剪切湍流的 DNS 结果[114]表明，p_C 引起 $\overline{p'd''}$ 的高频振荡。在湍流时间尺度内，因而有 $\int p_C d''\mathrm{d}t \ll \int p_I d''\mathrm{d}t$，这是因为快速变化的 $p_C d''$ 的正负值互相抵消。因此，对压力-体胀率项的贡献主要来自 $\overline{p_I d''}$，$\overline{p_C d''}$ 的贡献可以忽略。同理，在压力-应变关联项中也是 p_I 起主要作用，即假设：

$$\Phi_{i,j} = \overline{p_I(u''_{i,j} + u''_{j,i})} - \frac{2}{3}\delta_{ij}\overline{p_I u''_{k,k}} \tag{7.20}$$

类似不可压流动中压力-应变关联项的模化方式（见 4.4 节），由式(7.18)，p_I 可以分解为速变部分 $P_I^{(R)}$ 和缓变部分 $P_I^{(S)}$，分别满足：

$$\nabla^2 p_I^{(R)} = -2\tilde{U}_{i,j}(\bar{\rho}u''_j)_{,i} \tag{7.21}$$

$$\nabla^2 p_I^{(S)} = -(\bar{\rho}u''_i u''_j)_{,ij} \tag{7.22}$$

相应地，压力-应变关联项也可以写成两部分之和 $\Phi_{ij} = \Phi_{ij}^{(R)} + \Phi_{ij}^{(S)}$，它们分别为（为了书写简便，从下文起除非特别指明，省略下标“I”）

$$\Phi_{ij}^{(R)} = \overline{p^{(R)}(u''_{i,j} + u''_{j,i})} - \frac{2}{3}\delta_{ij}\overline{p^{(R)}u''_{k,k}} \tag{7.23}$$

$$\Phi_{ij}^{(S)} = \overline{p^{(S)}(u''_{i,j} + u''_{j,i})} - \frac{2}{3}\delta_{ij}\overline{p^{(S)}u''_{k,k}} \tag{7.24}$$

7.3.2 Helmholtz 分解

在引进 Helmholtz 分解之前，先对方程(7.21)作 Fourier 变换，有

$$\hat{p}^{(R)} = 2i\bar{\rho}(k_m/k^2)\tilde{U}_{m,n}\hat{u}_n \tag{7.25}$$

式中，$\hat{p}^{(R)}$ 和 $\hat{u}_n$ 分别表示 p 和 u''_n 的 Fourier 变换；k_m 表示波数矢量 k 的分量。于是有

$$\overline{p^{(R)}u''_{i,j}} = 2\bar{\rho}\tilde{U}_{m,n}\int_{\kappa}(k_m k_j/k^2)\hat{u}_i\hat{u}_n^{G}\mathrm{d}\boldsymbol{\kappa} \tag{7.26}$$

再定义四阶张量：

$$M_{injm} = \int_{\kappa}(k_m k_j/k^2)\hat{u}_i\hat{u}_n^{G}\mathrm{d}\boldsymbol{\kappa} \tag{7.27}$$

对于均匀剪切流动，$m = 1$ 且 $n = 2$ 时上式才有意义，M_{i2j1} 变为二阶张量，压力-应变关联项的快速部分为

$$\Phi_{ij}^{(R)} = 2\bar{\rho}S(M_{i2j1} + M_{j2i1}) - \frac{2}{3}\delta_{ij}\overline{p^{(R)}u''_{k,k}} \tag{7.28}$$

对任意矢量场进行 Helmholtz 分解，可将它表示为一个无旋场和一个无散场的合成。因此，在 Fourier 空间脉动速度场 $\hat{u}_i$ 可分解为不可压（无散）部分 $\hat{u}_i^{\mathrm{I}}$ 和可压缩（无旋）部分 $\hat{u}_i^{\mathrm{C}}$：

$$\hat{u}_i = \hat{u}_i^{\mathrm{C}} + \hat{u}_i^{\mathrm{I}} \tag{7.29}$$

式中，$\hat{u}_i^{\mathrm{I}} = \nabla\times\psi$；$\tilde{u}_i^{\mathrm{C}} = \nabla\cdot\varphi$。$\psi\rightarrow$ 为任意矢量场，φ 为任意标量势。将此分解应用于 M_{i2j1}，由式(7.27)可得

$$\begin{aligned} M_{i2j1} = & \underbrace{\int_\kappa (k_1k_j/k^2)\hat{u}_i^{\mathrm{I}}\hat{u}_2^{\mathrm{IG}}\mathrm{d}\boldsymbol{\kappa}}_{\mathrm{I}} + \underbrace{\int_\kappa (k_1k_j/k^2)\hat{u}_i^{\mathrm{C}}\hat{u}_2^{\mathrm{CG}}\mathrm{d}\boldsymbol{\kappa}}_{\mathrm{II}} \\ & + \underbrace{\int_\kappa (k_1k_j/k^2)\hat{u}_i^{\mathrm{I}}\hat{u}_2^{\mathrm{CG}}\mathrm{d}\boldsymbol{\kappa}}_{\mathrm{III}} + \underbrace{\int_\kappa (k_1k_j/k^2)\hat{u}_i^{\mathrm{C}}\hat{u}_2^{\mathrm{IG}}\mathrm{d}\boldsymbol{\kappa}}_{\mathrm{IV}} \end{aligned} \tag{7.30}$$

式中，第 I 项代表不可压部分，第 II 项为可压缩部分，第 III 和 IV 项为无散和无旋速度分量的相互作用。如果流体的压缩性很小，第 II、III 和 IV 项都等于零，只余第 I 项。

根据定义，$\Phi_{ii}^{(R)} = 0$，利用式(7.30)对式(7.28)求迹，有

$$2\bar{\rho}SM_{i2i1} = 2\bar{\rho}S[\mathrm{tr(I)} + \mathrm{tr(II)} + \mathrm{tr(III)} + \mathrm{tr(IV)}] = \overline{p^{(R)}u''_{k,k}} \tag{7.31}$$

不可压流动中，从 tr(I) = 0 可推得 $k_j\hat{u}_j^{\mathrm{I}}/k = q_{\mathrm{C}}$，因而进一步有 tr(III) = 0。在 Fourier 空间无散（不可压）速度矢量垂直于波数矢量，且无旋（可压缩）速度矢量平行于波数矢量，故而有 $k_j\hat{u}_j^{\mathrm{C}}/k = \hat{q}^{\mathrm{C}}$，$\hat{q}^{\mathrm{C}} = (\hat{u}_j^{\mathrm{C}}\hat{u}_j^{\mathrm{C}})^{1/2}$，利用此关系，式(7.30)右边其余两项的迹为

$$\begin{aligned} \mathrm{tr(II)} &= \int_\kappa \hat{u}_1^{\mathrm{C}}\hat{u}_2^{\mathrm{CG}}\mathrm{d}\boldsymbol{\kappa} = \overline{u''^{\mathrm{C}}_1u''^{\mathrm{C}}_2} \\ \mathrm{tr(IV)} &= \int_\kappa \hat{u}_1^{\mathrm{C}}\hat{u}_2^{\mathrm{IG}}\mathrm{d}\boldsymbol{\kappa} = \overline{u''^{\mathrm{C}}_1u''^{\mathrm{I}}_2} \\ \mathrm{tr(II)} + \mathrm{tr(IV)} &= \overline{u''^{\mathrm{C}}_1u''_2} \end{aligned} \tag{7.32}$$

因此，式(7.31)可写为

$$2\bar{\rho}S\overline{u''^{\mathrm{C}}_1u''_2} = \overline{p^{(R)}u''_{k,k}} \tag{7.33}$$

该式也可看作是可压缩均匀剪切流动中压力-体胀率关联项的模式描述。

7.3.3　模式封闭

根据上节对 M_{i2j1} 的划分，压力-应变率关联项的速变部分也可写成四部分之和：

$$\Phi_{ij}^{(R)} = \Phi_{ij}^{(R),\mathrm{I}} + \Phi_{ij}^{(R),\mathrm{II}} + \Phi_{ij}^{(R),\mathrm{III}} + \Phi_{ij}^{(R),\mathrm{IV}} \tag{7.34}$$

因为第 I 项代表无散部分,因此可采用不可压流动中压力-应变率关联的快速项模式 Φ_{ij2}(见 4.4.2 节)来近似:

$$\Phi_{ij}^{(\mathrm{R}),\,\mathrm{I}} = \Phi_{ij2} \tag{7.35}$$

第 II、III 和 IV 项的模化无法借鉴不可压模式的经验,但是从它们的迹的表达式可以获得一些启发。假设:

$$\overline{u''^{\mathrm{C}}_1 u''_2} \propto q_{\mathrm{C}} / (q\overline{u''_1 u''_2}) \tag{7.36}$$

根据 DNS 结果[115],对于均匀剪切湍流,当 $M_{\mathrm{t}} < 0.5$ 时,$q_{\mathrm{C}}^2/q^2 \propto M_{\mathrm{t}}^2$。将此关系式连同式(7.36)代入式(7.33),可得压力-体胀率项的模式为

$$\overline{p^{(\mathrm{R})} u''_{k,\,k}} = -\alpha_3 M_{\mathrm{t}} \bar{\rho} \tilde{P}_k \tag{7.37}$$

取 $a_3 = 0.15$,则上式与 Sarkar[114] 提出的压力-胀率项的模式完全一致。因此,第 II 和 IV 项的模式为

$$\Phi_{ij}^{(\mathrm{R}),\,\mathrm{II}} + \Phi_{ij}^{(\mathrm{R}),\,\mathrm{IV}} = \beta_1 M_{\mathrm{t}} \bar{\rho}\left(\tilde{P}_{ij} - \frac{1}{3}\tilde{P}_{kk}\delta_{ij}\right) + \beta_2 M_{\mathrm{t}} \bar{\rho}\left(\tilde{D}_{ij} - \frac{1}{3}\tilde{P}_{kk}\delta_{ij}\right) \tag{7.38}$$

式中,$\bar{\rho}\tilde{D}_{ij} = -\tau_{ik}\partial\tilde{U}_k/\partial x_j - \tau_{jk}\partial\tilde{U}_k/\partial x_i$。这两项的模式并非仅以上此种形式,但是它们的迹一定要与 $\tilde{P}_{kk}$ 有关。第 III 项的迹为零,与不可压的压力-应变关联项模式相比较,可知还缺少对 $\tilde{S}_{ij}$ 项的修正,因此,第 III 项的模式为

$$\Phi_{ij}^{(\mathrm{R}),\,\mathrm{III}} = \beta_3 M_{\mathrm{t}} \bar{\rho} k\left(\tilde{S}_{ij} - \frac{1}{3}\delta_{ij}\tilde{S}_{kk}\right) \tag{7.39}$$

至此,可压缩压力-应变关联的快速项已完成了模化,系数 β_1、β_2 和 β_3 的值由 DNS 数据或实验结果来校准。

对缓变项 $\Phi_{ij}^{(\mathrm{S})}$ 模化时,必须考虑可压缩湍流的衰减过程。本书作者及其研究组采用不可压慢速项模式的可压缩修正形式:

$$\Phi_{ij}^{(\mathrm{S})} = (1 - \beta_0 M_{\mathrm{t}}^2)\Phi_{ij1} \tag{7.40}$$

采用不可压 SSG 模式做基础,最后的模式形式为

$$\begin{aligned}\Phi_{ij} = &-\left(C_1 + C_1^* \frac{\tilde{P}_k}{\varepsilon}\right)(1 - \beta_0 M_{\mathrm{t}}^2)\bar{\rho}\varepsilon_s b_{ij} + C_2\bar{\rho}\varepsilon_s\left(b_{ik}b_{kj} - \frac{1}{3}b_{mn}b_{mn}\delta_{ij}\right)\\ &- A(1 - \beta_1 M_{\mathrm{t}})\bar{\rho}\left(\tilde{P}_{ij} - \frac{1}{3}\tilde{P}_{kk}\delta_{ij}\right) - B(1 - \beta_2 M_{\mathrm{t}})\bar{\rho}\left(\tilde{D}_{ij} - \frac{1}{3}\tilde{D}_{kk}\delta_{ij}\right)\\ &- C(1 - \beta_3 M_{\mathrm{t}})\bar{\rho}k\left(\tilde{S}_{ij} - \frac{1}{3}\delta_{ij}\tilde{S}_{kk}\right)\end{aligned} \tag{7.41}$$

式中,$A = (C_4 + C_5)/4$;$B = (C_4 - C_5)/4$;$C = C_4/3 - C_3$,通过与 DNS 数据的比较,系数确定如下:

$$\beta_0 = 0.3,\ \beta_1 = 1.132,\ \beta_2 = 0.458,\ \beta_3 = 0.694,\ \alpha_3 = 0.25 \tag{7.42}$$

7.4　耗散率的模化

首先对不可压耗散率 ε_s 的标准高雷诺数模式做可压缩修正：

$$\frac{\mathrm{d}\bar{\rho}\varepsilon_s}{\mathrm{d}t}=C_{\varepsilon1}\bar{\rho}\frac{\varepsilon_s}{k}\tilde{P}_k-C_{\varepsilon2}\bar{\rho}\frac{\varepsilon_s}{k}\varepsilon_s+C_{\varepsilon3}\bar{\rho}\frac{\varepsilon_s}{k}\overline{p'd''} \tag{7.43}$$

式中，$C_{\varepsilon1}=1.44$；$C_{\varepsilon2}=1.83$；$C_{\varepsilon3}=1.0$。写成无量纲形式为

$$\frac{\mathrm{d}\varepsilon_s^*}{\mathrm{d}(St)}=\varepsilon_s^*\left[(C_{\varepsilon1}-1)\tilde{P}_k^*-(C_{\varepsilon2}-1)\varepsilon_s^*+(C_{\varepsilon3}-1)\overline{p'd''}^*+\varepsilon_d^*\right] \tag{7.44}$$

基于对可压缩各向同性衰减湍流的研究，Zeman[110]、Blaisdell 等[116]和 Sarkar 等[111]均给出了如下一般形式的可压缩耗散率：

$$\varepsilon_d=\alpha\mathcal{F}(M_t)\varepsilon_s \tag{7.45}$$

(1) Zeman 模式[110,117]为

$$\alpha=0.75,\ \mathcal{F}(M_t)=1-\exp\{-[0.5(\gamma+1)(M_t-M_{t0})^2/\Lambda^2]\mathcal{H}(M_t-M_{t0})\}$$

$$M_{t0}=\begin{cases}0.10[2/(\gamma+1)]^{0.5}, & \Lambda=0.6,\text{剪切层}\\ 0.25[2/(\gamma+1)]^{0.5}, & \Lambda=0.66,\text{边界层}\end{cases} \tag{7.45a}$$

式中，$\mathcal{H}(M_t)$ 为阶梯(Heaviside)函数。

(2) Sarkar 模式[111]为

$$\alpha=0.5,\ \mathcal{F}(M_t)=M_t^2 \tag{7.45b}$$

(3) Wilcox 模式[118]为

$$\alpha=1.5,\ \mathcal{F}(M_t)=[M_t^2-M_{t0}^2]\mathcal{H}(M_t-M_{t0}),\ M_{t0}=0.25 \tag{7.45c}$$

本书选取 Sarkar 模式[111]开展与 DNS 数据的对比计算(见 7.6 节)。

7.5　压力-体胀率关联项的模化

在各向同性衰减湍流中，压力-体胀率项 $\overline{p'd''}$ 在达到平衡时可忽略，而在均匀剪切湍流中，$\overline{p'd''}$ 随时间振荡但趋于一个负的时间平均值[114,116]。压力脉动可分成不可压和可压缩两部分，由于可压缩压力脉动快速振荡，其平均值为零，所以不可压部分占主导。进一步，将不可压压力脉动分成速变项和缓变项。7.3 节中根据 Helmholtz 分解理论分析推导了速变项的模式(7.37)，而 Sarkar[114]认为，缓变项与体胀率耗散率有类似的模式形式，有

$$\overline{p^{(S)}d''}^*=\alpha_2M_t^2\varepsilon_s^*,\quad \alpha_2=0.2 \tag{7.46}$$

当 $M_t < 1$ 时,压力-体胀率可以直接跟压力自相关的发展联系起来,Zeman[119]基于这一事实提出的模式为

$$\overline{p'\frac{\partial u''_k}{\partial x_k}} = -\frac{1}{2\gamma\bar{P}}\frac{\mathrm{d}}{\mathrm{d}t}\overline{p'^2} \tag{7.47}$$

本书采用 Sarkar 模式[114]开展与 DNS 数据的对比计算(见 7.6 节)。由式(7.37)、式(7.45)和式(7.46)可得

$$D^* = (\alpha_1 - \alpha_2)M_t^2\varepsilon_s^* + \alpha_3 M_t \tilde{P}_k^* \tag{7.48}$$

7.6 模式验证

本书采用四阶 Runge-Kutta 法计算求解 k/k_0 方程(7.10)、b_{ij} 方程(7.12)、M_t 方程(7.16)和 ε_s^* ($=\varepsilon_s/Sk$)方程(7.44),其中用到压力-应变项模式(7.41)和体胀率项 D^* 模式(7.48)。这些常微分方程构成一个 6 个自由度的动力系统,吸引子为时间 $t \to \infty$ 时达到的平衡态。验证算例为可压缩均匀剪切湍流。流动初始时设为各向同性的,即 $b_{11} = b_{22} = b_{12} = 0$,计算结果与两组 DNS 结果做了比较。

第一组算例为 Blaisdell 等[116]的"run SHA 192",初始条件为 $\varepsilon_0^* = 1/1.8 = 0.556$,$M_{t0} = 0.4$。除本书模式外,不可压 SSG 模式[74]加 Sarkar 的体胀率修正式(7.48)以及章光华和符松的模式[120]也被用来比较。表 7.1 给出了 b_{ij} 平衡值的模式预测结果与 DNS 结果的比较。结果表明,压缩性效应使得流向的雷诺应力各向异性大大增加而剪切应力显著减小。由于 DNS 数据的无量纲时间 St 小于 25,这里所取的时间范围为 $St = 0 \sim 30$。本书模式与章光华等的模式的计算结果都与 DNS 数据吻合得非常好,而不可压 SSG 模式做变密度修正推广的结果与 DNS 相差很远,即使其中已经考虑了体胀率项的影响。

表 7.1 雷诺应力各向异性张量平衡值的模式预测与 DNS 数据

平衡值	SSG+模式(7.48)	章光华和符松模式	本书模式	DNS 数据
b_{11}	0.262	0.425	0.423 8	0.424
b_{22}	−0.160	−0.232	−0.235 9	−0.236
b_{12}	−0.172	−0.117	−0.118 0	−0.118

图 7.1 显示了湍动能随时间的发展过程。从图中可以清楚地看到本书模式与 DNS 数据符合得最好。该图还显示了不可压均匀剪切湍流中湍动能发展过程的预测结果,可见,流体压缩性使得湍动能增长率下降。

第二组算例为 Hamba[121]的 DNS 数据。初始条件为 $\varepsilon_0^* = 1/7.1$,M_{t0} 分别为 0.1 和 0.3。图 7.2 给出了无量纲湍动能增长率 $\Lambda = (\mathrm{d}k/\mathrm{d}t)/(kS)$ 随无量纲时间 St 的发展过程,并与不可压时 ($M_{t0} = 0$) 的湍动能增长率曲线和 DNS 数据(St 小于 10)进行对比。可见,$St > 4$ 之后的计算结果与 DNS 数据吻合得较好。又由图 7.1 可知,在初期的下降之

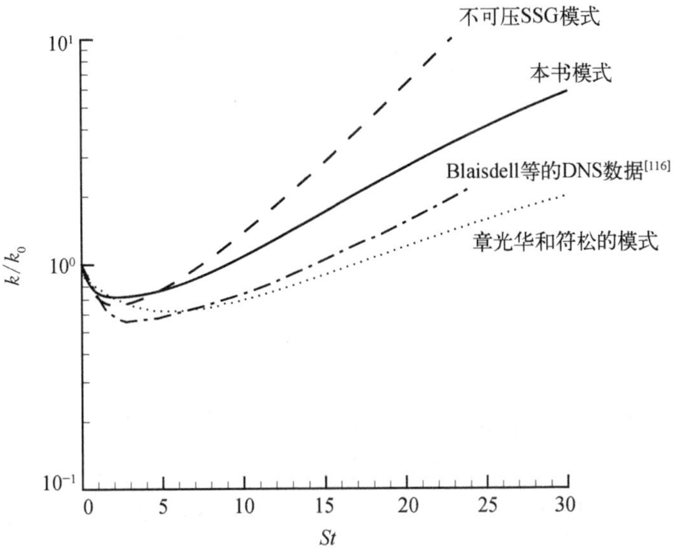

图 7.1　湍动能 k/k_0 随时间 St 的发展过程图

后，湍动能的斜率与 DNS 数据吻合得相当好。DNS 数据显示，M_{t0} 分别为 0 和 0.1 时的湍动能发展相差不大，即湍流马赫数很小时流动可视为不可压。然而，只要初始马赫数不为零，本书模式的计算结果都会达到一个与初始条件无关的可压缩平衡状态，该状态与不可压的平衡态差别明显，如图 7.2(b)所示。这是该动力系统所固有的问题。

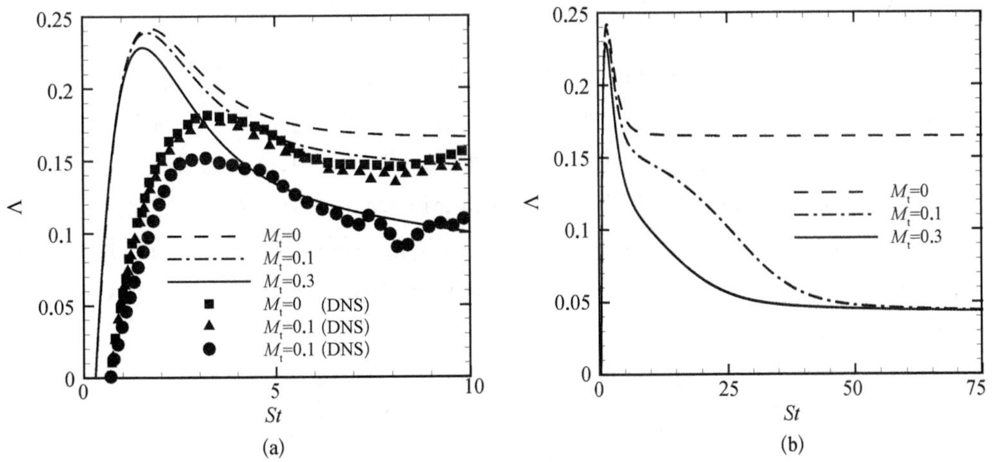

图 7.2　湍动能增长率 Λ 随时间 St 的发展过程图

符号为 DNS 数据，线条为本书模式计算结果

最后，应当指出的是，本章的可压缩二阶矩输运方程的建模立足于各向同性与简单剪切流动，它忽略了高马赫数可压缩湍流中激波对湍流演化的重要影响，在激波边界层相互作用重要的区域或是激波驱动的湍流场中，上述模式并不适用。这个领域呼唤新的建模思想和新的研究。

第8章 雷诺平均/大涡模拟混合方法

雷诺平均/大涡模拟混合方法被认为是新一代工程计算的主力方法。本章首先介绍了大涡模拟方法;接着将现有的雷诺平均/大涡模拟混合方法分为区域方法和非区域方法,继而将后者分为了应力混合方法、交界面方法和无缝方法;最后,详细讨论了交界面方法中的脱落涡模拟方法。

学习要点:

(1) 理解雷诺平均/大涡模拟混合方法的工作原理及其缺陷;

(2) 熟悉脱落涡模拟方法的推导过程。

8.1 大涡模拟方法简述

大涡模拟(large eddy simulation, LES)理论认为:大尺度的涡流对平均流动影响较大,各种变量的湍流扩散、热量、质量和能量的交换以及雷诺应力的产生都是通过大尺度涡流实现;小尺度涡流主要对上述变量起耗散作用。在 LES 中,大尺度涡流通过 N-S 方程直接求解,小尺度涡流则通过亚格子尺度(sub-grid scale, SGS)模型进行模拟。

LES 采用过滤方法消除湍流中小尺度脉动,在物理空间中,过滤过程可以用积分运算来实现。例如,将脉动速度在边长为 Δ 的立方体中做体积平均,Δ 被称为过滤长度。经过体积平均后,幅值小于 Δ 的脉动被过滤掉:

$$\bar{u}_i(x,\ t) = \frac{1}{\Delta^3}\int_{-\Delta/2}^{\Delta/2}\int_{-\Delta/2}^{\Delta/2}\int_{-\Delta/2}^{\Delta/2} u_i(\xi,\ t)G(x-\xi)\,\mathrm{d}\xi_1\mathrm{d}\xi_2\mathrm{d}\xi_3 \tag{8.1}$$

式中,$G(x-\xi)$ 是过滤函数。假定过滤运算和求导运算可以交换,过滤后不可压缩 N-S 方程(LES 控制方程)为

$$\frac{\partial \bar{u}_i}{\partial t} + \frac{\partial \overline{u_i u_j}}{\partial x_j} = -\frac{1}{\rho}\frac{\partial \bar{p}}{\partial x_i} + \nu\frac{\partial^2 \overline{u_i}}{\partial x_j \partial x_j} + \overline{f_i} \tag{8.2}$$

$$\frac{\partial \overline{u_i}}{\partial x_i} = 0 \tag{8.3}$$

式中，$\overline{u_i u_j}$ 是样本流动中单位质量流体动量通量的过滤值，由于 LES 不能获得全部样本流动，所以 $\overline{u_i u_j}$ 是未知量，需要构造模型以封闭方程式(8.2)和式(8.3)。利用过滤运算，可将湍流样本流动分解为大尺度运动和小尺度运动如下：

$$u_i(x,t) = \overline{u_i}(x,t) + u_i''(x,t) \tag{8.4}$$

式中，$\bar{u}_i$ 已由式(8.1)定义，它是湍流样本流动中的大尺度部分；$u_i''(x,t)$ 是样本流动中的小尺度脉动部分，由此可得 $\overline{u_i u_j}$ 的表达式为

$$\overline{u_i u_j} = \overline{[\overline{u_i}(x,t) + u_i''(x,t)][\overline{u_j}(x,t) + u_j''(x,t)]} = \overline{\overline{u_i}(x,t)\overline{u_j}(x,t)} + \overline{\overline{u_i}(x,t)u_j''(x,t)} + \overline{\overline{u_j}(x,t)u_i''(x,t)} + \overline{u_i''(x,t)u_j''(x,t)} \tag{8.5}$$

可见，右端第二、三和四项含有小尺度脉动，在大涡数值模拟中无法分辨，需要模式封闭。

令 $\overline{u_i u_j} = \overline{u_i}\,\overline{u_j} + (\overline{u_i u_j} - \overline{u_i}\,\overline{u_j})$，式(8.2)可写为

$$\frac{\partial \bar{u}_i}{\partial t} + \frac{\partial \overline{u_i}\,\overline{u_j}}{\partial x_j} = -\frac{1}{\rho}\frac{\partial \bar{p}}{\partial x_i} + \nu\frac{\partial^2 \overline{u_i}}{\partial x_j \partial x_j} + \frac{\partial(\overline{u_i}\,\overline{u_j} - \overline{u_i u_j})}{\partial x_j} \tag{8.6}$$

与雷诺方程类似，右端含有不封闭项：

$$\overline{\tau_{ij}} = (\overline{u_i}\,\overline{u_j} - \overline{u_i u_j}) \tag{8.7}$$

这里 $\bar{\tau}_{ij}$ 为亚格子尺度应力(SGS stress)，表征过滤掉的小尺度脉动与可解尺度湍流之间的动量输运。亚格子应力模式是实现湍流大涡数值模拟的关键，将其表达为分子黏性形式：

$$\tau_{ij} = 2\nu_t \overline{S_{ij}} + \frac{1}{3}\delta_{ij}\tau_{kk} \tag{8.8}$$

式中，ν_t 称作亚格子涡黏系数；$\overline{S_{ij}}$ 是可解尺度的变形率张量。

Smagorinsky 模式是混合长度模式(见 3.1.2 小节)在 LES 中的推广。混合长度模式的涡黏公式为

$$\nu_t \propto u'l \propto l^2 \left|\frac{\partial\langle u\rangle}{\partial y}\right| \tag{8.9}$$

若长度尺度取式(8.1)中的过滤尺度，则 $l = \Delta$，在二维平均流场中，$\left|\frac{\partial\langle u\rangle}{\partial y}\right| = \sqrt{2\langle S_{ij}\rangle\langle S_{ij}\rangle}$，将其在三维平均流中推广，可得

$$\nu_t \propto \Delta^2\sqrt{2\langle S_{ij}\rangle\langle S_{ij}\rangle} \tag{8.10}$$

将平均运算改为过滤运算，并引入模式常数，亚格子涡黏系数可以写成如下形式：

$$\nu_t = C_m \Delta^2\sqrt{2\langle S_{ij}\rangle\langle S_{ij}\rangle} \tag{8.11}$$

可见，尽管依托的物理机制完全不同，雷诺平均与大涡模拟的控制方程及其模式在形式上

是一致的。这是构造雷诺平均/大涡模拟混合方法的先决条件。

8.2 雷诺平均/大涡模拟混合方法及其分类

雷诺平均(RANS)方法能够较为准确地预测无分离或小分离的近壁流动,如对数律的捕捉,但是对于大分离等具有明显非定常特性的情况不能保证足够的精度。LES 比 RANS 的可信度更高。然而,对于具有百万量级雷诺数的边界层流动,目前 LES 仍局限于典型流动的机理研究,无法应用于大规模的工程计算。这是因为 LES 在边界层中所需网格数与 $Re^{1.8}$ 成正比(在远离边界层的区域中所需网格与 $Re^{0.4}$ 成正比)。相对地,RANS 无论是在边界层内还是外流区,所需网格数均与 $\ln(Re)$ 成正比。为此,研究者们综合 LES 和 RANS 的优点,发展了多种 RANS/LES 混合方法,试图在保证精度的同时节省计算网格数。混合方法被认为是下一代工程计算的主力方法[122]。

用混合方法计算时,RANS 模型在流场中的部分区域,尤其是近壁区,占主导地位,而其他区域则主要采用亚格子模型的涡黏性解析。Walters 和 Bhushan[123]将混合方法分为区域性(zonal)和非区域性(non-zonal)模型。在区域性模型中,部分计算域被预先确定为 RANS 模拟区域,其余部分被确定为 LES 区域。然而,区域性模型只能应用于简单外形上的流动,对于未知的流动类型,交界面的位置不易确定,不合理的构造将严重破坏 RANS 与 LES 的计算结果[124]。因此,本书只关注非区域方法。这类方法通过修改闭合模型促使动态湍流的产生,不提前指定计算域中的 RANS 和 LES 模拟区域。

非区域方法又可分为应力混合方法、交界面方法和无缝(seamless)方法,下面分别介绍。

8.2.1 应力混合方法

该方法直接将 RANS 和 LES 亚格子(SGS)模型拼接在一起[122]。引入网格尺寸与湍流尺度之比的函数 $f(\Delta/\Lambda)$ 满足 $f(\infty)=0$, $f(0)=1$。应力公式(8.8)表示为

$$\tau=(1-f)\tau^{\mathrm{RANS}}+f\tau^{\mathrm{SGS}} \tag{8.12}$$

FSM(flow simulation methodology)模型[125,126]就是采用了上述形式,其中 $\tau^{\mathrm{SGS}}=0$,是 RANS 和 DNS 的混合方法。然而,实际网格对于 DNS 计算过于粗糙,因此它也可以视作 RANS 与隐式 LES 的混合——这意味着将数值扩散视作 τ^{SGS}。Fasel 等[126]采用了代数应力模型和 $k-\varepsilon$ 模型。湍流尺度采用的是 Kolmogoroff 尺度 $\eta=(\nu^3/\varepsilon)^{1/4}$,混合函数 $f=\exp(-0.040\Delta/\eta)$。

Walters 和 Bhushan[123]、Bhushan 和 Walters[127]为了动态求解差值函数,将式(8.12)与应变率张量 S_{ij} 做内积得到:

$$1-f=\frac{\langle\tau-\tau^{\mathrm{SGS}}\rangle:\langle S\rangle}{\langle\tau^{\mathrm{RANS}}-\tau^{\mathrm{SGS}}\rangle:\langle S\rangle} \tag{8.13}$$

该式右端分子中的应力差表示计算中的解析应力。因此,f 被约束在 0 和 1 之间。Walters

和 Bhushan[123]引用隐式 LES，依靠数值扩散代替 τ^{SGS} 的显式模型。式(8.8)中的本构关系使用 $k-\omega-$SST 模式。Bhushan 和 Walters[127]采用的 τ^{SGS} 模型为动态 Smagorinsky 亚格子模型。

Uribe 等[128]提出了双速度模型。该模型将式(8.12)写作：

$$\tau_{ij}^{RANS} - \frac{1}{3}\delta_{ij}\tau_{kk}^{RANS} = 2\nu_T\langle S_{ij}\rangle$$

$$\tau_{ij}^{SGS} - \frac{1}{3}\delta_{ij}\tau_{kk}^{SGS} = 2\nu_{SGS}(S_{ij} - \langle S_{ij}\rangle) \tag{8.14}$$

式中，尖括号表示整体平均值(10 倍于湍流涡旋的平均时间尺度)。他们采用 $\phi-f$ 模型来获得涡黏性系数 $\nu_T = C_\mu \phi k T$，其中 T 是湍流时间尺度，亚格子黏性 ν_{SGS} 为 Smagorinsky 格式 $(C_s\Delta)^2|S-\langle S\rangle|$，$\Lambda$ 是积分尺度 $\phi k^{3/2}/\varepsilon$。该算法将流场中的任意点同时设置两个不同的速度场 U 和 $\langle U\rangle$。RANS 和 LES 可以根据网格分辨率进行自动动态切换。Xiao 和 Jenny[129]将双速度概念向前推进了一步，并在两个不同的网格上开展 RANS 和 LES 计算。

上述模型都在槽道流动、边界层流动及简单几何形状(翼型、后台阶)的流动算例中进行了验证，计算效果优于 RANS。然而，这些验证工作均由模型提出者进行，未得到重复验证。

8.2.2　交界面方法

交界面方法在近壁区域采用 RANS 计算，分离区域采用 LES。其核心问题是 RANS-LES 的界面如何设置以及界面两侧如何连续过渡。具有代表性的方法包括*脱落涡模拟*(detached-eddy simulation, DES)*类方法*、RANS *限制的* LES *方法*(RANS-limited LES)和*约束大涡模拟*(constrained LES)*方法*。

*脱落涡模拟方法*是最具有 CFD 工业应用前景的混合方法，由 Spalart[24]提出。他基于单方程的 SA 模式，定义新的湍流积分尺度：$l_{DES97} = \max(d,\ C_{DES}\Delta)$，其中 d 是壁面距离，Δ 为网格尺度，而 C_{DES} 为模式常数。该方法可以在近壁区使用湍流模式来模拟小尺度的湍流结构，而在分离区通过网格尺度来过滤解析部分的湍流信息，运用 LES 类似亚格子应力模型降低涡黏性，来解析大尺度的湍流。然而，当壁面附近网格单元各方向尺度相当时，SA-DES 会误将该单元用 LES 处理，导致无法模拟近壁边界层内的速度脉动。为此，Spalart 等[25]在混合长度中引入延迟函数，发展的 DDES(delayed DES)方法解决了上述问题。进一步，Travin 等[130]对 DDES 中的转换函数进行修正，提出了适用于壁湍流的 IDDES(improved DDES)方法。Strelets[131]提出了将其他湍流模型加入 DES 框架中的技术路径，发展了基于 SST 两方程湍流模型的 SST－DES 方法。8.3 节将对该方法进行详细阐述。

RANS *限制的* LES *方法*用雷诺应力限制壁面附近的亚格子应力。Delanghe 等[132]引入亚格子湍动能 K_τ 和耗散率 ε_τ，构造了适用于 RANS 和 LES 的统一涡黏系数形式：

$$\nu_t^{LES} = C_\mu \varepsilon_\tau^{1/3}\Delta^{4/3} \tag{8.15}$$

当网格尺度 Δ 大于 RANS 积分长度尺度 $L = K_{\tau}^{3/2}/\varepsilon_{\tau}$ 时，用 L 代替 Δ，从而还原为 RANS 的涡黏系数：

$$\nu_t = C_{\mu}\varepsilon_{\tau}^{1/3}\left(\frac{k_{\tau}^{3/2}}{\varepsilon_{\tau}}\right)^{4/3} = C_{\mu}\frac{k_{\tau}^{2}}{\varepsilon_{\tau}} = \nu_t^{\mathrm{RANS}} \tag{8.16}$$

类似地，Chen 等[133]提出的约束大涡模拟方法将亚格子应力模型分为无限制的外层和用湍流模式限制的内层。内层的附加应力写成 LES 解析的应力 τ_{ij}^{LES} 与一个模化修正应力 τ_{ij}^{mod} 之和：

$$\tau_{ij}^{\mathrm{CLES}} = \tau_{ij}^{\mathrm{LES}} + \tau_{ij}^{\mathrm{mod}} \tag{8.17}$$

$$\tau_{ij}^{\mathrm{mod}} = \tau_{ij}^{\mathrm{RANS}} - \tau_{ij}^{\mathrm{LES}} - C_s(\Delta^2 |\bar{S}| \bar{S}_{ij} - \langle \Delta^2 |\bar{S}| \bar{S}_{ij} \rangle) \tag{8.18}$$

然而，此类方法的交界面位置强烈依赖于网格尺度：过于稀疏的计算网格不允许由 RANS 切换到 LES 模式；而过度加密流向网格会导致边界层内的部分 RANS 区域被激活为 LES，但该网格又不足以支持 LES 计算，从而导致雷诺应力的模化不足，甚至产生所谓的网格诱导分离（grid induced separation）。实际上，如果我们把 RANS 平均也视为一种滤波过程，其对湍流脉动信息的过滤相比 LES 滤波更强，即分辨率更低。因此，从 RANS 区过渡到 LES 区需要对额外添加湍流脉动信息[134]。

8.2.3 无缝方法

如 8.2.2 小节所述，RANS 仅包含物理的长度尺度，LES 却显式或隐式地包含网格长度尺度，而 RANS/LES 方法的交界面问题则直接源于 LES 计算区域对网格的依赖性。因此，无缝（seamless）方法被发展出来，它不显式依赖于计算网格却能求解一大部分湍流脉动信息。此类方法包括部分积分输运模型（partially integrated transport model, PITM）模型[135,136]、部分平均 N-S 方程（partially averaged Navier-Stokes, PANS）模型[137]和尺度自适应模拟（scale-adaptive simulation, SAS）方法[26]等。

PITM 和 PANS 通过网格尺度与湍流尺度之比 Δ/Λ 的函数来修改 RANS 模式的系数，Λ 为湍流积分尺度 $k^{3/2}/\varepsilon$。这些方法通过改变 ε 方程中的耗散项来实现。RANS 模式中的耗散项系数 $C_{\varepsilon 2}$ 为 1.92。PITM 模型将 $C_{\varepsilon 2}$ 替换为

$$C_{\varepsilon_2}^{*} = C_{\varepsilon_2} + f(\Delta/\Lambda)(C_{\varepsilon_1} - C_{\varepsilon_2}) \tag{8.19}$$

式中，常数 $C_{\varepsilon 1} = 1.44$ 是 ε 方程中的生成项系数。上式表明在粗网格上 $C_{\varepsilon 2}^{*}$ 为 $C_{\varepsilon 2}$，在细网格上为 $C_{\varepsilon 1}$。

Chaouat 和 Schiestel[135]发现，$C_{\varepsilon 2}^{*}$ 减小使得耗散率 ε 增加，湍动能 k 减小，从而导致涡黏性系数 $C_{\mu}k^2/\varepsilon$ 减小至 LES 模型的量级。PANS 与 PITM 类似，但它修改了 ε 方程中的生成和耗散项，使得生成项和耗散项达到平衡，从而减小了涡黏性系数。Friess 等[138]进一步在 PITM 中耦合了雷诺应力模式。

SAS 的核心思想是在湍流模式的耗散项中引入与速度二阶导数相关的冯·卡门长度尺度（von Karman length scale, L_{vK}），它能够自适应地捕获当地解析的湍流结构，从而在非

定常流动区域表现出类似 LES 的性能,因此命名为尺度自适应模拟方法。目前集成到商业软件 FLUENT 中的 SAS 方法分别基于 $k-\sqrt{kL}$ 和 SST 湍流模式。相较于原湍流模式(见 3.5.1 小节),SST－SAS 方法仅在 ω 方程的源项中添加了一项:

$$Q_{\mathrm{SAS}}=\max\left|\bar{\rho}\zeta_2\hat{S}^2\left(\frac{L_{\mathrm{t}}}{L_{v\mathrm{K}}}\right)^2-C_{\mathrm{SAS}}\frac{2\bar{\rho}k}{\sigma_\Phi}\max\left(\frac{1}{k^2}\frac{\partial k}{\partial x_j}\frac{\partial k}{\partial x_j},\ \frac{1}{\omega^2}\frac{\partial k}{\partial x_j}\frac{\partial k}{\partial x_j}\right),\ 0.0\right| \tag{8.20}$$

$$L_{v\mathrm{K}}=\max\left(\frac{\kappa\sqrt{2\hat{S}_{ij}\hat{S}_{ij}}}{\sqrt{(\nabla^2\hat{u})^2+(\nabla^2\hat{v})^2+(\nabla^2\hat{w})^2}},\ C_s\sqrt{\frac{\kappa\zeta_2}{\beta/C_\mu-\alpha}}\Delta\right) \tag{8.21}$$

式中,$\Delta=\sqrt[3]{V}$ 为网格单元体积的立方根。其余系数分别为:$C_S=0.11$,$\kappa=0.41$,$C_\mu=0.09$,$\alpha=0.44$ 和 $\beta=0.0828$。

徐晶磊和阎超[139]构造了一个新长度尺度 $\tilde{d}$ 替代 SA 湍流模式(见 3.5.1 小节)耗散项中的壁面距离 d:

$$\tilde{d}=\min(d,\ \max(L_{v\mathrm{K}}/\kappa,\ C\Delta)) \tag{8.22}$$

这里 $C\Delta$ 为网格尺度限制器,$L'_{v\mathrm{K}}$ 表示改进的三维冯・卡门尺度:

$$L'_{v\mathrm{K}}=\kappa|\Omega_i|/|\nabla_j\Omega_i|,\ \Omega_i=\varepsilon_{ijk}U_{k,j} \tag{8.23}$$

式中,Ω_i 表示涡量;$\nabla_j\Omega_i$ 表示涡量梯度。

应用该方法计算圆柱绕流的尾迹平均速度分布见图 8.1。加密后的 DES 结果向 SAS 靠拢,并且在近尾迹区内(图 8.1)SAS 的速度分布与 DNS 和实验数据吻合,好于 DES(无论是中等网格还是密网格)的计算结果。

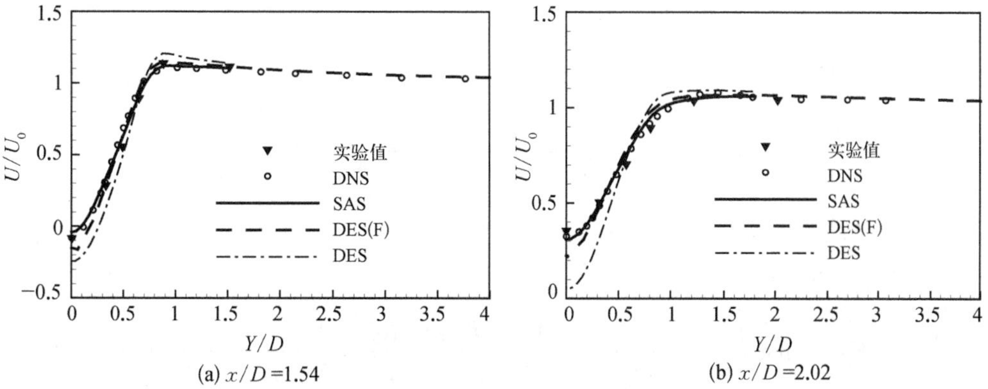

图 8.1　圆柱绕流尾迹区流向速度的分布[139]

尽管 SAS 采用的冯・卡门长度尺度在形式上与网格尺度无关,但其中速度梯度的获取却依赖于网格尺度,同时在高波数区还需要引入网格尺度修正,如式(8.21)所示。当网格尺度较大时,SAS 并未如设想的那样摆脱网格尺度的影响。而当网格尺度足够小(达到 Kolmogorov 尺度)时,SAS 也无法收敛至 DNS 解。

8.3 脱落涡模拟方法

如 8.2.2 小节所述,最早的脱落涡模拟方法(DES)是基于 S - A 模式(见 3.5.1 小节)发展起来的,称为 SA - DES[24],方程如下:

$$\frac{\mathrm{D}\tilde{\nu}}{\mathrm{D}t}=\frac{1}{\sigma}\left[\frac{\partial}{\partial x_j}\left((\nu+\tilde{\nu})\frac{\partial\tilde{\nu}}{\partial x_j}\right)+C_{b2}\frac{\partial\tilde{\nu}}{\partial x_i}\frac{\partial\tilde{\nu}}{\partial x_i}\right]+C_{b1}(1-f_{t2})\tilde{S}\tilde{\nu}-\left(C_{w1}f_w-\frac{C_{b1}}{\kappa^2}f_{t2}\right)\left(\frac{\tilde{\nu}}{l_{\mathrm{DES}}}\right)^2 \tag{8.24}$$

可见,SA - DES 使用长度尺度 l_{DES} 代替了 S - A 模式方程(3.126)中的 d,使得 $l_{\mathrm{DES}}=\min(d,\ C_{\mathrm{DES}}\Delta)$,这里 C_{DES} 是模式系数,耗散项中的湍流尺度与网格尺度 Δ 相关。于是,SA - DES 在近壁区 ($d\ll\Delta$) 表现为 S - A 模式;而在远离壁面的分离区 ($\Delta\ll d$),当生成项与耗散项达到平衡时,涡黏性系数 ν_t 将正比于当地的应变率 S 和 Δ 的平方,即 $\nu_t\propto S\Delta^2$。这与 LES 中 Smagorinsky 亚格子模型的涡黏性类似,从而实现了 RANS 向 LES 的转化。

类似地,基于 SST 湍流模式方程(见 3.6.1 小节)的 DES 方程写为

$$\frac{\mathrm{D}\rho k}{\mathrm{D}t}=\tau_{ij}\frac{\partial U_i}{\partial x_j}-\beta^*\rho\omega k\cdot F_{\mathrm{DES}}+\frac{\partial}{\partial x_j}\left[(\mu+\sigma_k\mu_t)\frac{\partial k}{\partial x_j}\right] \tag{8.25}$$

$$\frac{\mathrm{D}\rho\omega}{\mathrm{D}t}=\alpha\rho S^2-\beta_2\rho\omega^2+\frac{\partial}{\partial x_j}\left[(\mu+\sigma_\omega\mu_t)\frac{\partial\omega}{\partial x_j}\right]+2\rho(1-F_1)\frac{1}{\omega}\frac{\partial k}{\partial x_j}\frac{\partial\omega}{\partial x_j} \tag{8.26}$$

可见,DES 所做的改动仅仅是 SST 模式湍动能方程(3.143)的耗散项 $\beta^*\rho k\omega$。式(8.1)中的函数 F_{DES} 将湍流积分尺度 $l_{\mathrm{RANS}}=\sqrt{k}/(\beta^*\omega)$ 与网格尺度 Δ 联系了起来,其具体形式分别如下。

(1) SST - DES[131]。

$$F_{\mathrm{DES}}=\max\left(\frac{l_{\mathrm{RANS}}}{C_{\mathrm{DES}}\max(\Delta x,\ \Delta y,\ \Delta z)},\ 1\right) \tag{8.27}$$

即采用了湍流长度尺度 $l_{\mathrm{SST\text{-}DES}}=\max(C_{\mathrm{DES}}\max(\Delta x,\ \Delta y,\ \Delta z),\ l_{\mathrm{RANS}})$。

(2) SST - DDES[25]。

$$F_{\mathrm{DES}}=\max\left(\frac{(1-F_{\mathrm{SST}})l_{\mathrm{RANS}}}{C_{\mathrm{DES},\ k\text{-}\omega}F_1+C_{\mathrm{DES},\ k\text{-}\omega}(1-F_1)\max(\Delta x,\ \Delta y,\ \Delta z)},\ 1\right) \tag{8.28}$$

即采用了湍流长度尺度 $l_{\mathrm{SST\text{-}DDES}}=\max\left(\frac{C_{\mathrm{DES},\ k\text{-}\omega}F_1+C_{\mathrm{DFS},\ k\text{-}\omega}(1-F_1)}{1-F_{\mathrm{SST}}}\max(\Delta x,\ \Delta y,\ \Delta z),\ l_{\mathrm{RANS}}\right)$。

(3) SST - IDDES[131]。

$$F_{DES}=\frac{l_{RANS}}{\tilde{f}_d(1+f_e)l_{RANS}+(1-\tilde{f}_d)C_{DES}\min[\max(C_w\Delta_{max},\ C_wd,\ \Delta_{min}),\ \Delta_{max}]} \tag{8.29}$$

即采用了湍流尺度 $L_{SST-IDDES}=\tilde{f}_d(1+f_e)l_{RANS}+(1-\tilde{f}_d)C_{DES}\min[\max(C_w\Delta_{max},\ C_wd,\ \Delta_{min}),\ \Delta_{max}]$。

DDES(delayed DES)方法通过引入过渡函数降低对网格密度的过分依赖,从而推迟了 RANS 向 LES 区的提前转换,一定程度上可以缓解甚至避免 8.2.2 小节所述的网格诱导分离现象。但是 DDES 方法在对数律层模化的涡黏系数 ν_t 过大,导致该处的湍流相对外区过快地衰减,出现所谓的对数律层不匹配(log-layer mismatch)的问题。而 IDDES 方法通过对网格尺度的修正,减小了对数律层的亚格子黏性,一定程度上解决了对数律层不匹配问题。

式(8.29)中的 $l_{SST-IDDES}$ 可以看成是长度尺度 l_{RANS} 和 l_{LES} 的混合:

$$l_{hybrid}=\tilde{f}_d(1+f_e)l_{RANS}+(1-\tilde{f}_d)l_{LES} \tag{8.30}$$

IDDES 也可看成是 DDES 和 WMLES(wall modeled LES)模型的混合,二者的长度尺度 l_{DDES} 和 l_{WMLES} 分别定义为

$$l_{DDES}=\tilde{f}_dl_{RANS}+(1-\tilde{f}_d)l_{LES} \tag{8.31}$$

$$l_{WMLES}=f_B(1+f_e)l_{RANS}+(1-f_B)l_{LES} \tag{8.32}$$

式(8.31)和式(8.32)中的参数说明如下。

$\tilde{f}_d$ 是 DDES 和 WMLES 之间的混合函数:

$$\tilde{f}_d=\max\{(1-f_{dt}),f_B\} \tag{8.33}$$

式中,$f_{dt}=1-\tanh[(8r_{dt})^3]$;$f_B=\min\{2\exp(-9\alpha^2),\ 1.0\}$。

(1) f_{dt} 是 DDES 在边界层的保护函数(shield function)。r_{dt} 在对数律层中等于 1,在自由剪切流动中值为 0,其表达式为

$$r_{dt}=\frac{\nu_t}{\kappa^2d_w^2\max\left\{\left[\sum_{i,j}(\partial u_i/\partial x_j)^2\right]^{1/2},\ 10^{-10}\right\}} \tag{8.34}$$

(2) f_B 是 WMLES 的主要混合函数,其中的 $\alpha=0.25-d/h_{max}$,d 是壁面距离,h_{max} 是网格的最大边长。壁面附近 $f_B=1$,为 RANS 作用区。

f_e 可以防止在 RANS/LES 交界面附近雷诺应力衰减过快,定义为

$$f_e=\max\{(f_{e1}-1),\ 0\}\cdot f_{e2} \tag{8.35}$$

式中,

$$f_{e1}(d/h_{max})=\begin{cases}2\exp(-11.09\alpha^2), & \alpha\geqslant 0\\ 2\exp(-9.0\alpha^2), & \alpha<0\end{cases} \tag{8.36}$$

$$f_{e2} = 1.0 - \max(f_t, f_l) \tag{8.37}$$

当 $f_B = 1$ 时，f_e 在对数律层起作用，f_{e1} 和 f_{e2} 分别表征网格和流场变量的影响，两者共同发挥作用。在 RANS 到 LES 的转换区，$f_e = 0$，通过增大涡黏性系数，防止雷诺应力模化不足。

式(8.37)中 f_t 和 f_l 的表达式分别为

$$f_t = \tanh[(c_t^2 r_{dt})^3] \tag{8.38}$$

$$f_l = \tanh[(c_t^2 r_{dl})^3] \tag{8.39}$$

$$r_{dl} = \frac{\nu_1}{\kappa^2 d^2 \max\{[\sum_{i,j}(\partial u_i/\partial x_j)^2]^{1/2}, 10^{-10}\}} \tag{8.40}$$

湍流积分尺度 l_{RANS} 定义为

$$l_{RANS} = \sqrt{k}/(\beta^* \omega) \tag{8.41}$$

网格解析尺度 l_{LES} 定义为

$$l_{LES} = C_{DES}\Delta \tag{8.42}$$

式中，Δ 是网格尺度：

$$\Delta = \min\{\max[C_w d, C_w h_{max}, h_{wn}], h_{max}\} \tag{8.43}$$

近来，Reddy 等[140]将涡黏性系数写作 $\nu_T = l^2\omega$。对应地，$2\nu_T|S|^2 = 2l^2\omega|S|^2$。因此，SST－DES[131]中耗散项(见式 8.27)的下限被生成项的上限所取代。该模型还应用了 DDES 的长度尺度：

$$\begin{aligned} &l_{DDES} = l_{RANS} - f_d(r_d)\max(0, l_{RANS} - l_{LES}) \\ &r_d = \frac{k/\omega + \nu}{\kappa^2 d^2 \sqrt{|S|^2 + |\Omega|^2}},\ l_{RANS} = \sqrt{k}/\omega,\ l_{LES} = C_{DES}\Delta \end{aligned} \tag{8.44}$$

式中，Strelets[131]选取 $\Delta = b_{max}$，而 Reddy 等选取 $\Delta = V^{1/3}$。V 是网格单元体积，b_{max} 是网格单元最大尺度。延迟函数满足 $f_d(\infty) = 0$ 且 $f_d(0) = 1$，可以保证在近壁区进行 RANS 计算。

Yin 和 Durbin[141]利用 LES 的动态过程[142]，发展了自适应 $l^2 - \omega$ 模式：

$$C_{dyn}^2 = \max[L_{ij}M_{ij}/2M_{ij}M_{ji}, 0] \tag{8.45}$$

其中，检验滤波的应力和应变率为

$$\begin{aligned} &L_{ij} = \widehat{u_i u_j} + \hat{u}_i \hat{u}_j \\ &M_{ij} = \hat{\Delta}^2 \hat{\omega} \hat{S}_{ij} - \Delta^2 \widehat{\omega S_{ij}} \end{aligned} \tag{8.46}$$

这里字符^表示这些参数由局部平均的解析速度场 u 得到。DES 系数为

$$C_{\mathrm{DES}} = \max(C_{\mathrm{lim}},\ C_{\mathrm{dyn}}) \tag{8.47}$$

下界 $C_{\mathrm{lim}}(b_{\max}/\eta)$ 可以防止在动态过程中在粗网格上的 C_{DES} 过低。将网格尺寸与估计的 Kolmogoroff 尺度 $\eta = (\nu^3/\varepsilon_{\mathrm{est}})^{1/4}$ 进行比较,其中 $\varepsilon_{\mathrm{est}} = k\omega$。当 $b_{\max}/\eta \to \infty$ 时, C_{lim} 趋近于 0.12 是默认的粗网格的极限。当 $b_{\max}/\eta \ll 20$ 时, $C_{\mathrm{lim}} \sim 0$, 这时对 C_{DES} 的约束为非负。

C_{DES} 的动态修正可在网格较细时自动减小 RANS 作用区：当 $y^+ < 10$ 时,f_{d} 开始上升；在对数律区 f_{d} 已趋近 1,可以对湍流进行解析。而在粗网格上,该模型又恢复到非自适应状态。

目前 DES 类方法已广泛应用于工程计算。近年来在喷流噪声[143]、叶轮机叶片失速[144]、流动主动控制[145,146]等问题的数值研究中获得了很好的效果。下面展示本书作者应用该方法针对部分标模算例的计算结果,包括不可压后台阶流动[145]、跨声速离心压气机流动[144]和亚声速凹腔噪声预测[143]等。

图 8.2 比较了由 RANS 和 DDES 计算的不可压后台阶流动的时间/展向平均流线。台阶高度 h=0.065 m,扩张比(出口高度/入口高度)为 1.078,基于台阶高度的雷诺数为 64 000。可见,DDES 得到了与实验值符合的二次涡尺寸(沿流向 1.5h)与再附位置(x=6.8h),而 URANS 计算的耗散过大,导致二次涡与回流区的尺寸过小。

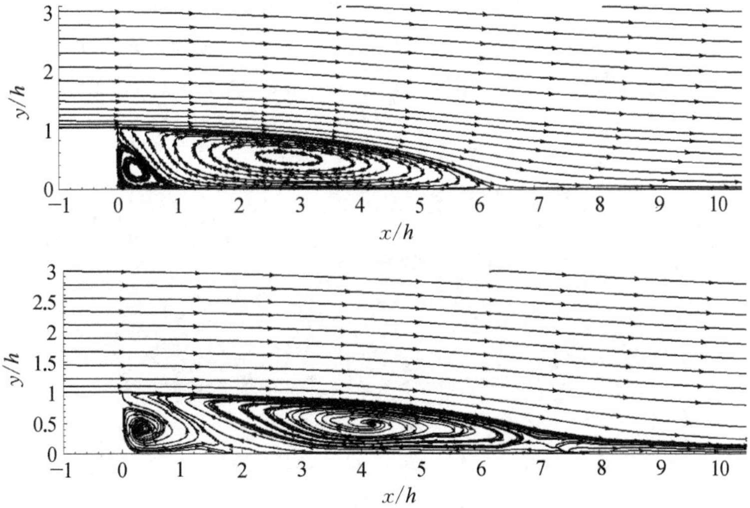

图 8.2　RANS(上)和 DDES(下)计算的不可压后台阶时间平均和展向平均流线[143]

图 8.3 比较了由 RANS 和 IDDES 计算的跨声速离心压气机流量-压比图,包括稳定工况和流动失稳工况。基于叶轮出口半径和出口速度的雷诺数为 1.39×10^6,叶轮出口马赫数 1.2,进口总温 288.15 K,总压 101 325 Pa。可见,各个工况的 IDDES 结果都与实验数据更加符合。对于非定常性很强的失稳工况,RANS 计算无法达到收敛,而 URANS 结果远低于实验测量值,原因是 URANS 得到了过大的分离区尺寸。URANS 结果与实验值的差距在稳定工况。

M219 亚声速凹腔的长度、宽度和深度分别为 508 mm、101.6 mm 和 101.6 mm。来

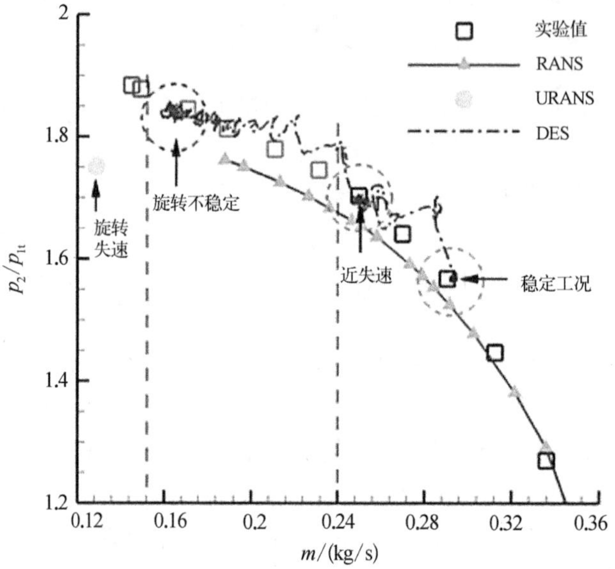

图 8.3　跨声速离心压气机流量-压比图[144]

流马赫数为 0.85,来流雷诺数为 1.35×10^7/m,来流温度为 267 K。图 8.4 给出了凹腔底部测点 k20、k21、k24、k26、k28 和 k29 处声压级的频谱分析。在很宽的频率范围内 IDDES 计算与实验结果都符合得很好。凹腔的总声压级沿流向的分布如图 8.5 所示。IDDES 计算与实验结果误差小于 2 dB。可见,IDDES 能够准确捕捉小尺度脉动的频率与幅值。

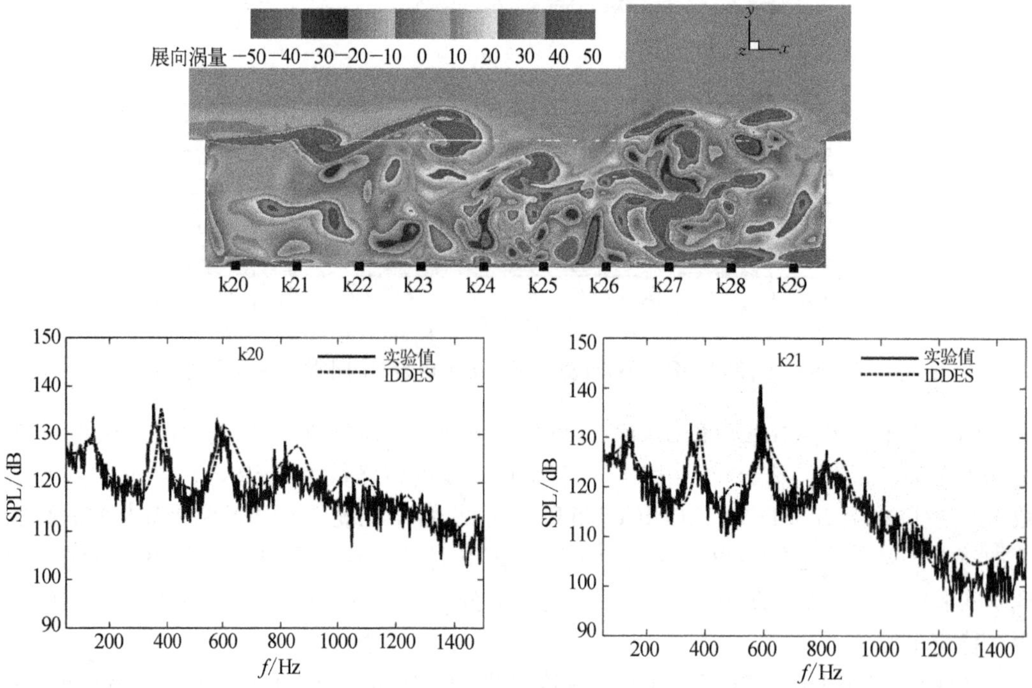

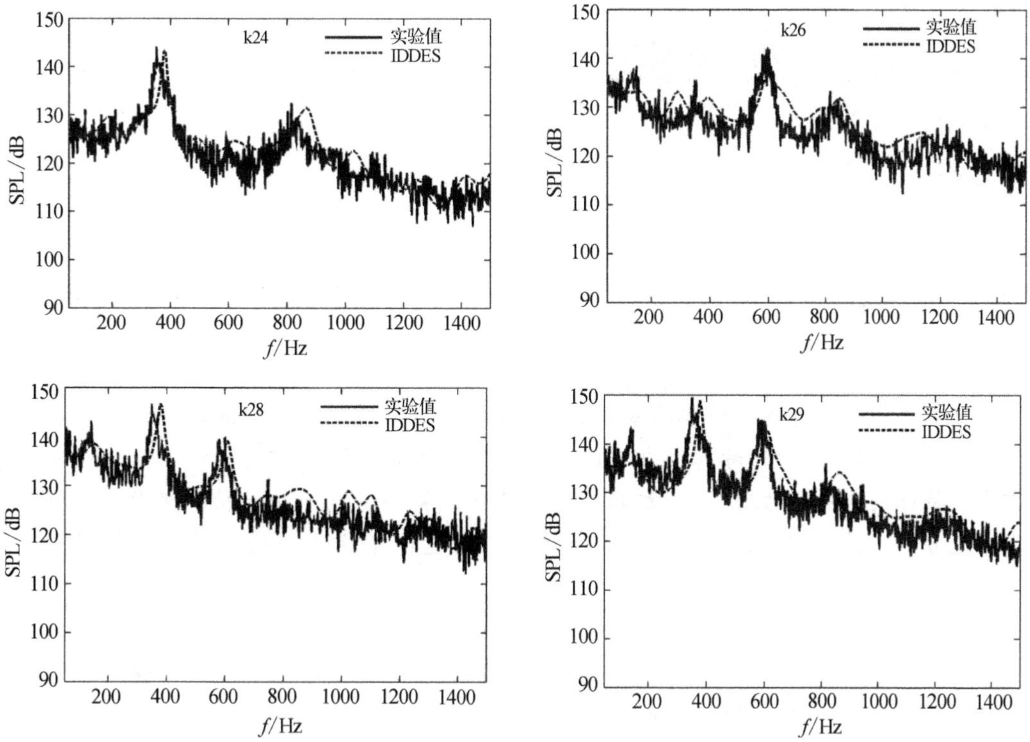

图 8.4　M219 亚声速凹腔底部测点分布及测点 k20、k21、k24、k26、k28 和 k29 处声压级的频谱分析[145]

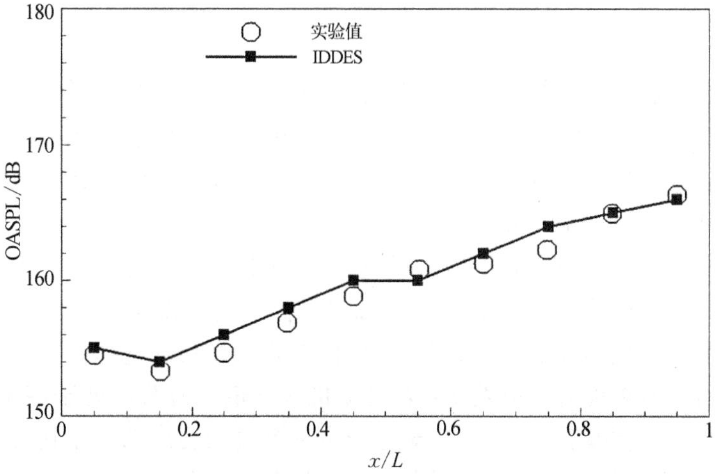

图 8.5　M219 亚声速凹腔总声压级沿流向分布（*L* 为凹腔长度）[145]

第9章
边界层流动转捩模式

本章阐明了边界层转捩的基本特征,探讨了低雷诺数湍流模式理论研究转捩问题的局限性,指出了考虑间歇性的模式所存在的问题。本章讨论分析了由局部变量构造的边界层转捩模式,尤其是关于非湍流脉动动能等转捩特征变量的新型输运方程。最后,提出了反映第二模态高超声速边界层流动稳定性理论的转捩模式。

学习要点:

(1) 掌握不可压、可压缩和高超声速边界层流动失稳和转捩的基本特征;

(2) 了解传统转捩模式的工作原理及其缺陷;

(3) 掌握考虑高超声速边界层流动失稳特性的转捩模式的建立过程。

9.1 引　　言

层流向湍流的转捩一直是流体力学中最重要的一个前沿问题。转捩过程强烈依赖来流条件和壁面条件[147],因此,存在着多种流动失稳的物理机制。当来流湍流度较低时(例如高空中),边界层转捩是由流动失稳造成的,失稳机制包括流向行波失稳、横流(crossflow)失稳、Görtler 失稳及附着线失稳等(详见 9.2 节)。

在航空航天领域,准确预测流动转捩过程对于飞行器的设计具有重要影响。由于转捩区内的壁面摩擦与热传导系数会急剧增大,甚至高于完全湍流区中的值,延迟飞行器表面边界层流动转捩可使燃料消耗大大降低,也使热防护材料的选择更加灵活。而在发动机进气道的设计上却要促进转捩发生:若发动机进气道入口流动处于层流状态,则极易产生分离泡而影响气体捕获,严重时甚至会导致发动机无法启动。尤其对超燃冲压发动机,空气在燃烧室停留的时间仅为毫秒量级,湍流状态下的燃烧效率将相对层流时大大提高。

近年来,二次失稳理论(SIT)、扰动方程抛物化法(PSE)、非线性 PSE(NPSE)、全局稳定性理论(GST)以及大涡模拟(LES)和直接数值模拟(DNS)在边界层转捩的数值研究中扮演着愈发重要的角色。尽管如此,从工程实际出发,基于线性稳定性理论(LST)的 e^N

方法和基于雷诺平均(RANS)的转捩模式方法仍最为有效。

e^N 方法是航空业界最常用的转捩预测方法。该方法是由失稳点开始沿流向积分扰动幅值的增长率(由 LST 解得),一旦积分值与失稳点处的幅值比达到设定值 e^N,就认为该处是转捩的起始位置。此法是半经验性的,N 值必须通过风洞实验或飞行试验来标定:超声速流动转捩中出现了属于声模态的多重 Mack 模态扰动,它们对于风洞噪声十分敏感,从而导致 N 值难以确定;三维流动转捩时选择不同的积分路径会得到不同的结果。此外,稳定性计算涉及了平均流动变量的二阶导数,高精度求解实际的超声速三维流场仍是一个极大的挑战[148]。

基于 RANS 的转捩模式是以湍流模式理论为基础发展起来的,流动初始为层流,随着流动雷诺数的增加,扰动由小变大,边界层的阻力或"有效黏性系数"也不断增长,直至发展成湍流黏性系数。显然,"有效黏性"如何发展,尤其是如何反映低速的第一模态和高速的第二模态效应,是转捩模式理论要解决的核心问题。转捩模式由于计算周期短,效率高,近年来已成为研究热点。这方面研究分可为三类[148]:低雷诺数湍流模式及其修正形式(见 9.3 节)、考虑间歇性的转捩模式(见 9.4 节)和最近出现的基于局部变量(local variable)的模式(见 9.5 节)。然而,RANS 难以描述流动转捩前期小扰动的增长过程,而这正是稳定性理论所针对的。

那么,能否把二者结合起来,从而合理地模拟转捩的完整过程呢?本质上,不管是描述单一扰动发展的方程(LST)还是基于概率统计的雷诺平均输运方程(RANS),均将扰动量定义为瞬时值与平均值之差。基于此,Rumsey 等[149]在 LST 方程引入扰动的概率分布并进行统计平均,所得新方程(扰动动能方程及其耗散率方程)与 RANS 方程形式上是统一的。他们的模式合理地模拟了不可压平板的转捩过程。然而,由于超声速流动实验和计算上的困难,即使对于平板边界层流动,扰动动能及其耗散率也很难确定。作者[148,150,151]认为,此时引入一定的经验关联是必要的,他们基于上述数学框架,提出了一个反映流动失稳模态尤其是高超声速边界层中的第二模态影响的转捩模式。计算结果表明,该模式可成功应用于多种飞行器表面边界层转捩的数值模拟。9.6 节将对其进行介绍。

9.2　边界层转捩的基本特征

本节通过介绍二维不可压缩边界层转捩,引入线性稳定性理论的基本概念,给出三维不可压缩边界层流动的基本特征,论述二维超声速边界层中流动失稳模态的变化及由此带来的实验上的困难,介绍三维超声速边界层转捩研究的典型理论和实验结论。

9.2.1　二维不可压边界层流动线性稳定性理论概述

边界层转捩过程强烈依赖于来流条件和壁面条件,受到来流湍流度、来流马赫数、外流压力梯度、壁面温度、壁面粗糙度、壁面抽吸量及外部扰动特征参数等诸多因素的影响[151],存在着多种物理机制。

在二维不可压缩边界层中,转捩过程可主要分为以下三种类型:当来流湍流度较低

(小于 0.1%)时发生的是*自然转捩*(natural transition);而来流湍流度较高(大于 1%)时,转捩过程中小扰动的指数增长阶段将被跳过,这被称为*旁路转捩*(bypass transition);逆压梯度会导致层流边界层与壁面分离,从而引发*分离流转捩*(separation-induced transition);反过来,顺压梯度会推迟转捩,甚至使湍流边界层再层流化。

具体地,自然转捩过程分为四个阶段:第一阶段是所谓的边界层*感受性过程*(receptivity),指的是背景扰动如何进入边界层并产生不稳定波的机制;第二阶段是不稳定波的线性增长过程;第三阶段是不稳定波发展的非线性阶段,不稳定波发展到一定的幅值后,会出现波的相互作用和高阶不稳定性,从而导致以湍斑为特征的流动结构的产生;最后一个阶段是从湍斑到完全湍流的发展过程。

上述自然转捩的第二阶段可由线性稳定性理论进行描述。若假定边界层流动沿壁面 x 方向速度为 $U(y)$ 的层流流动(也称为基本流)受到某一扰动的影响,这个扰动可看作是一个沿 x 方向传播的 T-S 波(Tollmien-Schlichting wave)。则任意二维扰动的流函数形式为

$$\psi(x,\ y,\ t) = \phi(y)\mathrm{e}^{\mathrm{i}(\alpha x-\beta t)} \tag{9.1}$$

式中,$\alpha = 2\pi/\lambda$,λ 是扰动的波长。再引入比值 $c = \beta/\alpha = c_r + \mathrm{i}c_i$,若给定 α 和基本流的雷诺数 R,则通过线性稳定性方程(Orr-Sommerfeld 方程)[152],可以得到对应的特征函数 $\phi(y)$ 及特征值 c_r 和 c_i,此处 c_r 表示波沿 x 方向传播的速度(相速度),而 c_i 的正负决定着扰动衰减或增长的程度。因此,如图 9.1 所示,在此 (α,R) 图上,扰动的衰减(稳定)区和放大(不稳定)区可通过 $c_i = 0$ 的轨迹线区分出来,这条线被称为*中性稳定性曲线*,或*中性曲线*。令人特别关注的是曲线上 R 取最小值的点:小于此值的区域内,所有的扰动均会趋于稳定。这个最小的雷诺数被称为临界雷诺数。可见,速度剖面有拐点的边界层比没有的更不稳定,而且后者在 $R\to\infty$ 时仍存在不稳定频带,因此也被称为具有"无黏不稳定性"的剖面。实际上,上述频带可通过求解 Rayleigh 方程[153]得到,此方程是 Orr -

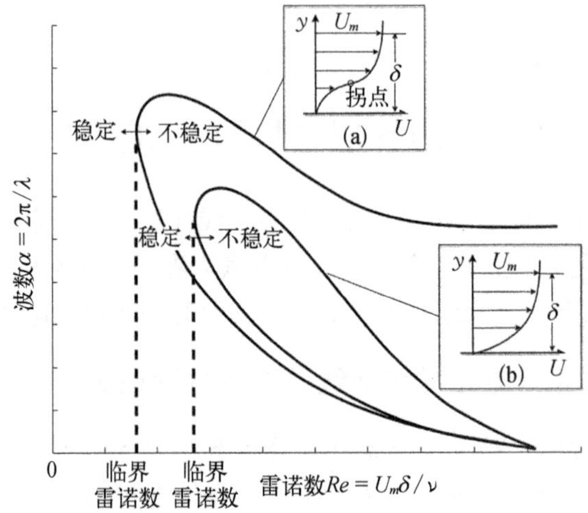

图 9.1　二维边界层中二维扰动的中性稳定性曲线[153]

a 曲线对应的是具有拐点 PI 的速度剖面 a,而 b 曲线对应的是无拐点的速度剖面 b

Sommerfeld 方程在 $R \to \infty$ 时的简化形式，基于此方程的理论被称为“无黏稳定性理论”。无黏稳定性理论中的拐点定理指出拐点的存在是流动失稳的充分必要条件。

9.2.2　三维不可压边界层流动线性稳定性理论概述

三维边界层转捩的研究起始于后掠层流机翼设计项目[154]，其目标是大幅降低机翼阻力。长期以来，航空界一直致力于这一目标，然而，由于三维边界层的稳定性涉及边界层对自由流中的扰动与机翼表面粗糙度的感受性、基频扰动及其谐波与横流驻涡(crossflow vortices)等多种模态之间的相互作用等诸多问题，目前的研究与实际应用还有着相当的距离。

三维不可压缩边界层具有多种失稳机制，其中横流不稳定性起主导作用。图 9.2 显示了后掠机翼上的层流边界层流动。可见，由于沿机翼弦向压力梯度的存在，边界层外缘流线将发生扭曲，或者认为此处流体微团曲线运动产生的离心力与压力平衡。而在边界层内，流体微团的速度沿壁面法向逐渐减小，因此其产生的离心力减小，而压力却保持不变，这种不平衡性导致了垂直于主流方向的横流(crossflow velocity)的出现。

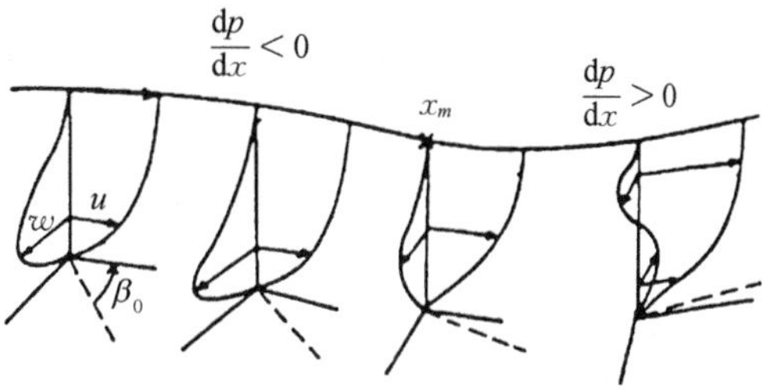

图 9.2　后掠机翼层流边界层示意图[16]

其中 u 和 w 分别代表主流和横流；β_0 为边界层外缘流线与机翼弦向的夹角；x_m 为边界层外缘流线的拐点

横流速度剖面存在拐点并因此产生了横流不稳定波，其增长率比 T-S 波大得多。最不稳定波的方向几乎与势流方向垂直(85°～89°)，波长是边界层厚度的 3～4 倍。在极限条件时，零频率的波驻留在物面上，它们具有恒定相位线，方向近似与来流平行，被称为驻涡。横流失稳模态可分为驻涡模态与行波(traveling waves)模态两种。当背景噪声较低小于 0.15%时，驻涡模态扰动主导横流转捩；反之，转捩则由行波模态扰动引起。

在实验方面，处于前沿的研究者为亚利桑那州立大学的 Saric、俄罗斯的 Kachanov、日本宇航实验室的 Tagagi 及德国宇航研究院的 Bippes。Saric 等[155]综述了三维不可压缩边界层的感受性、二次失稳和壁面粗糙度效应等热点问题的最新进展。

目前，数值模拟方面使用较多的还是线性稳定性理论和稳定性方程抛物化法。LST 可以准确预测出驻涡模态及其波长[156]；NPSE 的优势是其具有模拟非平行和非线性效应的能力，Haynes 和 Reed 综述了此法对几种典型的三维不可压缩边界层流动的研究结果[157]。

9.2.3　超-高超声速边界层转捩

1. 扰动模态的变化

超声速边界层与不可压缩流动有着很不同的失稳机制。若假设可压缩层流边界层中的扰动具有形如式(9.1)的周期形式，并且定义当地相对马赫数(local relative Mach number)为

$$M_{rel} = (U - c_r)/a \tag{9.2}$$

式中,a 为当地声速;c_r 为扰动的相速度,则 Lees 和 Lin[158] 证明了当 $|M_{rel}| < 1$ 时,不稳定亚声速扰动*存在的充分条件为

$$\frac{d}{dy}\left(\rho \frac{dU}{dy}\right)_{y_s} = 0 \tag{9.3}$$

式中,y_s 所对应的拐点被称为广义拐点(generalized inflection point),如图 9.3 所示。这就是拐点定理在可压缩流动中的推广。

一般情况下,可压缩边界层中存在广义拐点,所以,它同时具有无黏不稳定性和黏性不稳定性,而不可压缩 Blasius 边界层只具有后者,原因是其剖面并无拐点。

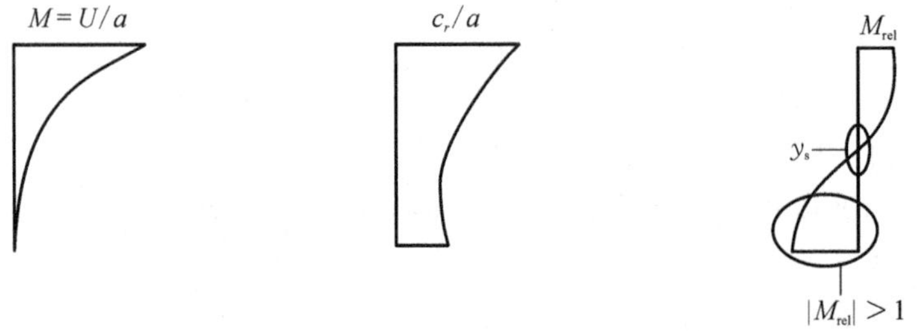

(a) 速度剖面　　(b) 无量纲扰动相速度剖面　　(c) 当地相对马赫数剖面

图 9.3　可压缩绝热平板边界层特征剖面

在边界层中,$|M_{rel}| < 1$ 的区域,中性亚声速扰动的波数如同不可压缩流动一样是唯一的;而当 $|M_{rel}| > 1$ 时,扰动的控制方程由椭圆型变成了双曲型,因此存在无数的不稳定模态,被称作 Mack 模态[159],它们有着相同的相速度 $c_r = U(y_s)$,其中第一 Mack 模态**扰动对应于不可压缩流动中的 T-S 波,而其他高阶模态在不可压缩流动中则无对应者***。这些高阶模态扰动属于频率较高的声模态扰动,其中,最不稳定的是频率最低的第二模态扰动。

在绝热平板边界层中,当 $M_\infty > 2.2$ 时,第二模态扰动出现。而高超声速边界层转捩过程由二维的第二模态扰动主导,其波长大约为边界层厚度的两倍。这些结论均来自无黏稳定性理论,一般情况下黏性对稳定性也是有影响的。研究表明[160,161],无黏稳定性方程的所有解都可在边界层的黏性解中找到。因此,高超声速边界层的黏性解也是多重模式的。

图 9.4 显示了黏性稳定性理论得到的绝热平板边界层转捩过程中第一、第二模态最大增长率随马赫数变化的曲线。从图中可以区分出具有不同失稳特性的三个来流马赫数范围。

---

* 亚声速、声速和超声速扰动的区分是根据其相速度 c_r 大于、等于还是小于 $U_\infty - a_\infty$。

** 后文中将第一 Mack 模态简称为第一模态,第二 Mack 模态简称为第二模态。

*** Ma 和 Zhong[146] 的研究结果表明,第一、第二及更高阶模态实际上是某一模态的不同片断。

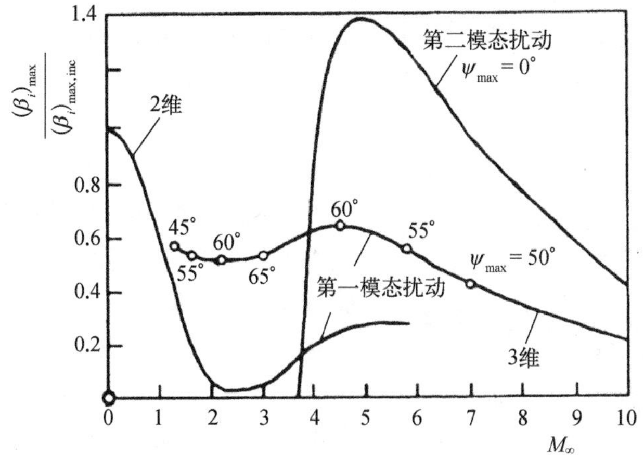

图 9.4　可压缩绝热平板边界层中第一、第二模态最大增长率随马赫数变化的曲线[161]

β_i 为扰动增长率,下标 inc 表示不可压缩流动的情形,ψ 为三维扰动的波角

(1) M_∞ < 2.5: 只有扰动的第一模态是重要的。二维扰动的最大增长率随马赫数增加而急剧减小。当 M_∞ > 1 以后,三维扰动(其传播方向与流动方向存在夹角)是最不稳定的,且最不稳定扰动的波角随马赫数变化。

(2) 2.5 < M_∞ < 5: 无黏不稳定性开始增强,出现了与第二模态扰动相关的不稳定频带。M_∞ > 3.8 时,第二模态的扰动迅速增长,其值远大于其他模态。

(3) M_∞ > 5: 无黏不稳定性占统治地位。随着马赫数的增长,所有不稳定扰动均被削弱。

这种失稳模态的变化对应着转捩起始位置的变化,如图 9.5 所示。同时,前者的变化也给转捩实验带来了困难。

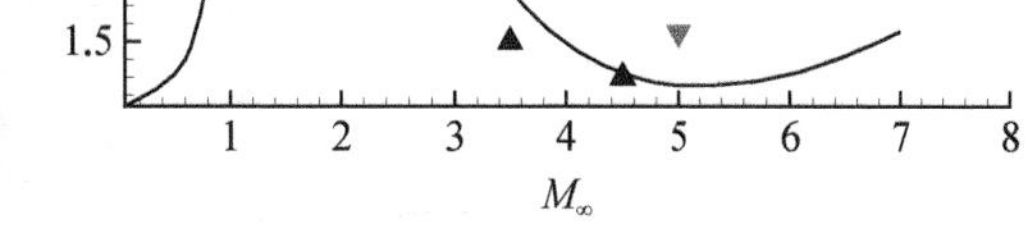

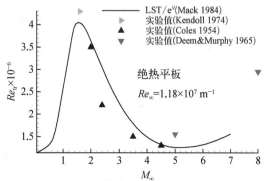

图 9.5　可压缩平板边界层转捩起始位置(x_{tr})随来流马赫数(M_∞)的变化

Re_{tr} 为基于 x_{tr} 的雷诺数

2. *超-高超声速实验概述*

可压缩湍流脉动有三种模态: 涡模态、声模态和熵模态。超声速风洞中的扰动也可分为这三种类型。涡模态的扰动产生于滞止腔里的阀噪声以及流动的不均匀;熵模态的扰动来源于滞止腔中的温度脉动和杂质。这两种类型的扰动在通过滞止腔中的阻尼网时均会衰减: 熵模态的扰动在此后可以忽略,而由滞止腔到喷嘴的截面收缩会使涡模态的扰动进一步减小。因此,在传统的暂冲式或连续式超声速风洞中,声模态的扰动是来流湍流度的最主要部分,它产生于喷管壁面上的湍流边界层中,沿着马赫线进行传播。声模态的扰动与实验模型的边界层相互作用,会导致模型上的转捩提前发生。为了消除这种干扰,需要使喷管壁面边界层保持为层流。

为此,NASA Langley 研究中心建造了所谓“静风洞”(quiet nozzle),抑制住了边界层湍

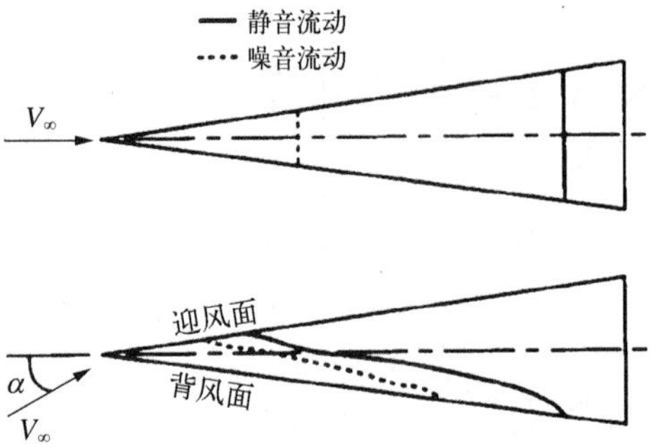

图 9.6 风洞噪声对超声速圆锥边界层转捩起始位置的影响[165]

虚(实)线表示有(无)噪声的情形,圆锥半顶角 5°,$M_\infty=3.5$, $Re_\infty=3.74\times10^7$, $T_\infty=92.3\text{K}$,下图中来流攻角 $\alpha=4°$

流,使其来流接近于高空的真实情况。在马赫数 6 的静风洞中的经典工作包括: Lachowicz[162] 研究了零攻角情况下带尾裙的尖锥(flared-cone)上不稳定波的发展过程; Blanchard 和 Selby[163] 检验了带尾裙的尖锥壁面冷却对转捩的影响; Wilkinson[164] 研究了这种尖锥的感受性问题。本书主要以上述实验作为模式的验证算例,原因是传统超声速风洞中的环境与高空的真实情况有较大的差别。图 9.6 显示了风洞噪声对超声速圆锥边界层转捩起始位置的影响。可见,在来流为零攻角的情形,背景扰动将大大促进转捩的发生。然而,在来流攻角相对较大时,噪声的影响却相对减小了,为何会产生这种现象呢? 下节中将进行说明。

9.2.4 三维超-高超声速边界层转捩

三维超-高超声速边界层的失稳机制是研究的热点。目前,相对于数值模拟和理论研究,实验研究发展得更为成熟。本节将以介绍被普遍接受的实验结论为主。

典型三维边界层包括后掠翼边界层与非轴对称的圆锥边界层。如图 9.7 所示,对于高超声速飞行器来说,其表面的三维流动主要为有攻角圆锥边界层流动和无限翼展的后掠翼边界层流动。因此,高超声速实验研究的主要对象是有攻角的圆锥边界层。此外还有少量的零攻角椭圆锥实验,原因是其表面流动相对简单,可以为稳定性计算提供参考。在超声速区,实验涉及旋转圆盘或圆锥边界层、有攻角圆锥边界层、无限翼展的后掠翼边界层和后掠三角翼边界层等。

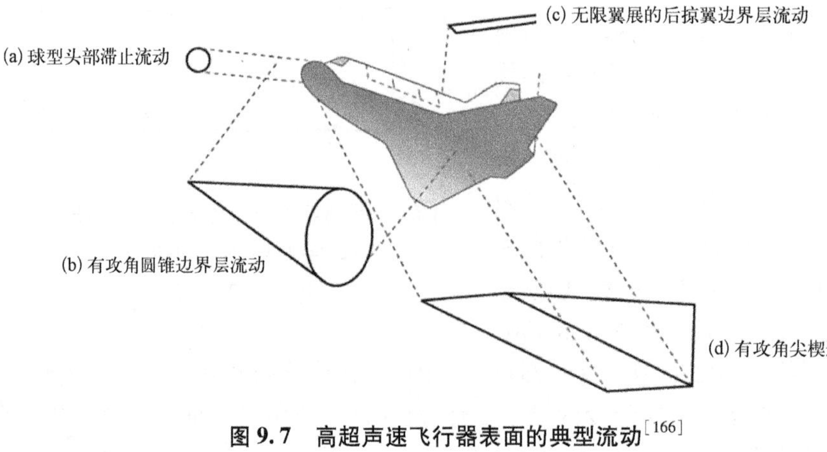

图 9.7 高超声速飞行器表面的典型流动[166]

高空中背景扰动较低,驻涡模态扰动主导横流转捩。而驻涡本身的频率为零,因此,它只对零频率的扰动(由粗糙壁面或流动不均匀引起)敏感,基本不受高频的声模态扰动的影响[167]，这就回答了 9.2.3 小节提出的“为何风洞噪声对有攻角的超声速圆锥边界层（$M_\infty = 3.5$）转捩起始位置的影响较小”的问题。目前认为，流动的压缩性并不会导致新的横流失稳模态的出现，但它会引起横流速度剖面的变化，从而间接影响横流失稳特性。这在宏观上表现为 N 值选取的不确定性[168]。

表 9.1　旋转圆锥边界层转捩起始位置处的横流雷诺数值[169]，其中 R_{cf} 为横流雷诺数，$R_{cf(new)}$ 为修正的横流雷诺数，δ 为边界层名义厚度，W_{max} 为横流速度的最大值，U_e 为边界层外缘速度，T_e 和 T_w 分别表示边界层外缘与壁面处的温度，M 和 M_e 分别表示来流中和边界层外缘的马赫数。

M	M_e	T_e/K	T_w/T_e	R_{cf}	$R_{cf(new)}$	$(W_{max}/U_e)/\%$
0.01	0.01	300	1	165	165	5.9
3	3.1	70	2.6	241	119	3.2
3	3.2	70	2.7	311	149	4.5
3	3.4	70	2.9	373	170	5.7
3	3.6	70	3.2	409	175	6.1
3	3.8	70	3.5	428	171	6.1
3	3.1	260	2.5	210	107	2.6
3	3.1	260	2.6	263	132	3.6
3	3.2	260	2.7	316	154	4.8
3	3.4	260	2.9	366	168	5.9
3	3.7	260	3.2	388	166	6.1
3	3.9	260	3.5	400	161	6.0
3	3.2	70	1.5	339	177	4.6
3	3.3	70	1.5	354	179	5.5
3	3.6	70	1.5	354	168	6.1
3	3.8	70	1.5	344	155	6.1
3	4.1	70	1.5	332	140	5.8
3	4.2	260	1.5	448	201	5.6
3	3.8	260	1.5	323	156	6.0
3	4.1	260	1.5	310	142	5.7

流体压缩性的影响也体现在预测转捩起始位置的经验公式上。若定义横流雷诺数：

$$R_{cf} = \delta W_{max}/\nu_e \tag{9.4}$$

式中，δ 为边界层名义厚度；W_{max} 为横流速度的最大值；ν_e 为边界层外缘的运动黏性系数，则在不可压缩流动中，认为转捩发生在 $150 \leqslant R_{cf} \leqslant 200$ 的区域。而在超声速边界层（$3.1 \leqslant M_\infty \leqslant 4.1$）中，如表 9.1 所示，$R_{cf}$ 在 241～448 变化，上述判据失效。因此，Reed 和 Haynes[169] 提出了修正的横流雷诺数形式：

$$R_{cf(new)} = HLR_{cf} \tag{9.5}$$

式中，H 为可压缩修正系数；L 为壁面温度修正系数。表 9.1 给出 $R_{cf(new)}$ 的变化范围也是

150~200。而且,通过对超声速(M_∞ = 3.5)[165]与高超声速(M_∞ = 5.9)[170]边界层实验中转捩起始位置数据的拟合,Reed 和 Haynes 发现 $R_{cf(new)}$ 与 W_{max}/U_e 成线性关系,即对静风洞满足关系式:

$$R = R_{cf(new)} U_e / W_{max} = HL\delta U_e / \nu_e = 44.0 \tag{9.6}$$

这表明此时转捩起始位置与横流值无关。

9.3 低雷诺数湍流模式及其修正形式

如第 6 章所述,低雷诺数湍流模式是解决工程实际中有壁面约束的复杂湍流问题的有效方法。该模式中的阻尼函数被发现可以模拟转捩过程。Priddin[171]进行了最早的尝试,之后 Scheuerer[172]在其基础上提出了一种具有转捩预测能力的低雷诺数 $k-\varepsilon$ 模式。由于非线性涡黏性模式能够抓住湍流的各向异性和非局部平衡效应,Craft 等[173]提出了一种三阶非线性模式,可很好地模拟低速平板边界层转捩过程。Hadzic[174]发展了一种低雷诺数二阶矩模式,研究了涡轮叶片上的跨越转捩以及由分离泡引起的转捩过程。国内关于此类模式的研究见章光华和杨辉[175]、陈翰[176]及徐星仲等[177]的工作。

Wilcox 阐述了低雷诺数两方程模式预测转捩的机制[48]。低雷诺数 $k-\omega$ 模式表示为

$$\frac{D(\rho k)}{Dt} = P_k - \beta^* \rho\omega k + \frac{\partial}{\partial x_j}\left[(\mu + \sigma_k \mu_t)\frac{\partial k}{\partial x_j}\right] \tag{9.7}$$

$$\frac{D(\rho\omega)}{Dt} = P_\omega - \beta\rho\omega^2 + \frac{\partial}{\partial x_j}\left[(\mu + \sigma_\omega \mu_t)\frac{\partial \omega}{\partial x_j}\right] \tag{9.8}$$

式中,k 和 ω 分别为湍动能及其单位耗散率;P_k 和 P_ω 分别为 k 和 ω 方程的生成项;μ 为分子黏性系数;涡黏性系数 $\mu_t = \alpha^* \rho k/\omega$。与完全湍流模式不同的是,模式系数 α^* 和 β^* 不再为常数,而是湍流雷诺数 $Re_t = \rho k/\omega\mu$ 的函数:

$$\alpha^* = \frac{\alpha_0^* + Re_t/R_k}{1 + Re_t/R_k},\ \beta^* = \frac{9}{100}\frac{5/18 + (Re_t/R_\beta)^4}{1 + (Re_t/R_\beta)^4} \tag{9.9}$$

式中,常数 α_0^* 是根据不可压平板边界层转捩的实验数据得到的。

转捩过程是这样被预测的。在起始段,边界层内 $k=0$,而自由流中 k 值也较小,且 k 开始通过分子扩散从自由流中进入边界层内。由于式(9.7)与式(9.8)中的 k 和 ω 的耗散均超过生成,它们都没有被放大,边界层保持为层流。而由于阻尼项的作用,在临界雷诺数对应的位置,P_k 的值等同于耗散项,此后它将超过耗散项。于是 k 开始增大,紧接着 μ_t 迅速增大,相应位置被认为是转捩起始点。随着 k 的继续增大,ω 方程式(9.8)中的生成项与耗散项相同,之后 ω 被放大并最终使 k 方程式(9.7)中的生成与耗散达到平衡。这意味着流动发展为完全湍流状态,转捩过程结束。这一过程纯粹是由模式的数值特性引起的,并无任何物理背景。这类模式的普遍问题是对转捩起始位置的预测提前且得到的转捩区长度过短。

为了解决这一问题，Schmidt 和 Patankar[178] 提出了 PTM (production term modification)模式。他们基于 Lam 和 Bremhorst[179] 的低雷诺数 $k-\varepsilon$ 模式，修正了 P_k，使之满足方程：

$$\frac{\mathrm{d}P_{k,\max}}{\mathrm{d}t}=A\cdot P_k+B \tag{9.10}$$

式中，$P_{k,\max}$ 表示 P_k 的最大值；系数 A 和 B 由 Abu - Ghannam 和 Shaw 的实验[180]确定。Schmidt 和 Patankar 给出了其无量纲形式随来流湍流度的变化曲线。由于限制了 P_k，k 不会增长过快，从而使转捩区的长度有了明显的增长。然而，PTM 模式对转捩起始位置的预测仍会提前，且适用范围过窄。不仅如此，尽管 Schmidt 和 Patankar 宣称此修正可以应用于所有的低雷诺数 $k-\varepsilon$ 模式，Stephens 和 Crawford[181] 却发现此修正对于 Chien 的模式[182]完全不适用。他们认为，原因在于该模式中的阻尼函数对于转捩区域并不敏感。

20 世纪 90 年代，欧洲启动了联合研究项目"TransPerturb"，其主要内容是针对叶轮机械中的转捩进行预测(http: //transition. imse. unige. it/)。通过对大量的低雷诺数湍流模式进行试算，Savill[183] 发现其中只有一部分具有预测转捩过程的能力。而事实上，所有的低雷诺数湍流模式在黏性次层都表现得很好。这种矛盾表明，低雷诺数湍流模式对转捩的预测只是一种巧合，因为阻尼函数的构造准则是模拟黏性次层，并未考虑转捩的物理机制。因此，"TransPerturb"报告中写道："只应用湍流模式而不考虑间歇性，对转捩过程的模拟是很脆弱且不可靠的。"

尽管如此，由于不需要对成熟的 CFD 程序进行修改，目前仍有人直接应用低雷诺数湍流模式对转捩过程进行模拟。

9.4　考虑间歇性的转捩模式

9.4.1　间歇因子的物理意义

在转捩过程中，流动在一段时间内是湍流的，在另一段时间内是非湍流或层流的，这种在同一空间位置的湍流和层流交替变化的现象称为间歇现象。

一般地，定义一个间歇函数 $I(x, y, z, t)$，其值在层流时为 0，而在湍流时为 1。则间歇因子为此函数的时间平均值：

$$\gamma=\frac{1}{T}\int_0^T I(x,y,z,t)\,\mathrm{d}t=\gamma(x,y,z,t) \tag{9.11}$$

1958 年，Dhawan 和 Narasimha[184] 根据实验数据拟合出了间歇因子 γ 沿流向的分布：

$$\gamma=\begin{cases}1-\exp[-(x-x_t)^2 n\sigma/U_e], & (x>x_t)\\ 0, & (x\leqslant x_t)\end{cases} \tag{9.12}$$

式中，n 是湍斑的生成速率；σ 表征了湍斑的传播速度。将式(2.6)无量纲化有两种方法，即

$$\gamma = 1 - \exp\left[-\left(\frac{x - x_t}{\theta_t}\right)^2 \frac{N}{Re_{\theta_t}}\right], \ N = n\sigma\theta_t^3/\nu \tag{9.13}$$

$$\gamma = 1 - \exp\left[-\left(\frac{x - x_t}{\theta_t}\right)^2 \hat{n}\sigma Re_{\theta_t}^2\right], \ \hat{n} = n\nu^2/U^3 \tag{9.14}$$

式中，N 为无量纲的“破碎”(breakdown)参数；$\hat{n}$ 为无量纲的湍斑生成率[155]；θ_t 是转捩起始位置边界层的动量厚度。研究表明，对于来流雷诺数大于十万、来流马赫数小于 10 的边界层转捩过程，式(9.6)是普适的，它表征了转捩的内在物理特征。

不仅如此，在边界层流动转捩之后，其实际外边缘是极不规则的非定常界面，在接近边界层名义外边缘处也存在间歇现象。Klebanoff[40]通过实验测得沿光滑平壁面湍流边界层内间歇因子 γ 的分布，得出如下经验公式：

$$\gamma(y) = 0.5[1 - \mathrm{erf}(\zeta)] \tag{9.15}$$

式中，$\zeta = 5(y/\delta^* - 0.78)/8$，$\delta^*$ 是位移厚度。

9.4.2 间歇因子与湍流模式的耦合

最早将间歇因子引入湍流模式中的是 Dhawan 和 Narasimha[184]，他们以间歇因子为加权系数，将流场视为层流与湍流的线性组合。此模式可以很好地预测具有零压或顺压梯度的转捩过程，但不适用于存在逆压梯度的情况。Dey 和 Narasimha[185]在计算间歇因子的经验公式中加入了逆压梯度参数修正，但效果并不理想。实际上，问题并非出自经验公式，而是在于这些模式并未考虑转捩区中湍斑与其周围的层流流体间的相互作用。

因此，Libby 提出了条件平均(conditioned average)方法[186]。我们知道，流场中任一变量 Q 可分解为统计平均量 $\bar{Q}$ 与脉动量 Q'。对于存在间歇性的流动，有

$$I = 1,\ Q = \hat{Q} + Q'';\quad I = 0,\ Q = \bar{\bar{Q}} + Q''' \tag{9.16}$$

式中，上标“^”和“=”分别表示湍流和非湍流区内的雷诺平均。因此对于全局的雷诺平均量 $\bar{Q}$ 有

$$\bar{Q} = \frac{1}{T}\int_0^T [(1 - I)\bar{\bar{Q}} + I\hat{Q}]\,\mathrm{d}t = (1 - \gamma)\bar{\bar{Q}} + \gamma\hat{Q} \tag{9.17}$$

这样便可得整个 N－S 方程的条件平均形式。

然而，这种方法需要求解的耦合方程数目增加了一倍，非定常问题的计算量会扩大数倍。因此，研究者们倾向于只在雷诺应力的模化中考虑间歇因子的影响。Chevray 和 Tutu[187]最先给出了间歇流中雷诺应力的精确形式：

$$\overline{u_i u_j} = \gamma\widehat{u_i u_j} + (1 - \gamma)\overline{\overline{u_i u_j}} + \gamma(1 - \gamma)(\hat{U}_i - \bar{\bar{U}}_i)(\hat{U}_j - \bar{\bar{U}}_j) \quad (i \neq j) \tag{9.18}$$

以 Cho 的模式[188]为例，则式(9.18)右端第一、二项表征了由脉动速度导致的动量输运。这两项若采用涡黏性假设，可以模化为

$$\gamma\widehat{u_i u_j} + (1 - \gamma)\overline{\overline{u_i u_j}} \cong -2F_1(\gamma)k^2/\varepsilon \cdot S_{ij} \tag{9.19}$$

式中，$F_1(\gamma)$ 为模式系数；$S_{ij}=0.5(U_{i,j}+U_{j,i})$。而式(9.18)右端最后一项表示由于湍流与层流平均速度差引起的对流运动所产生的动量输运。Lumley[189]假设此项与间歇因子本身及其梯度有关，即

$$\hat{U}_i-\bar{\bar{U}}_i=-F_2(\gamma)\frac{k^2}{\varepsilon}\frac{\partial\gamma}{\partial x_i}-F_3(\gamma)\frac{k}{\varepsilon}(\hat{U}_i-\bar{\bar{U}}_i)\frac{\partial U_i}{\partial x_i}\tag{9.20}$$

式中，F_2 和 F_3 为模式系数。则雷诺应力可表为

$$-\overline{u_iu_j}=2F_1(k^2/\varepsilon)\left[1+\gamma(1-\gamma)\frac{F_2^2F_3}{2F_1}\frac{k^3}{\varepsilon^2}\frac{\partial\gamma}{\partial x_k}\frac{\partial\gamma}{\partial x_k}\right]S_{ij}\quad(i\neq j)\tag{9.21}$$

一般地，此类模式中雷诺应力的通用形式为

$$-\overline{u_iu_j}=2\nu_{\mathrm{eff}}S_{ij}\quad(i\neq j)\tag{9.22}$$

$$\nu_{\mathrm{eff}}=C_\mu\left[1+C_{\mu g}\frac{k^3}{\varepsilon^2}\gamma^{-m}(1-\gamma)\frac{F_2^2F_3}{2F_1}\frac{\partial\gamma}{\partial x_k}\frac{\partial\gamma}{\partial x_k}\right]\frac{k^2}{\varepsilon}=C'_\mu\frac{k^2}{\varepsilon}$$

式中，ν_{eff} 为有效运动黏性系数；C_μ、$C_{\mu g}$、m 为模式常数[190,191]。

这样处理仍过于复杂，Simon 和 Stephens[192] 认为计算雷诺应力时只需考虑式(9.12)右端第一项影响，则对涡黏性模式有

$$\nu_{\mathrm{eff}}=\gamma\nu_{\mathrm{t}}=\gamma C_\mu k^2/\varepsilon\tag{9.23}$$

由于形式简单，目前相当多的模式均采用这一假设。

但是，这一假设丢失了关于转捩过程的最主要信息：转捩是由边界层里的不稳定扰动波引起的。由于三维边界层中或是超声速条件下的转捩过程与二维亚声速情形存在着不同的扰动模态，基于式(9.17)的模式无法反映这种变化，因此，它们只能捕捉二维亚声速边界层的转捩过程。

为拓宽模式的应用范围，Warren 和 Hassan[193] 在模式中考虑了不稳定扰动波的影响，将有效运动黏性系数写为

$$\nu_{\mathrm{eff}}=(1-\gamma)\nu_{\mathrm{nt}}+\gamma\nu_{\mathrm{t}}\tag{9.24}$$

式中，ν_{nt} 表征了不稳定扰动波对 ν_{eff} 的贡献。为避免深究这些层流波动的具体特性，Warren 和 Hassan 假设它们与湍流脉动是相似的，即

$$\nu_{\mathrm{nt}}=C_\mu k\tau_{\mathrm{nt}},\quad C_\mu=0.09\tag{9.25}$$

式中，τ_{nt} 对应于不同模态不稳定扰动波的时间尺度，它的模化应用了稳定性理论的结果。这种处理方法包含了相应的转捩机制，使模式有较宽的应用范围，适用于超声速流动及横流流动。该模式的缺点是只能处理由单一模态扰动主导的转捩过程，无法应用于多重模态(mix-mode)的情形。而且，计算时需要根据流动的性质，人为地在模式中选择合适的扰

动模态类型。

9.4.3 间歇因子的计算

在间歇因子的计算方面，最直接的办法是采用根据实验数据拟合出的经验公式。如 9.4.1 小节所述，早期的经验公式为间歇因子沿流向分布的表达式。然而，流动转捩发生后，边界层的外边缘附近也存在间歇现象，于是人们发展了所谓的 PUI 方法(prescribed unsteady intermittency method)[194]，即通过建立一组关于间歇因子的代数方程组，使其在流向和壁面法向的分布均符合实验结果。目前，此类经验公式已可用于非定常流动[194]和分离流动[195]中间歇因子的计算。尽管如此，这些公式的应用范围局限在二维流动中，原因是由它们得到的间歇因子仅仅取决于来流条件和几何条件，而与当地流场结构无关，从而无法适用于相对复杂的三维流动。

于是，研究者们试图通过求解其输运方程来获得间歇因子的值。Libby 提出了最早的间歇因子输运方程[186]。后续工作中最具代表性的是 Cho - Chung 的模式[188]，它可以很好地模拟平面射流、圆射流和平面混合层及尾流中的间歇因子分布。

针对边界层转捩，Steelant 和 Dick[196] 在 Dhawan 和 Narasimha 工作的基础上首先提出了间歇因子输运方程，但其基于条件平均(conditioned average)方法。目前在全局平均(global average，即通常的雷诺平均)框架下，Savill[183,197,198]、Suzen 和 Huang[199]、Suzen 等[200]、Pecnik 等[201]建立的间歇因子输运方程均可较好地应用于三维流场间歇因子的计算。下面以 Suzen 和 Huang[199] 的间歇因子输运方程*为例进行分析，其形式为

$$\frac{\partial \rho\gamma}{\partial t} + \frac{\partial \rho u_j \gamma}{\partial x_j} = (1-\gamma)[(1-F)T_0 + F(T_1 - T_2)] + T_3 + D_\gamma \tag{9.26}$$

其中，生成项 T_1 及耗散项 T_2 来源于 Cho 的模式[188]，T_0 来自 Steelant 和 Dick[196] 的模式：

$$T_0 = (1-\gamma)\bar{\rho}\tilde{u}_s\beta(s^*), \quad s^* = s - s_t \tag{9.27}$$

式中，s 表示流线坐标；$\tilde{u}_s$ 为沿流线方向速度的 Favre 平均形式；下标 t 表示转捩起始位置。Steelant 和 Dick 的模式可以得到合理的间歇因子沿流向的分布，但对其沿壁面法向分布的模拟失效。

利用经验公式(9.7)和式(9.15)，Suzen 和 Huang[199] 构造了混合函数 F，其作用相当于在转捩起始位置对应的边界层外缘点与转捩结束位置所对应的壁面点之间连一条线，从而在转捩区划分了两种模式的作用范围：在该线以下，$F = 0$，T_0 被激活；在该线以上，$F = 1$，$T_1 - T_2$ 发挥作用。因此，该方程可以很好地模拟间歇因子沿流向和壁面法向的分布。

然而，无论是采用经验公式还是输运方程来计算间歇因子的值，前提是已知转捩的起始位置，如式(9.27)中的 s_t。然而，转捩的起始位置正是预测方法要解决的核心问题，不能成为方法的前提。因此，这类需要一个附加的转捩起始位置的模式与不符合现代 CFD

* 篇幅所限，输运方程中的各项不作展开。

方法，也限制了此类模式的使用，除非转捩起始位置的计算也包含其中（详见 9.5.1 小节）。

9.5　基于局部变量的转捩模式

9.5.1　确定转捩起始位置的早期方法

如 9.4.3 小节所述，转捩起始位置的确定是间歇因子方程(9.26)应用的前提条件。由于转捩区内的壁面摩阻与热传导系数都会急剧增大，早期模式在判断转捩起始位置时往往采用最小表面摩擦阻力准则、最小热流量准则或最小恢复系数准则（适用于绝热壁面）[202]。然而，这些判别准则受近壁处网格大小的影响，因而对壁面形状十分敏感，只适用于诸如平板或圆锥之类的简单物形绕流。而且，只有在顺压梯度或零压梯度下，它们才是有效的。例如，超声速平板边界层的壁面摩阻系数将随着逆压梯度的增加而增加。因此，在具有凹曲面的简单物形（比如带尾裙的圆锥）上，这些判别准则也是不适用的。

于是，考虑间歇性的模式往往通过对比以动量厚度为底的雷诺数 Re_θ 来进行判断：根据经验公式确定转捩起始位置处的相应值 $Re_{\theta,t}$，然后以每步计算所得相同数值的位置作为转捩起始位置。这些经验公式取决于来流条件和物面条件，如在 Huang 和 Suzen 的模式[199]中为

$$Re_{\theta,t} = (120 + 150Tu^{-2/3})\coth[4(0.3 - K_t \times 10^5)] \tag{9.28}$$

式中，K_t 为加速因子 $K = (\nu/U^2)(\mathrm{d}U/\mathrm{d}x)$ 的最小值；Tu 为来流湍流度。这个公式适用于低速的无分离转捩过程。

动量厚度之类的积分变量也被称为*非局部变量*（non-local variable）。在基于非结构网格并用于大规模并行计算的现代 CFD 程序中，对它们计算效率是很低的：非结构网格中确定垂直于物面的网格线将十分烦琐；而在并行程序中，同一边界层可能被不同的 CPU 分别计算，从而导致在边界层内的积分十分复杂。因此，这些含有非局部变量的模式与现代 CFD 方法难以协调一致。

9.5.2　转捩点之前区域的模拟

实验观察表明，在旁路转捩起始位置之前的层流区域中存在着脉动结构，其强度为来流湍流度的数倍。这种脉动与湍流脉动的差异很大。在结构上，几乎它们的全部能量都包含在流向分量中。在动力学性质上，经典的由大尺度结构向小尺度的能量级串过程并不存在。这种脉动是在由边界层决定的某个特定尺度上被放大的，其频率相对较低。因此除了非常靠近壁面的位置，其耗散也是较低的。

这意味着任何根据切应力与湍动能的局部平衡关系所校准的低雷诺数湍流模式，不管其中是否包含间歇因子，均无法模拟转捩点之前区域内的流体行为。因此，Mayle 和 Schulz[203] 提出了*非湍流脉动动能* k_L 的概念来描述上述流向脉动的动力学行为。目前，实验观测[204]和理论分析[205]均证实 k_L 的发展存在普适性。在不可压平板边界层中，脉动动

能随着 Re_x 线性变化,而线性常数与来流湍流度有关[206]。而且,在 k_L 中占主要部分的扰动频带与外加的扰动频谱无关,即前者对于很宽的外加扰动频谱都是敏感的。Johnson 和 Ercan[207]通过跟踪转捩点之前区域内的六个频带扰动的放大过程,十分清晰地证实了 k_L 的这种尺度选择性。尽管如此,人们仍未完全理解 k_L 的发展规律与其频率选择性的原因。

同时,Mayle 和 Schulz[203]还建立了关于 k_L 的输运方程。在表面上,其模化形式与湍动能(k_T)方程的形式是相同的。主要区别是前者的源项中以压力-扩散关联项(pressure-diffusion correlation)取代了原来的以应力/应变关系为基础的生成项。因此,k_L 的增长不再取决于应力的增长,从而解决了上一段所提到的问题。然而,Lardeau 等[208]发现,尽管上述压力-扩散关联项在转捩点之前区域有效地促进了脉动动能的增长,其在之后的转捩区中却变成了汇,真正导致脉动动能增长的还是传统的以应力/应变关系为基础的生成项。也就是说,上述方程只在转捩点之前的区域内是有效的。

9.5.3 Walters 和 Leylek 的模式

借助于"非湍流脉动动能"k_L 这一局部变量,人们构造了新的判断转捩起始位置的方法,比较成功的例子是 Walters 和 Leylek[209]及 Volino 和 Simon[210]提出的转捩模式。下面将对前者进行具体的分析。

Walters 和 Leylek 借助 Bradshaw[206]提出的所谓"分裂机制"(split mechanism)来描述 k_L 的增长过程,Volino 和 Simon[210]也对此机制进行了数值验证。此项机制认为壁面作用使法向脉动转变为流向分量,同时形成局部的压力梯度,使得扰动被放大。由于"分裂机制"仅仅发生在相比于壁面距离较大尺度的涡中,因此,在近壁区内可将湍动能的能谱分解为有壁面约束的大尺度部分和无壁面约束的小尺度部分。尺度小于分裂尺度的部分将与平均流发生相互作用,就如经典湍流理论所描述的那样;而大于它的部分则促使了 k_L 的生成。Walters 和 Leylek[209]将湍动能分解为*

$$k_{T,s} = k_T(\lambda_{eff}/\lambda_T)^{2/3},\ k_{T,l} = k_T[1 - (\lambda_{eff}/\lambda_T)^{2/3}]$$

式中,$k_{T,s}$ 和 $k_{T,l}$ 分别为湍动能 k_T 的小尺度和大尺度分量;$\lambda_T = k^{2/3}/\varepsilon$ 表征湍流长度尺度,分裂尺度 $\lambda_{eff} = \min(C_\lambda d,\ \lambda_T)$,$C_\lambda$ 为模式常数。可见在远离壁面的自由来流中,$k_{T,s} \to k_T$,$k_{T,l} \to 0$,"分裂机制"已不存在。以上述理论为基础,他们分别给出了层流动能、湍动能及其耗散率的不可压缩形式的输运方程:

$$\frac{\mathrm{D}k_L}{\mathrm{D}t} = P_L - R - R_{NAT} - D_L + \frac{\partial}{\partial x_j}\left(\nu \frac{\partial k_L}{\partial x_j}\right) \tag{9.29}$$

$$\frac{\mathrm{D}k_T}{\mathrm{D}t} = P_T + R + R_{NAT} - \varepsilon - D_T + \frac{\partial}{\partial x_j}\left[\left(\nu + \frac{\alpha_T}{\sigma_k}\right)\frac{\partial k_T}{\partial x_j}\right] \tag{9.30}$$

* 篇幅所限,各公式不作展开,各模式常数也不一一列举。

$$\frac{D\varepsilon}{Dt} = C_{\varepsilon 1}\frac{\varepsilon}{k_T}(P_T + R_{NAT}) + C_{\varepsilon R}R\frac{\varepsilon}{\sqrt{k_T k_L}} - C_{\varepsilon 2}\frac{\varepsilon^2}{k_T} - \frac{\varepsilon}{k_T}D_T + \frac{\partial}{\partial x_j}\left[\left(\nu + \frac{\alpha_T}{\sigma_\varepsilon}\right)\frac{\partial \varepsilon}{\partial x_j}\right] \tag{9.31}$$

其中，R 为由层流动能所转化的湍动能的生成率，它表征跨越转捩中流向脉动破碎过程的平均效应。它在式(9.29)和式(9.30)中反号，对于总脉动能并无贡献。与之类似，R_{NAT} 对应自然转捩过程，且在它的模化中加入了T-S波的影响。

式(9.29)和式(9.30)中的生成项分别为 $P_L = \nu_{T,l}S^2$ 和 $P_T = \nu_{T,s}S^2$，S 是平均剪切率的模，运动黏性系数 $\nu_{T,s}$ 和 $\nu_{T,l}$ 分别为 $k_{T,s}$ 和 $k_{T,l}$ 的函数，二者之和为总的有效运动黏性系数 ν_{TOT}。最终雷诺应力可表示为

$$-\overline{u_i u_j} = 2\nu_{TOT}S_{ij} - (2/3)k_{TOT}\delta_{ij} \tag{9.32}$$

式中，$k_{TOT} = k_L + k_T$ 表示总的脉动能量。

总之，此模式的两点新颖之处在于：一是在转捩前期采用非湍流脉动动能来描述扰动的发展，并对其建立了输运方程，避免了使用判断转捩起始位置的经验公式；二是引入了“分裂机制”来描述非湍流脉动与湍流脉动间的相互作用，从而在雷诺应力中加入了扰动的影响。在不同压力梯度、来流湍流度和壁面曲率下，该模式对于低速平板和二维翼型边界层转捩过程均表现很好。不过，虽然它具有一定的物理内涵，但方程中各项的模化工作还是主要依赖于数值试验，模式参数过多，十分复杂。而且，它未考虑高阶扰动模态的影响，只适用于亚声速的情形，对以第二模态失稳为主要特征的高超声速边界层转捩预测尤其不合适。尽管如此，计算结果表明，只要考虑更多的物理机制，采用上述近似的模式还是很有发展潜力的。

9.5.4　Menter 的模式

Menter 及其合作者[27]发展了另一种避免应用非局部变量的办法，即建立关于转捩起始位置信息的输运方程，而不是直接通过计算值与经验公式值的比较来判断转捩起始位置。

他们使用以应变率为底的雷诺数：

$$Re_\nu = \frac{\rho y^2}{\mu}\frac{\partial u}{\partial y} = \frac{\rho y^2}{\mu}S \tag{9.33}$$

式中，y 为壁面法向距离；ν 为分子运动黏性系数；S 为平均剪切率的模。在不可压缩边界层中，Re_ν 的最大值与其对应位置处的 Re_θ 有如下关系(逆压梯度较大时除外)：

$$Re_\nu(x,\ \tilde{y})_{max} = 2.193Re_\theta(x) \tag{9.34}$$

式中，$\tilde{y}$ 为 Re_ν 最大值的位置。式(9.33)中的 y^2S 表征了边界层内部扰动的增长幅度，而 ν 反映扰动衰减的强度。y^2S 随着边界层增厚逐渐增大，而 ν 保持不变。当 Re_ν 超过临界值时，转捩就会发生。van Driest 和 Blumer[211]通过实验得到了扰动增长与 Re_ν 的关系。这种做法可以隐含边界层厚度的信息，是由 Wilcox 最先提出的[212]。

Menter 还给出了关于间歇因子 γ 的输运方程，并由数值试验得到了关于 $Re_{\theta,t}$ 的经验公式*，这里 $Re_{\theta,t}$ 表示以转捩位置处动量厚度 θ_t 为底的雷诺数。以此为基础，Menter 建立了关于 $\widetilde{Re_{\theta,t}}$（区别于不变量 $Re_{\theta,t}$）的输运方程：

$$\frac{\partial(\rho\widetilde{Re_{\theta,t}})}{\partial t}+\frac{\partial(\rho u_j\widetilde{Re_{\theta,t}})}{\partial x_j}=P_{\theta,t}+\frac{\partial}{\partial x_j}\left\{\sigma_{\theta,t}(\mu+\mu_t)\frac{\partial\gamma}{\partial x_j}\right\} \tag{9.35}$$

其中，源项为

$$P_{\theta,t}=c_{\theta,t}\frac{\rho}{t}(Re_{\theta,t}-\widetilde{Re_{\theta,t}})(1.0-F_{\theta,t}),\ t=\frac{500\mu}{\rho U^2} \tag{9.36}$$

可见，$F_{\theta,t}$ 在边界层中为 1，而在自由来流中为 0。此混合函数的作用是在边界层里关闭了源项，而在自由流中使 $\widetilde{Re_{\theta,t}}$ 趋近 $Re_{\theta,t}$，于是 $Re_{\theta,t}$ 的影响通过扩散进入边界层中。这样经验公式（来流条件对于转捩的影响）就与当地流场有机地结合了起来。

简而言之，Menter 在 SST 湍流模式（见 3.6.1 小节）的基础上加入上述 $\gamma\sim\widetilde{Re_{\theta,t}}$ 方程及相关经验公式，构成了当前最流行的低速流动转捩模式。其运算步骤为：根据上一步的平均场及 γ 值，通过式（9.35）求得 $\widetilde{Re_{\theta,t}}$，然后利用间歇因子输运方程（含 $\widetilde{Re_{\theta,t}}$ 的影响）求解本迭代步的 γ，再通过有效黏性系数 $\gamma\mu_t$ 来影响平均场。其中，关于 $\widetilde{Re_{\theta,t}}$ 的输运方程是连接经验公式和间歇系数方程的纽带。这样处理可避免对于平均场的积分，是 Menter 的创新。

为验证模式，Menter 考虑了包括自然转捩、跨越转捩和分离流转捩在内的各类算例。比如低背景扰动下的翼型绕流、圆柱表面的分离流动，以及各式透平机械（包括 GE 公司的低压汽轮机）中的流动。计算结果表明，模式对转捩起始位置的预测还是比较准确的，但得到的转捩区长度、摩阻及热传导系数与实验值有一定误差。此模式的主要缺陷是不适用于高超声速边界层失稳和横流不稳定性造成的流动转捩。

9.6 适用于高超声速边界层的 $k-\omega-\gamma$ 三方程转捩模式

如 9.1 节所述，基于线性稳定性理论的 e^N 方法可以很好地描述流动转捩前期小扰动的增长过程，而基于 RANS 的转捩模式适用于转捩后期的强非线性过程。那么，能否把二者结合起来，从而合理地模拟转捩的完整过程呢？

Wilcox[212,213] 首先进行了尝试。他们在边界层起始段开展基于稳定性理论的 e^N 方法计算，由失稳点开始沿流向积分扰动幅值的增长率；当积分值与失稳点处的幅值比达到设定值 e^4 时，将该处的稳定性理论解转换为湍动能及其耗散率，并以其作为初始条件和边

* 篇幅所限，各公式不作展开，且 $\widetilde{Re_{\theta,t}}$ 的输运方程中的模式常数也不再列举。

界条件，在下游流动中开展湍流模式的计算。该模式的工作原理如图 9.8 所示。然而，该方法仍无法避免原有 e^N 方法的积分方向问题，且人们对 e^4 的设定也存在争议[213]。

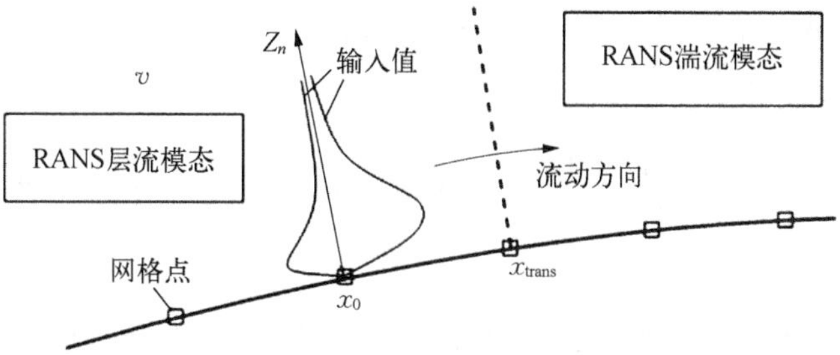

图 9.8　Wilcox 等的转捩模式工作原理示意

本质上，不管是描述单一扰动发展的方程（LST）还是基于概率统计的全局平均输运方程（RANS），均将扰动量定义为瞬时值与全局平均值之差。基于此，Rumsey 等[149,214,215]在 LST 方程中引入扰动的概率分布并进行全局平均，所得新方程（扰动动能方程及其耗散率方程）与 RANS 方程形式上是统一的。

$$\frac{\mathrm{D}k}{\mathrm{D}t}=(1-\gamma)P_{\mathrm{d}}+\gamma P-\varepsilon+\frac{\partial}{\partial x_j}\left[\left(\nu+\gamma\frac{\nu_{\mathrm{t}}}{\sigma_k}\right)\frac{\partial k}{\partial x_j}\right] \tag{9.37}$$

$$\frac{\mathrm{D}\varepsilon}{\mathrm{D}t}=\gamma C_{\varepsilon 1}P_k\frac{\varepsilon}{k}-C_{\varepsilon 2}f_2\frac{\varepsilon^2}{k}+\frac{\partial}{\partial x_j}\left[\left(\nu+\gamma\frac{\nu_{\mathrm{t}}}{\sigma_\varepsilon}\right)\frac{\partial \varepsilon}{\partial x_j}\right] \tag{9.38}$$

$$\frac{\mathrm{D}\gamma}{\mathrm{D}t}=C_\gamma\min[\max(P_\gamma,\ 0),\ 50]+\frac{\partial}{\partial x_j}\left[\frac{\nu_{\mathrm{t}}}{\sigma_\gamma}\frac{\partial \gamma}{\partial x_j}\right] \tag{9.39}$$

其中，γ 方程(9.39)中的源项 $P_\gamma=Re_{\mathrm{t}}-Re_{\mathrm{t},\infty}$，$\sigma_\gamma=1$。可见，当湍流雷诺数 Re_{t} 超过自由流中的值时，流场中 γ 开始增长。当 $\gamma=1$ 时发展为完全湍流状态；当 $\gamma=0$ 时，耗散率方程(9.38)的生成项为 0 而耗散项保持不变，因此可保证自由流中的涡黏性系数不至于过快衰减。

Rumsey 等的模式合理地模拟了不可压平板的转捩过程。然而，由于超声速流动实验和计算上的困难，即使对于平板边界层流动，扰动动能及其耗散率也是很难确定的。本书作者认为此时引入一定的经验关联是必要的，基于上述数学框架，提出了一个合理反映三维边界层流动失稳模态影响的转捩模式[148,150,151]。我们将 Rumsey 等的模式中的扰动动能方程(9.37)重写为

$$\frac{\mathrm{D}k}{\mathrm{D}t}=\frac{\partial}{\partial x_j}\left[\left(\nu+\frac{\nu_{\mathrm{eff}}}{\sigma_k}\right)\frac{\partial k}{\partial x_j}\right]+2\nu_{\mathrm{eff}}S_{ij}S_{ij}-\varepsilon \tag{9.40}$$

式中，有效黏性系数 ν_{eff} 表示为

$$\nu_{\mathrm{eff}}=(C_{\mathrm{d}}C_{\mu\mathrm{d}}/C_\mu)(1-\gamma)\nu_{\mathrm{t}}+\gamma\nu_{\mathrm{t}} \tag{9.41}$$

模式常数 $C_d = 0.3$, $C_{\mu d} = 0.026$, $C_\mu = 0.09$。借鉴 Warren 和 Hassan[193] 的假设,上式化为

$$\nu_{eff} = (1-\gamma) C_\mu k \tau_{nt} + \gamma \nu_t \tag{9.42}$$

式中, k 代表总的脉动动能; τ_{nt} 是对应于不同模态不稳定扰动波的时间尺度,它的模化应用了稳定性理论的结果,其表达式为

$$\tau_{nt} = \tau_{nt1} + \tau_{nt2} \times \frac{1}{2}[1 + \mathrm{sgn}(M_{rel} - 1)] + \tau_{sep} \times \frac{1}{2}[1 + \mathrm{sgn}(\lambda_\zeta + 0.046)] + \tau_{cross}(W_{max}) \tag{9.43}$$

式中,下标 nt1、nt2、cross 和 sep 分别代表第一 Mack 模态、第二 Mack 模态、横流失稳模态和 Kelvin - Helmholtz 失稳(常见于分离流转捩中)模态。当地相对马赫数 M_{rel} 大于 1 时(详见 9.2.3 小节)第二 Mack 模态起作用,无量纲压力梯度参数 $\lambda_\zeta = (\zeta_{eff})^2/\nu \times (\mathrm{d}|U|/\mathrm{d}s)$ 小于-0.046 时 Kelvin - Helmholtz 失稳模态开始工作,而当横流速度的最大值 W_{max} 不为零时横流失稳模态产生影响。ζ_{eff} 为转捩模拟中的有效长度尺度:

$$\zeta_{eff} = \min(\zeta, C_1 l_T);\ \zeta = d^2 \Omega / (2E_u)^{0.5};\ l_T = k^{0.5}/\omega \tag{9.44}$$

这里, ζ 是新构造的用以表征边界层厚度的长度尺度; l_T 为湍流长度尺度; d 表示物面距, Ω 为平均涡量的模, $E_u = 0.5 \times (U - U_w)_i (U - U_w)_i$, 为当地流体相对壁面的平均流动动能。由于各失稳模态扰动的特征波长均与边界层厚度量级相同,此模式可以很好地模化各失稳模态扰动的时间尺度,以第一 Mack 模态为例,根据 Walker 等给出的具有最大增长率的第一模态扰动的频率公式[216],其对应的时间尺度为

$$\tau_{nt1} = C_2 \cdot \zeta_{eff}^{1.5} / [(2E_u)^{0.5} \nu]^{0.5} \tag{9.45}$$

总之,该模式的所有表达式均由局部变量构成,包含如下三个方程:

$$\frac{\mathrm{D}k}{\mathrm{D}t} = \frac{\partial}{\partial x_j}\left[\left(\nu + \frac{\nu_{eff}}{\sigma_k}\right)\frac{\partial k}{\partial x_j}\right] + \nu_{eff} S^2 - \beta^* \omega k \tag{9.46}$$

$$\frac{\mathrm{D}\omega}{\mathrm{D}t} = \frac{\partial}{\partial x_j}\left[\left(\nu + \frac{\nu_{eff}}{\sigma_\omega}\right)\frac{\partial \omega}{\partial x_j}\right] + \alpha S^2 - \beta \omega^2 + 2(1 - F_1)\frac{1}{\omega}\frac{\partial k}{\partial x_j}\frac{\partial \omega}{\partial x_j} \tag{9.47}$$

$$\frac{\mathrm{D}\gamma}{\mathrm{D}t} = \frac{\partial}{\partial x_j}\left[\left(\nu + \frac{\nu_{eff}}{\sigma_\gamma}\right)\frac{\partial \gamma}{\partial x_j}\right] + C_4(1-\gamma)F_{onset}\sqrt{-\ln(1-\gamma)}\left[1 + C_5\sqrt{\frac{k}{2E_u}}\right]\frac{d}{\nu}|\nabla E_u| \tag{9.48}$$

这里 α、β、β^*、σ_k 和 σ_ω 等模式常数均与 SST 湍流模式中相同,函数 F_{onset} 可自动判别转捩起始位置,其表达式为

$$F_{onset} = 1 - \exp\left(-C_6 \frac{\zeta_{eff}\sqrt{k}\,|\nabla k|}{\nu\,|\nabla E_u|}\right) \tag{9.49}$$

由式(9.42)可见,该模式在有效黏性系数(或者说雷诺应力)中将间歇因子 γ 作为湍流脉动部分和非湍流脉动部分的权重,以实现对转捩过程的模拟。并且,流场中 γ 开始增

长的位置(对应于转捩的起始位置)由 γ 方程(9.48)源项中的函数 F_{onset} 决定,而 F_{onset} 的值又取决于 k 的非湍流脉动部分和边界层平均流动(ζ)的发展程度。在完全湍流区($\gamma=1$),式(9.46)和式(9.47)就还原为 SST 湍流模式[217]。

9.7　$k-\omega-\gamma$ 转捩模式应用案例

该转捩模式被证明适用于亚声速至高超声速的飞行器表面流动转捩/湍流的模拟[218,219],成功应用于高速飞行器真实外形转捩/湍流预测的整机计算[220]。近年来,Xu 和 Fu[218]、Zhou 等[220]、Wang 等[219]和 Yang 和 Xiao[221]分别在该模式中考虑了来流湍流度、横流失稳模态、飞行器头部钝度(熵层)的影响以及粗糙单元强制转捩机制。下面将展示该模式针对部分标模算例的计算结果,包括不可压、超声速和高超声速条件下的平板、圆锥、后掠翼边界层以及双压缩拐角流动转捩等。

图 9.9 分别显示了不可压平板边界层自然转捩[40]与旁路转捩过程[222]中壁面摩阻系数的跳变。前者的来流湍流度(FSTI)为 0.18%,后者为 3.5%。对于自然转捩,本书作者发展的 $k-\omega-\gamma$ 三方程转捩模式得到了准确的转捩起始位置与转捩区长度;9.5.4 小节所述的 $\gamma-Re_\theta$ 转捩模式预测的转捩起始位置偏前;9.5.3 小节所述的 $k-k_l-\omega$ 三方程转捩模式也得到了准确的转捩位置,但转捩区长度过大。对于旁路转捩,$\gamma-Re_\theta$ 模式和 $k-\omega-\gamma$ 模式均得到了准确的转捩起始位置与转捩区长度,而 $k-k_l-\omega$ 模式所得转捩位置与实验值相比偏后。

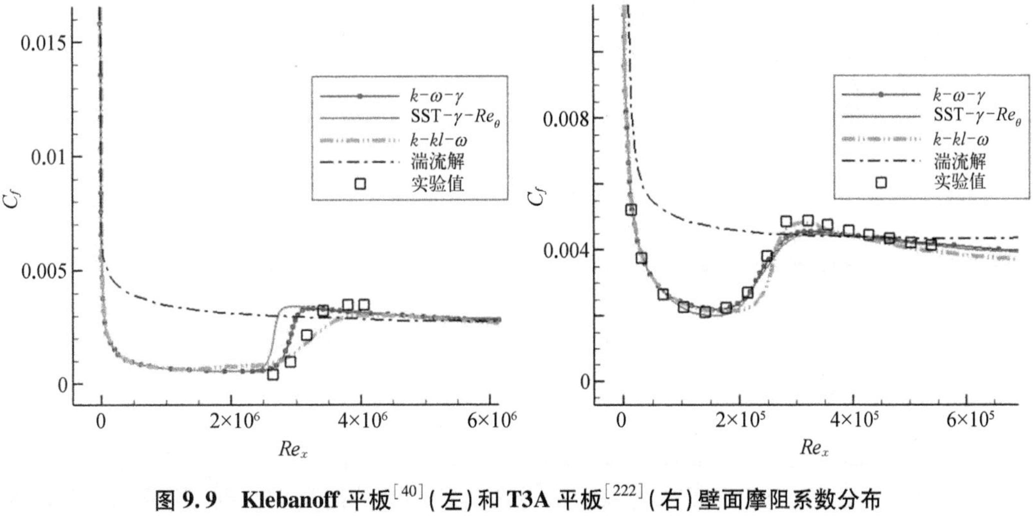

图 9.9　Klebanoff 平板[40](左)和 T3A 平板[222](右)壁面摩阻系数分布

图 9.10 比较了超声速平板边界层的壁面摩阻系数分布,参考了 Jiang 等的 DNS 数据[223]。来流马赫数为 4.5,来流雷诺数为 6.433×10^6/m,来流温度为 61.1 K,来流湍流度为 0.1%。$\gamma-Re_\theta$ 模式与 $k-k_l-\omega$ 转捩模式均只得到了层流解,而 $k-\omega-\gamma$ 模式与 DNS 结果吻合,体现出该模式在超声速转捩模拟中的优势。

高超声速圆锥的无量纲表面热流分布如图 9.11 所示,参考热流取为驻点热流。来流

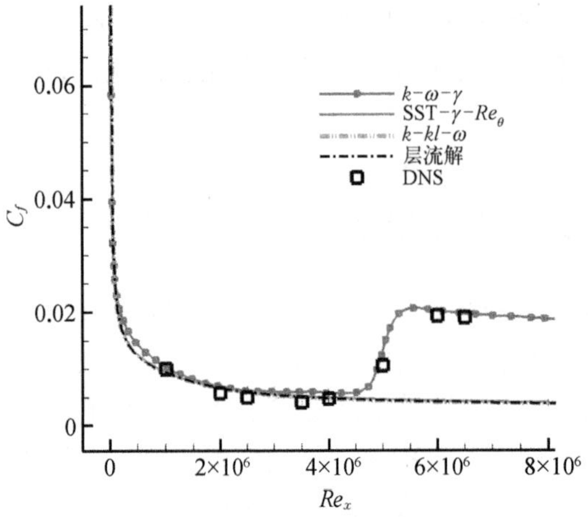

图 9.10　超声速平板壁面摩阻系数分布

马赫数为 6,来流雷诺数为 2.529×10^7/m,来流温度为 63.3 K,壁面温度为 300 K,来流湍流度为 0.4%。圆锥的半锥角为 5°,头部钝度分别为 0、0.794 mm 和 1.588 mm。$k-\omega-\gamma$ 模式预测结果[51]符合实验[224],合理反映了圆锥头部钝度对转捩的影响。

不可压缩后掠翼算例参照的是 Dagenhart 等[168,225]实验。实验模型的横截面为 NLF(2)-0415 翼型,后掠角 $\theta=45°$,基于无穷远处来流速度 U_∞ 和翼型弦长 c 的雷诺数 $Re_{c,\infty}=U_\infty c/\nu=3.8\times10^6$,来流湍流度(FSTI)为 0.09%,来流攻角为−4°。如图 9.12 所示,$k-\omega-\gamma$ 模式所得的转捩点与实验值符合得很好,最大误差仅为 2.33%。

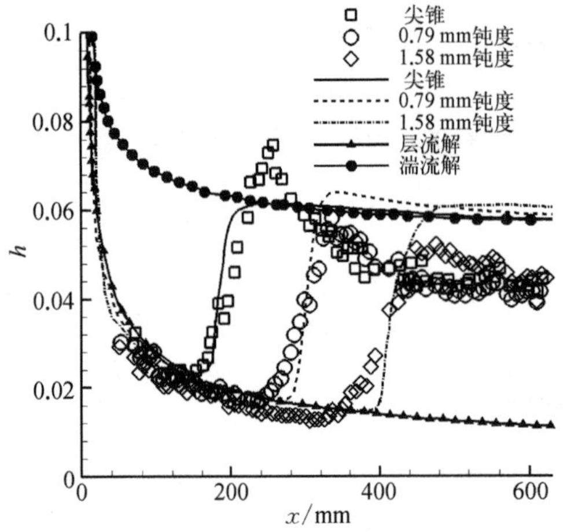

图 9.11　不同钝度(R_n)的圆锥无量纲表面热流沿流向的分布[151]

图中空心点为实验值[224],线为模式预测结果,带三角符号的线为层流解,带圆点符号的线为湍流解

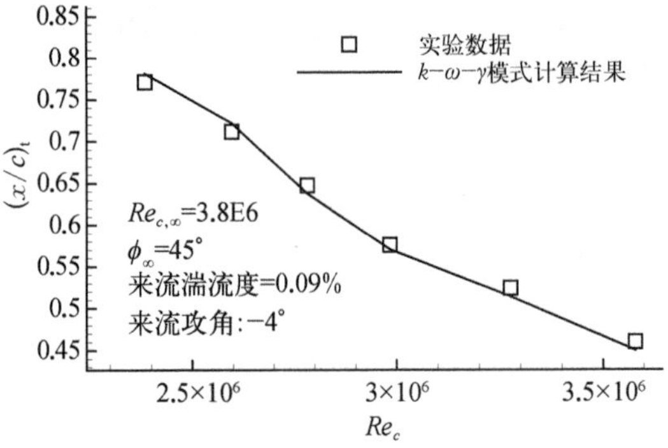

图 9.12　不同工况下后掠翼边界层的转捩点[225]

c 为弦长,下标 t 表示转捩,$Re_c=U_\infty c/\nu$ 基于无穷远处来流速度 U_∞ 和翼型弦长 c 的雷诺数

压缩拐角流动是典型的激波-边界层干扰流动。流体每经过一道压缩板都形成一道激波,波后压力升高,因此在拐角处易形成分离流动。当分离足够大时,甚至引起势流区激波结构的改变。高超声速双压缩拐角流动的无量纲表面热流分布如图 9.13 所示。来流马赫数为 8.1,来流雷诺数为 3.8×10^6/m,来流温度为 106 K,壁面温度为 300 K,来流湍流度为 0.9%。可见,SST 湍流模式结果在第一道压缩板下游($x/L=-0.8$)即转捩,热流抬升得过于提前且过高,而 $k-\omega-\gamma$ 模式预测结果[151]符合实验[226],并优于进行了特殊修正的 $\gamma-Re_\theta$ 模式[227]。

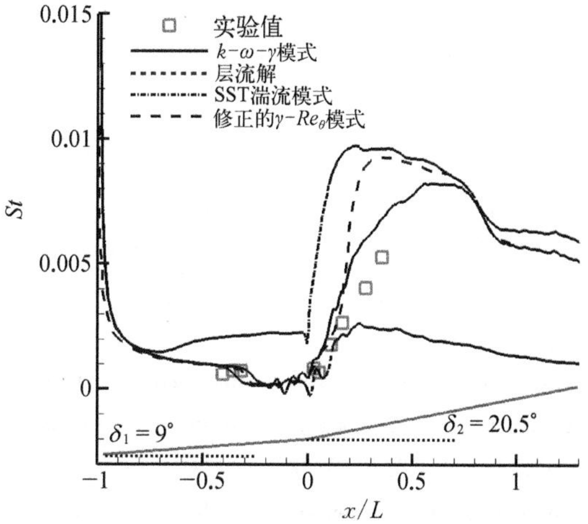

图 9.13　高超声速双压缩拐角流动表面斯坦顿数 St 沿流向的分布，$St=q_w/[\rho_e U_e c_p(T_o-T_w)]$

参考文献

[1] Reynolds O. Report of the committee appointed to investigate the action of waves and currents on the beds and foreshores of estuaries by means of working models, British Association Report[J]. Papers on Mechanical and Physical Subjects, 1889, 2: 1881－1900.

[2] Boussinesq J. Theorie de l'ecoulement tourbillant[J]. Mémoires de l'Académie des sciences de l'Institut de France, 1877, 23: 46.

[3] Prandtl L. Über die ausgebildete turbulenz (Investigations on turbulent flow) [J]. Zeitschrift Angewandte Mathematik Und Mechanik, 1925, 5: 136－139.

[4] Kármán T. Über die Stabilität der Laminarströmung und die Theorie der Turbulenz[M]. Berlin: Springer, 1925: 27－40.

[5] Spalart P, Allmaras S. A one-equation turbulence model for aerodynamic flows[C]. 30th Aerospace Sciences Meeting and Exhibit, Reno, 1992.

[6] Launder B E, Spalding D B. The numerical computation of turbulent flow[J]. Computer Methods in Applied Mechanics and Engineering, 1974, 3: 269－289.

[7] Chou P Y. On an extension of Reynolds' method of finding apparent stress and the nature of turbulence [J]. Chinese Journal of Chemical Physics, 1940, 4(1): 1－33.

[8] Chou P Y. On velocity correlations and the solutions of the equations of turbulent fluctuation[J]. Quarterly of Applied Mathematics, 1945, 3(1): 38－54.

[9] Rotta J C. Statistische theorie nichthomogener turbulenz[J]. Zeitschrift für Physik, 1951, 129(6): 547－572.

[10] Rotta J C. Beitrag zur Berechnung der turbulenten Grenzschichten[J]. Ingenieur-Archiv, 1951, 19(1): 31－41.

[11] Naot D. Interactions between components of the turbulent velocity correlation tensor[J]. Israel Journal of Technology, 1970, 8: 259－269.

[12] Gibson M M, Launder B E. Ground effects on pressure fluctuations in the atmospheric boundary layer [J]. Journal of Fluid Mechanics, 1978, 86(3): 491－511.

[13] Launder B E, Reece G J, Rodi W. Progress in the development of a Reynolds-stress turbulence closure [J]. Journal of Fluid Mechanics, 1975, 68(3): 537－566.

[14] Schumann U. Realizability of Reynolds-stress turbulence models[J]. Physics of Fluids, 1977, 20(5): 721－725.

[15] Lumley J L. Computational Modeling of Turbulent Flows[J]. Archive of Applied Mechanics, 1978, 18: 123－176.

[16] Shih T H, Lumley J L. Modeling of pressure correlation terms in Reynolds stress and scalar flux equations[R]. Ithaca: Cornell University, 1985.

[17] Fu S, Launder B E, Leschziner M A. Modelling strongly swirling recirculating jet with Reynolds stress transport closure[C]. 6th Symposium on Turbulent Shear Flows, Universite de Toulouse III, 1987.

[18] Yakhot V, Orszag S A. Renormalization group analysis of turbulence. I. Basic theory[J]. Journal of Scientific Computing, 1986, 1(1): 3-51.

[19] Rubinstein R, Barton J M. Renormalization group analysis of the Reynolds stress transport equation [J]. Physics of Fluids A: Fluid Dynamics, 1992, 4(8): 1759-1766.

[20] Howarth D C, Pope S B. A PDF Modeling Study of self-similar turbulent shear flows[J]. Physics of Fluids, 1986, 30(4): 1026-1044.

[21] Durbin P A, Zeman O. Rapid distortion theory for homogeneous compressed turbulence with application to modelling[J]. Journal of Fluid Mechanics, 1992, 242: 349-370.

[22] Deck S, Duveau P L, d'Espiney P. Development and application of Spalart-Allmaras one equation turbulence model to three-dimensional supersonic complex configurations[J]. Aerospace Science and Technology, 2002, 6(3): 171-183.

[23] Menter F R, Kuntz M, Langtry R. Ten years of industrial experience with the SST turbulence model [J]. Heat and Mass Transfer, 2003, 4(1): 625-632.

[24] Spalart P R. Strategies for turbulence modelling and simulations[J]. The International Journal of Heat and Fluid Flow, 2000, 21(3): 252-263.

[25] Spalart P R, Deck S, Shur M L, et al. A new version of detached-eddy simulation, resistant to ambiguous grid densities [J]. Theoretical and Computational Fluid Dynamics, 2006, 20(3): 181-195.

[26] Menter F R, Egorov Y. The scale-adaptive simulation method for unsteady turbulent flow predictions. Part 1: theory and model description[J]. Flow Turbulence Combustion, 2010, 85: 113-138.

[27] Menter F R, Langtry R, Völker S. Transition modelling for general purpose CFD codes[J]. Flow, Turbulence and Combustion, 2006, 77(1-4): 277-303.

[28] Wang L, Fu S. Development of an intermittency equation for the modeling of the supersonic/hypersonic boundary layer flow Transition[J]. Flow, Turbulence and Combustion, 2011,87(1): 165-187.

[29] 是勋刚. 湍流[M]. 天津: 天津大学出版社,1994.

[30] Kolmogorov A N. Equations of turbulent motion in an incompressible fluid[J]. Doklady Akademii Nauk SSSR, 1941, 30: 299-303.

[31] Rodi W, Spalding D B. A two-parameter model of turbulence, and its application to free jets[J]. Wärme-und Stoffübertragung, 1970, 3(2): 85-95.

[32] Jones W P, Launder B E. The prediction of laminarization with a two-equation model of turbulence [J]. International Journal of Heat and Mass Transfer, 1972, 15(2): 301-314.

[33] Saffman P G, Wilcox D C. Turbulence-model predictions for turbulent boundary layers[J]. AIAA Journal, 1974, 12(4): 541-546.

[34] Wilcox D C. A two-equation turbulence model for wall-bounded and free-shear flows[R]. AIAA Paper 93-2905, 1993.

[35] Coles D E, Hirst E A. Computation of turbulent boundary layers [C]. AFOSR-IFP-Stanford Conference, 1968.

[36] van Driest E R. On turbulent flow near a wall[J]. Journal of the Aeronautical Sciences, 1956, 23

(11): 1007-1011.
[37] Wieghardt K. Über die turbulente Strömung im Rohr und längs einer Platte[J]. ZAMM-Journal of Applied Mathematics and Mechanics/Zeitschrift für Angewandte Mathematik und Mechanik, 1944, 24(5-6): 294-296.
[38] Clauser F H. The Turbulent boundary layer[M]. Pittsburgh: Academic Press, 1956.
[39] Townsend A A R. The structure of turbulent shear flow[M]. Cambridge: Cambridge University Press, 1976.
[40] Klebanoff P S. Characteristics of turbulence in a boundary layer with zero pressure gradient[R]. NACA-TN-3187, 1954.
[41] Cebeci T, Smith A M O. Analysis of turbulent boundary layers[M]. Pittsburgh: Academic Press, 1974.
[42] Baldwin B, Lomax H. Thin-layer approximation and algebraic model for separated turbulent flows[C]. 16th Aerospace Sciences Meeting, Huntsville, 1978.
[43] Gatski T B, Bonnet J. Compressibility, turbulence and high speed flow[M]. 2nd Edition. Pittsburgh: Academic Press, 2013.
[44] Tavoularis S, Karnik U. Further experiments on the evolution of turbulent stresses and scales in uniformly sheared turbulence[J]. Journal of Fluid Mechanics, 1989, 204: 457-478.
[45] Launder B E, Spalding D B. Mathematical models of turbulence[M]. Pittsburgh: Academic Press, 1972.
[46] Antonia R A, Kim J. Low-Reynolds-number effects on near-wall turbulence[J]. Journal of Fluid Mechanics, 1994, 276: 61-80.
[47] Durbin P A. Near-wall turbulence closure modeling without "damping functions"[J]. Theoretical and Computational Fluid Dynamics, 1991, 3(1): 1-13.
[48] Wilcox D C. Turbulence modeling for CFD[M]. La Canada: DCW Industries, 1998.
[49] Pope S B. An explanation of the turbulent round-jet/plane-jet anomaly[J]. AIAA Journal, 1978, 16(3): 279-281.
[50] Bradshaw P, Ferriss D H, Atwell N P. Calculation of boundary-layer development using the turbulent energy equation[J]. Journal of Fluid Mechanics, 1967, 28(3): 593-616.
[51] Spalart P. Trends in turbulence treatments[C]. Fluids 2000 Conference and Exhibit, Denver, 2000.
[52] Spalart P R, Rumsey C L. Effective inflow conditions for turbulence models in aerodynamic calculations[J]. AIAA Journal, 2007, 45(10): 2544-2553.
[53] Spalart P R, Allmaras S R. A one-equation turbulence model for aerodynamic flows[J]. La Recherche Aérospatiale, 1994 (1): 5-21.
[54] Shur M L, Strelets M K, Travin A K, et al. Turbulence modeling in rotating and curved channels: assessing the Spalart-Shur correction[J]. AIAA Journal, 2000, 38(5): 784-792.
[55] Spalart P R, Garbaruk A V. Correction to the Spalart-Allmaras turbulence model, providing more accurate skin friction[J]. AIAA Journal, 2020, 58(5): 1903-1905.
[56] Menter F R. Performance of popular turbulence model for attached and separated adverse pressure gradient flows[J]. AIAA Journal, 1992, 30(8): 2066-2072.
[57] Menter F R. Influence of freestream values on *k*-omega turbulence model predictions[J]. AIAA Journal, 1992, 30(6): 1657-1659.

[58] Johnson D A, King L S. A mathematically simple turbulence closure model for attached and separated turbulent boundary layers[J]. AIAA Journal, 1985, 23(11): 1684-1692.

[59] Driver D. Reynolds shear stress measurements in a separated boundary layer flow[C]. 22nd Fluid Dynamics, Plasma Dynamics and Lasers Conference, Honolulu, 1991.

[60] Wilcox D C. Reassessment of the scale-determining equation for advanced turbulence models[J]. AIAA Journal, 1988, 26(11): 1299-1310.

[61] Bradshaw P. The analogy between streamline curvature and buoyancy in turbulent shear flow[J]. Journal of Fluid Mechanics, 1969, 36(1): 177-191.

[62] Hellsten A. Some improvements in Menter's k-omega SST turbulence model[C]. 29th AIAA, Fluid Dynamics Conference, Albuquerque, 1998.

[63] Smirnov P E, Menter F R. Sensitization of the SST turbulence model to rotation and curvature by applying the Spalart-Shur correction term[J]. Journal of Turbomachinery, 2009, 131(4): 041010.

[64] Spalart P R, Rumsey C L. Effective inflow conditions for turbulence models in aerodynamic calculations [J]. AIAA Journal, 2007, 45(10): 2544-2553.

[65] Knopp T, Eisfeld B, Calvo J B. A new extension for $k-\omega$ turbulence models to account for wall roughness[J]. International Journal of Heat and Fluid Flow, 2009, 30(1): 54-65.

[66] Wang L, Zhao Y X, Fu S. Computational study of drag increase due to wall roughness for hypersonic flight[F]. Aeronautical Journal, 2017; 121: 395-415.

[67] Bradshaw P. The understanding and prediction of turbulent flow[J]. Aeronautical Journal, 1972, 76(739): 403-418.

[68] Launder B E, Sandham N. Closure Strategies for Turbulent and Transitional Flows[M]. Cambridge: Cambridge University Press, 2002.

[69] Launder B E, Morse A P, Rodi W, et al. Prediction of free shear flows: a comparison of the performance of six turbulence models[R]. NASA Special Publication, 1973.

[70] Naot D, Shavit A, Wolfshtein M. Two-point correlation model and the redistribution of Reynolds stresses[J]. Physics of Fluids, 1973, 16(6): 738-743.

[71] Shir C C. A preliminary numerical study of atmospheric turbulent flows in the idealized planetary boundary layer[J]. Journal of the Atmospheric Sciences, 1973, 30(7): 1327-1339.

[72] Fu S. Computational modelling of turbulent swirling flows with second-moment closures [D]. Manchester: University of Manchester, Institute of Science and Technology, 1988.

[73] Hanjalic K. A Reynolds stress model of turbulence and its application to thin shear flows[J]. Journal of Fluid Mechanics, 1972, 52(4): 609-638.

[74] Gatski T B, Speziale C G. On explicit algebraic stress models for complex turbulent flows[J]. Journal of Fluid Mechanics, 1993, 254: 59-78.

[75] Craft T J, Launder B E. Principles and performance of TCL-based second-moment closures[J]. Flow Turbulence and Combustion, 2001, 66(4): 355-372.

[76] Fu S, Launder B E, Tselepidakis D P. Accommodating the effects of high strain rates in modelling the pressure-strain correlation[R]. Manchester University Report, TDF-87-5, 1987.

[77] Chang S M, Humphrey J, Modavi A. Turbulent flow in a strongly curved U-bend and downstream tangent of square cross-section[J]. PCH. Physicochemical Hydrodynamics, 1983, 4(3): 243-269.

[78] Daly B J, Harlow F H. Transport equations in turbulence[J]. The Physics of Fluids, 1970, 13(11):

2634－2649.
[79] Cormack D E, Leal L G, Seinfeld J H. An evaluation of mean Reynolds stress turbulence models — The triple velocity correlation[J]. Journal of Fluids Engineering, 1978, 100(1): 47－54.
[80] Launder B E, Shima N. Second-moment closure for the near-wall sublayer-Development and application [J]. AIAA Journal, 1989, 27(10): 1319－1325.
[81] Hinze J O. Turbulence[M]. New York: McGraw-Hill, 1975.
[82] Pope S B. A more general effective-viscosity hypothesis[J]. Journal of Fluid Mechanics, 1975, 72 (2): 331－340.
[83] Yoshizawa A. Statistical analysis of the deviation of the Reynolds stress from its eddy-viscosity representation[J]. Physics of Fluids, 1984, 27(6): 1377－1387.
[84] Speziale C G. On nonlinear $k-l$ and $k-\varepsilon$ models of turbulence[J]. Journal of Fluid Mechanics, 1987, 178: 459－475.
[85] Craft T J, Launder B E, Suga K. Development and application of a cubic eddy-viscosity model of turbulence[J]. International Journal of Heat and Fluid Flow, 1996, 17(2): 108－116.
[86] 王辰. 非线性涡粘性湍流模式研究[D]. 北京：清华大学,2000.
[87] Spencer A J M. Part III. Theory of invariants[J]. Continuum Physics, 1971, 1: 239－353.
[88] Tsan-Hsing S, Jiang Z, John L L A realizable Reynolds stress algebraic equation model[C]. Symposium on Turbulence Shear Flow, Kyoto, 1993.
[89] Yap C. Turbulent heat and momentum transfer in recruiting and impinging flows[D]. Manchester: Faculty of Technology, University of Manchester, 1987.
[90] Chen W L, Lien F S, Leschziner M A. The prediction of transition with an elliptic solver using linear and non-linear eddy-viscosity models[J]. Bulletin ERCOF-TAC, 1995, 24: 31.
[91] 符松,王辰. 旋转槽流的二阶矩封闭模式研究[C]. 全国计算流体力学会议,舟山,1996.
[92] Fu S, Rung T, Thiele F, Wang C. Validation of the realizable quadratic eddy-viscosity model in turbulent secondary Flow[C]. 7th International Symposium on Computational Fluid Dynamics, Beijing, 1997.
[93] Rung T, Thiele F, Fu S. On the realizability of nonlinear stress-strain relationships for Reynolds stress closures[J]. Flow, Turbulence and Combustion, 1998, 60(4): 333－359.
[94] Wallin S, Johansson A V. An explicit algebraic Reynolds stress model for incompressible and compressible turbulent flows[J]. Journal of Fluid Mechanics, 2000, 403: 89－132.
[95] Taulbee D B. An improved algebraic Reynolds stress model and corresponding nonlinear stress model [J]. Physics of Fluids A: Fluid Dynamics, 1992, 4(11): 2555－2561.
[96] 郭阳. 低雷诺数非线性涡粘性湍流模式研究[D]. 北京：清华大学,2002.
[97] Launder B E, Reynolds W C. Asymptotic near-wall stress dissipation rates in a turbulent flow[J]. The Physics of Fluids, 1983, 26(5): 1157－1158.
[98] Launder B E, Li S P. On the elimination of wall-topography parameters from second-moment closure [J]. Physics of Fluids, 1994, 6(2): 999－1006.
[99] Jakirlic S. A second-moment closure for non-equilibrium and separating high-and low-Re-number flows [C]. 10th Symposium on Turbulent Shear Flows, University Park, 1995.
[100] Speziale C G, Sarkar S, Gatski T B. Modelling the pressure-strain correlation of turbulence: an invariant dynamical systems approach[J]. Journal of Fluid Mechanics, 1991, 227: 245－272.

[101] Lai Y G, So R M C. On near-wall turbulent flow modelling[J]. Journal of Fluid Mechanics, 1990, 221: 641 - 673.

[102] Yang Z, Shih T H. A new time scale based k-epsilon model for near wall turbulence[M]. Lewis Research Center, 1992.

[103] So R M C, Lai Y G, Zhang H S, et al. Second-order near-wall turbulence closures-A review [J]. AIAA Journal, 1991, 29(11): 1819 - 1835.

[104] Wilcox D C. Simulation of transition with a two-equation turbulence model[J]. AIAA Journal, 1994, 32(2): 247 - 255.

[105] Speziale C G, Gatski T B. Analysis and modelling of anisotropies in the dissipation rate of turbulence [J]. Journal of Fluid Mechanics, 1997, 344: 155 - 180.

[106] Patel V C, Rodi W, Scheuerer G. Turbulence models for near-wall and low Reynolds number flows-a review[J]. AIAA Journal, 1985, 23(9): 1308 - 1319.

[107] Hwang C B, Lin C A. Improved low-Reynolds-number $k - \varepsilon$ model based on direct numerical simulation data[J]. AIAA Journal, 1998, 36(1): 38 - 43.

[108] Buice C U, Eaton J K. Experimental investigation of flow through an asymmetric plane diffuser [J]. Journal of Fluids Engineering, 2000, 122(2): 433 - 435.

[109] Haase W, Brandsma F, Elsholz E, Leschziner M, Schwamborn D. EUROVAL-An European Initiative on Validation of CFD Codes: Results of the EC/BRITE-EURAM Project EUROVAL, 1990 - 1992 [M]. Berlin: Springer, 2013.

[110] Zeman O. Dilatation dissipation: The concept and application in modeling compressible mixing layers [J]. Physics of Fluids, 1990, 2(2): 178 - 188.

[111] Sarkar S, Erlebacher G, Hussaini M Y. Compressible homogeneous shear: simulation and modeling [J]. Springer Berlin Heidelberg, 1993, 227: 473 - 493.

[112] Sarkar S. The stabilizing effect of compressibility in turbulent shear flow[J]. Journal of Fluid Mechanics, 1995, 282: 163 - 186.

[113] Speziale C G, Abid R, Mansour N N. Evaluation of Reynolds stress turbulence closures in compressible homogeneous shear flow[J]. Birkhäuser Basel, 1995, 46: S717 - S736.

[114] Sarkar S. The pressure-dilatation correlation in compressible flows[J]. Physics of Fluids A Fluid Dynamics, 1992, 4(12): 2674 - 2682.

[115] Sarkar S, Erlebacher G, Hussaini M Y. Direct simulation of compressible turbulence in a shear flow [J]. Theoretical and Computational Fluid Dynamics, 1991, 2(5 - 6): 291 - 305.

[116] Blaisdell G A, Mansour N N, Reynolds W C. Numerical simulation of compressible homogeneous turbulent shear flows[J]. Journal of Fluid Mechanics. 1993, 256: 443 - 485.

[117] Zeman O. Dilatation dissipation: the concept and application in modeling compressible mixing layers [J]. Physics of Fluids, 1990, 2(2): 178 - 188.

[118] Wilcox D C. The remarkable ability of turbulence model equations to describe transition. [J]. AIAA Journal 1992, 30(11): 2639 - 2646.

[119] Zeman O. On the decay of compressible isotropic turbulence[J]. Physics of Fluids A: Fluid Dynamics, 1991, 3(5): 951 - 955.

[120] 章光华,符松.可压缩均匀剪切湍流的二阶矩模拟[J].力学学报 2000,32(2): 141 - 150.

[121] Hamba F. Effects of pressure fluctuations on turbulence growth in compressible homogeneous shear

flow[J]. Physics of Fluids, 1999, 11(6): 1623-1635.

[122] Froehlich J, Terzi D V. Hybrid LES/RANS methods for the simulation of turbulent flows[J]. Progress in Aerospace Sciences, 2008, 44(5): 349-377.

[123] Walters D K, Bhushan T D. Investigation of a dynamic hybrid RANS/LES modelling methodology for finite-volume CFD simulations[J]. Flow Turbulence and Combustion, 2013, 91: 643-67.

[124] Bose S, Park G I. Wall-modeled large-eddy simulation for complex turbulent flows[J]. Annual Review of Fluid Mechanics, 2018, 50(1): 535-561.

[125] Speziale C G. Turbulence modeling for time-dependent RANS and VLES: a review[J]. AIAA Journal, 1998, 36(2): 173-184.

[126] Fasel H F, Seidel J, Wernz S. A methodology for simulations of complex turbulent flows[J]. Journal of Fluids Engineering, 2002, 124(4): 933-942.

[127] Bhushan S, Walters D K. A dynamic hybrid reynolds-averaged navier stokes-large eddy simulation modeling framework[J]. Physics of Fluids, 2012, 24(1): 015103.

[128] Uribe J C, Jarrin N, Prosser R, et al. Development of a two-velocities hybrid RANS-LES model and its application to a trailing edge flow[J]. Flow, Turbulence and Combustion, 2010, 85(2): 181-197.

[129] Xiao H, Jenny P. A consistent dual-mesh framework for hybrid LES/RANS modeling[J]. Journal of Computational Physics, 2012, 231(4): 1848-1865.

[130] Travin A K, Shur M L, Spalart P R, et al. Improvement of delayed detached-eddy simulation for LES with wall modelling[J]. European Conference on Computational Fluid Dynamics, 2006.

[131] Strelets M. Detached eddy simulation of massively separated flows[C]. 39th Aerospace Sciences Meeting and Exhibit, Reno, 2001.

[132] Delanghe C, Merci B, Dick E. Hybrid RANS/LES modelling with an approximate renormalization group. I: model development[J]. Journal of Turbulence, 2005, 6(13): 1-18.

[133] Chen S Y, Xia Z H, Pei S Y. Reynolds-stress-constrained large-eddy simulation of wall-bounded turbulent flows[J]. Journal of Fluid Mechanics, 2012, 703: 1-28.

[134] Chaouat B. The state of the art of hybrid RANS/LES modeling for the simulation of turbulent flows[J]. Flow Turbulence Combust, 2017, 99: 279-327.

[135] Chaouat B, Schiestel R. A new partially integrated transport model for subgrid-scale stresses and dissipation rate for turbulent developing flows[J]. Physics of Fluids, 2005, 17(8): 065106.

[136] Chaouat B, Schiestel R. Analytical insights into the partially integrated transport modeling method for hybrid Reynolds averaged Navier-Stokes equations-large eddy simulations of turbulent flows[J]. Physics of Fluids, 2012, 24(8): 085106.

[137] Girimaji S S, Abdol-Hamid K S. Partially-averaged Navier Stokes model for turbulence: implementation and validation[C]. 43rd Aerospace Sciences Meeting and Exhibit, Reno, 2005.

[138] Friess C, Manceau R, Fadai-Ghotbi A. A seamless hybrid RANS-LES model based on transport equations for the subgrid stresses[J]. Physics of Fluids, 2010, 22(5): 173-188.

[139] 徐晶磊,阎超.一个一方程 Scale-Adaptive Simulation 模型[C].第十四届全国计算流体力学会议,贵阳,2009.

[140] Reddy K R, Ryon J A, Durbin P A. A DDES model with a Smagorinsky-type eddy viscosity formulation and log-layer mismatch correction[J]. International Journal of Heat and Fluid Flow,

2014, 50: 103 – 113.

[141] Yin Z, Durbin P A. An adaptive DES model that allows wall-resolved eddy simulation [J]. International Journal of Heat and Fluid Flow, 2016, 62: 499 – 509.

[142] Lilly D K. A proposed modification of the Germano subgrid-scale closure method[J]. Physics of Fluids A Fluid Dynamics, 1992,4(3): 633 – 635.

[143] Xiao L, Xiao Z, Duan Z, et al. Improved-delayed-detached-eddy simulation of cavity-induced transition in hypersonic boundary layer[J]. International Journal of Heat and Fluid Flow, 2015, 51: 138 – 150.

[144] Tian C, Jiang S Y, Fu S. Numerical dissipation effects on detached eddy simulation of turbomachinery flows [C]. Proceedings of Global Power and Propulsion Society, GPPS-TC – 2021 – 0074, Xi'an, 2021.

[145] Wang L, Hu R Y, Li L Y, Fu S. Detached-eddy simulations for active flow control[J]. AIAA Journal, 2018, 56(4): 1447 – 1462.

[146] Yuan X, Liang W, Song F U. Detached-eddy simulation of supersonic flow past a spike-tipped blunt nose[J]. Chinese Journal of Aeronautics, 2018, 31(9): 22 – 28.

[147] Morkovin M V. On the many faces of transition[M]. Berlin: Springer, 1969.

[148] Fu S, Wang L. RANS modeling of high-speed aerodynamic flow transition with consideration of stability theory[J]. Progress in Aerospace Sciences, 2013,58: 36 – 59.

[149] Rumsey C L, Thacker W D, Gatski T B, et al. Analysis of transition-sensitized turbulent transport equations[C]. 43rd Aerospace Sciences Meeting and Exhibit, Reno, 2005.

[150] Wang L, Fu S, Carnarius A, Mockett C, Thiele F. A modular RANS approach for modeling laminar-turbulent transition in turbomachinery flows[J]. International Journal of Heat and Fluid Flow, 2012, 34: 62 – 69.

[151] Wang L, Fu S. Modelling flow transition in hypersonic boundary layer with Reynolds-averaged Navier-Stokes approach[J]. Science in China Series G: Physics Mechanics and Astronomy, 2009,52(5): 768 – 774.

[152] Orr W M. The stability or instability of the steady motions of a perfect liquid and of a viscous liquid. Part I: a perfect liquid[J]. Proceedings of the Royal Irish Academy, 1907, 27: 9 – 68.

[153] Schlichting B H, Kestin T. Boundary-layer theory[M]. New York: McGraw-Hill, 1990.

[154] Gray W E. The nature of the boundary layer flow at the rose of a swept wing[F]. Royal Aircraft Establishment, RAE TM Aero 256, Farnborough, 1952.

[155] Saric W S, Reed H L, Arnal D. Stability and transition of three-dimensional boundary layers [J]. Annual Review of Fluid Mechanics, 2003, 35(1): 413 – 440.

[156] Reed H L, Saric W S, Arnal D. Linear stability theory applied to boundary layers[J]. Annual Review of Fluid Mechanics, 1996, 28(1): 389 – 428.

[157] Haynes T S, Reed H L. Simulation of swept-wing vortices using nonlinear parabolized stability equations[J]. Journal of Fluid Mechanics, 2000, 405: 325 – 349.

[158] Lees L, Lin C C. Investigation of the stability of the laminar boundary layer in a compressible fluid [R]. NACA Technical Notes 1115, 1946.

[159] Mack L M. Boundary-layer linear stability theory[R]. AGARD Report No. 709, 1984.

[160] Ma Y, Zhong X. Receptivity of a supersonic boundary layer over a flat plate. Part 1. Wave structures

and interactions[J]. Journal of Fluid Mechanics, 2003, 488: 31-78.

[161] Arnal D. Predicition based on linear stability[R]. AGARD Report No. 793, 1994.

[162] Lachowicz J T. Hypersonic boundary layer stability experiments in a quiet wind tunnel with bluntness effects[D]. Raleigh: North Carolina State University, 1995.

[163] Blanchard A E, Selby G V. An experimental investigation of wall-cooling effects on hypersonic boundary-layer stability in a quiet wind tunnel[R]. NASA CR-98287, 1996.

[164] Wilkinson S P. A review of hypersonic boundary layer stability experiments in a quiet Mach 6 wind tunnel[R]. NASA Langley Technical Report Server, 1997.

[165] King R A. Mach 3.5 boundary-layer transition on a cone at angle of attack[C]. 22nd Fluid Dynamics, Plasma Dynamics and Lasers Conference, Honolulu, 1991.

[166] Bertin J J, Cummings R M. Critical hypersonic aerothermodynamic phenomcna[J]. Annual Review of Fluid Mechanics, 2006, 38(1): 129-157.

[167] Reshotko E. Environment and receptivity[R]. AGARD Report 709, 1984.

[168] Iii L, Iyer V, Masad J A, et al. Three-dimensional boundary-layer transition on a swept wing at Mach 3.5[J]. AIAA Journal, 1995, 33(11): 2032-2037.

[169] Reed H L, Haynes T S. Transition correlations in three-dimensional boundary layers[J]. AIAA Journal, 1994, 32(5): 923-929.

[170] Stetson K F. Mach 6 experiments of transition on a cone at angle of attack[J]. Journal of Spacecraft and Rockets, 2015, 19(5): 397-403.

[171] Priddin C H. The behavior of the turbulent boundary layer on curved porous walls[D]. London: Imperial College, 1974.

[172] Scheuerer G. Entwicking eines verfahrens zur berechnung zweidimensionaler, grenzschichten an gasturbinensschaufeln[D]. Karlsruhe: University Karlsruhe, 1983.

[173] Craft T J, Launder B E, Suga K. Prediction of turbulent transitional phenomena with a nonlinear eddy-viscosity model[J]. International Journal of Heat and Fluid Flow, 1997, 18(1): 15-28.

[174] Hadzic I. Second-moment closure modeling of transition and unsteady turbulent flows[D]. Delft: University of Delft, 1999.

[175] 章光华,杨辉.超音速边界层转捩的数值预计[D].空气动力学学报,1985(4):9-18.

[176] 陈翰. By-pass 转捩的湍流模式研究[D].北京:清华大学,1998.

[177] 徐星仲,朱斌,蒋洪德.一种新的 K 方程转捩湍流模型[C].中国工程热物理学会热机气动热力学学术会议武夷山,1996.

[178] Schmidt R C, Patankar S V. Simulating boundary layer transition with low-Reynolds-number $k-\varepsilon$ turbulence models: part 1 — an evaluation of prediction characteristics [J]. Journal of Turbomachinery, 1991, 113: 13-28.

[179] Lam C, Bremhorst K. A modified form of the $k-\varepsilon$ model for predicting wall turbulence[J]. Journal of Fluids Engineering, 1981, 103: 456-460.

[180] Abu-Ghannam B J, Shaw R. Natural transition of boundary layers — the effects of turbulence, pressure gradient, and flow history [J]. Journal of Mechanical Engineering, 1980, 22(5): 213-228.

[181] Stephens C, Crawford M. An investigation into the numerical prediction of boundary layer transition using the K.Y. Chien turbulence model[R]. NASA Contractor Report 185252, 1990.

[182] Chien K Y. Predictions of channel and boundary-layer flows with a low-Reynolds-number turbulence model[J]. AIAA Journal, 1982, 20: 33-38.

[183] Savill A M. One-point closures applied to transition[M]. Berlin: Springer Netherlands, 1996.

[184] Dhawan S, Narasimha R. Some properties of boundary layer flow during transition from laminar to turbulent motion[J]. Journal of Fluid Mechanics, 2018,3(4): 414-436.

[185] Dey J, Narasimha R. 1988. An integral method for the calculation of 2d transitional boundary layers [R]. Bangalore: Department of Aerospace Engineering, Indian Institute of Science.

[186] Libby P A. On the prediction of intermittent turbulent flows[J]. Journal of Fluid Mechanics, 2006, 68: 273-295.

[187] Chevray R, Tutu N K. Intermittency and preferential transport of heat in a round jet[J]. Journal of Fluid Mechanics, 2006, 88: 133-146.

[188] Cho J R. A $K-\varepsilon-\gamma$ equation turbulence model[J]. Journal of Fluid Mechanics, 1982, 237: 301-322.

[189] Lumley J L. Second order modeling of turbulent flows[J]. Pmtf Zhurnal Prikladnoi Mekhaniki I Tekhnicheskoi Fiziki, 1980.

[190] Rodi W. A review of experimental data of uniform density free turbulent boundary layers[J]. Studies in Convection Theory Measurement and Applications, 1975,1: 79-165.

[191] Byggstoyl S, Kollmann W. Closure model for intermittent turbulent flows[J]. International Journal of Heat and Mass Transfer, 1981, 24(11): 1811-1822.

[192] Simon F F, Stephens C A. Modeling of the heat transfer in bypass transitional boundary-layer flows [R]. NASA Technical Paper 3170, 1991.

[193] Warren E S, Hassan H A. Transition closure model for predicting transition onset[J]. Journal of Aircraft, 1998, 35(5): 769-775.

[194] Addison J S, Hodson H P. Modelling of unsteady transitional boundary layers[J]. Journal of Turbomachinery, 1992, 114(3): 580-589.

[195] Schulte V, Hodson H P. Prediction of the becalmed region for LP turbine profile design[J]. Journal of Turbomachinery, 1998,120(4): 839-845.

[196] Steelant J, Dick E. Modeling of laminar-turbulent transition for high freestream turbulence[J]. Journal of Mechanical Engineering,2001,123: 22-30.

[197] Savill A M. New strategies in modelling by-pass transition[M]// Launder B E, Sandham N D. Closure strategies for turbulent and transitional flows. Cambridge: Cambridge University Press, 2002.

[198] Savill A M. By-pass transition using conventional closures[M]// Launder B E, Sandham N D. Closure strategies for turbulent and transitional flows. Cambridge: Cambridge University Press, 2002.

[199] Suzen Y B, Huang P G. An intermittency transport equation for modeling flow transition[C]. 38th Aerospace Sciences Meeting and Exhibit, Reno, 2000.

[200] Suzen Y B, Huang P G, Hultgren L S, et al. Predictions of separated and transitional boundary layers under low-pressure turbine airfoil conditions using an intermittency transport equation[J]. Journal of Turbomachinery, 2001, 125: 455-464.

[201] Pecnik R, Sanz W, Gehrer A, et al. Transition modeling using two different intermittency transport

equations[J]. Flow Turbulence and Combustion, 2003, 70(1-4): 299-323.

[202] Fernando E M, Smits A J. A supersonic turbulent boundary-layer in an adverse pressure gradient [J]. Journal of Fluid Mechanics, 1990, 211: 285-307.

[203] Mayle R E, Schulz A. The path to predicting bypass transition[J]. Journal of Turbomachinery, 1997, 119(3): 405-411.

[204] Andersson P, Berggren M, Dan S H. Optimal disturbances and bypass transition in boundary layers [J]. Physics of Fluids, 1998, 11(1): 134-150.

[205] Leib S J, Wundrow D W, Goldstein M E. Effect of free-stream turbulence and other vortical disturbances on a laminar boundary layer[J]. Journal of Fluid Mechanics, 1999, 380: 169-203.

[206] Bradshaw P. Turbulence: the chief outstanding difficulty of our subject[J]. Experiments in Fluids, 1994, 16(3): 203-216.

[207] Johnson M W, Ercan A H. A physical model for bypass transition[J]. International Journal of Heat and Fluid Flow, 1999, 20(2): 95-104.

[208] Lardeau S, Leschziner M A, Li N. Modelling bypass transition with low-Reynolds-number nonlinear eddy-viscosity closure[J]. Flow, Turbulence and Combustion, 2004, 73(1): 49-76.

[209] Walters D K, Leylek J H. Impact of film-cooling jets on turbine aerodynamic losses[J]. Journal of Turbomachinery, 2000, 122(3): 537-545.

[210] Volino R J, Simon T W. Spectral measurements in transitional boundary layers on a concave wall under high and low free-stream turbulence conditions[J]. Journal of Turbomachinery, 2000, 122(3): 450-457.

[211] van Driest E R, Blumer C B. Boundary layer transition: freestream turbulence and pressure gradient effects[J]. AIAA Journal, 1963, 1(6): 1303-1306.

[212] Wilcox D C. Turbulence-model transition predictions[J]. AIAA Journal, 2012, 13(2): 241-243.

[213] Wilcox D C. Alternative to the e^9 procedure for predicting boundary-layer transition [J]. AIAA Journal, 1981, 19(1): 56-56.

[214] Thacker W D, Gatski T B, Grosch C E. Analyzing mean transport equations of turbulence and linear disturbances in decaying flows[J]. Physics of Fluids, 1999, 11(9): 2626-2631.

[215] Thacker W D, Grosch C E, Gatski T B. Modeling the dynamics of ensemble-averaged linear disturbances in homogeneous shear flow[J]. Flow Turbulence and Combustion, 2000, 63(1-4): 39-58.

[216] Walker G J, Gostelow J P. Effects of adverse pressure gradients on the nature and length of boundary-layer transition[J]. Journal of Turbomachinery, 1990, 112: 196-205.

[217] Menter F R. Two-equation eddy-viscosity turbulence models for engineering applications[J]. AIAA Journal, 1994, 32 (8): 1598-1605.

[218] Xu G, Fu S. A four-equation eddy-viscosity approach for modeling bypass transition[J]. Advances in Applied Mathematics and Mechanics, 2014, 6(04): 523-538.

[219] Wang G, Yang M, Xiao Z. Improved $k-\omega-\gamma$ transition model by introducing the local effects of nose bluntness for hypersonic heat transfer[J]. International Journal of Heat and Mass Transfer, 2018, 119: 185-198.

[220] Zhou L, Yan C, Hao Z H. Improved $k-\omega-\gamma$ model for hypersonic boundary layer transition prediction[J]. International Journal of Heat and Mass Transfer, 2016, 94: 380-389.

[221] Yang M, Xiao Z. Distributed roughness induced transition on wind-turbine airfoils simulated by four-equation $k-\omega-\gamma-Ar$ transition model[J]. Renewable Energy, 2019, 135: 1166-1177.

[222] Coupland J. Special interest group on laminar to turbulent transition and retransition: T3A and T3B test cases[R]. ERCOFTAC Database, 1990.

[223] Jiang L, Chang C L, Choudhari M, et al. Cross-validation of DNS and PSE results for instability-wave propagation in compressible boundary layers past curvilinear surfaces[C]. 16th AIAA Computational Fluid Dynamics Conference, Orlando, 2003.

[224] Horvath T J, Berry S A, Hollis B R, et al. Boundary layer transition on slender cones in conventional and low disturbance Mach 6 wind tunnels[C]. 32nd AIAA Fluid Dynamics Conference and Exhibit, St. Louis, 2002.

[225] Radeztsky R H, Reibert M S, Saric W S, et al. Effect of isolated micron-sized roughness on transition in swept-wing flows[J]. AIAA Journal, 1999, 37: 1370-1377.

[226] Krause M, Reinartz B, Behr M. Numerical analysis of transition effects in 3d hypersonic intake flows [M]. Berlin: Springer, 2010.

[227] Reinartz B, Ballmann J. Computation of hypersonic double wedge shock/boundary layer interaction [M]. Berlin: Springer, 2009.